KB123365

바다인문학

무한한 경계로의 탐험

바다인문학: 무한한 경계로의 탐험

초판 1쇄 인쇄 2024년 6월 1일
초판 1쇄 발행 2024년 6월 10일

편저자 | 노종진
펴낸이 | 윤관백
펴낸곳 | 선인

등 록 | 제5-77호(1998.11.4)
주 소 | 서울시 양천구 남부순환로 48길 1, 1층
전 화 | 02) 718-6252 / 6257
팩 스 | 02) 718-6253
E-mail | suninbook@naver.com

정가 35,000원

ISBN 979-11-6068-894-8 93450

바다인문학

무한한 경계로의 탐험

노종진 편저

발간사

한국해양대학교 국제해양문제연구소는 2018년부터 2025년까지 한국연구재단의 연구재단의 지원을 받아 인문한국플러스(HK+)사업을 수행하고 있다. 그 사업의 연구 아젠다가 '바다인문학'이다. 바다인문학은 국제해양문제연구소가 2008년부터 2018년까지 수행한 인문한국지원사업인 '해항도시 문화교섭연구'를 계승·심화시킨 것으로, 그 개요를 간단히 소개하면 다음과 같다.

먼저 바다인문학은 바다와 인간의 관계를 연구한다. 이때의 '바다'는 인간의 의도와 관계없이 작동하는 자체의 운동과 법칙을 보여주는 물리적 바다이다. 이런 맥락에서 바다인문학은 바다의 물리적 운동인 해문(海文)과 인간의 활동인 인문(人文)의 관계에 주목한다. 포유류인 인간은 주로 육지를 근거지로 살아왔기 때문에 바다가 인간의 삶에 미친 영향에 대해 오랫동안 그다지 관심을 갖지 않고 살아왔다. 그러나 최근의 천문·우주학, 지구학, 지질학, 해양학, 기후학, 생물학 등의 연구 성과는 '바다의 무늬'(海文)와 '인간의 무늬'(人文)가 서로 영향을 주고받으며 전개되어 왔다는 것을 보여준다.

바다의 물리적 운동이 인류의 사회경제와 문화에 지대한 영향력을 행사해 왔던 것은 태곳적부터다. 반면 인류가 바다의 물리적 운동을 과학적으로 이해하고 심지어 바다에 영향을 주기 시작한 것은 최근의 일이다.

해문과 인문의 관계는 지구상에 존재하는 생명의 근원으로서의 바다,

지구를 둘러싼 바다와 해양지각의 운동, 태평양진동과 북대서양진동과 같은 바다의 지구기후에 대한 영향, 바닷길을 이용한 사람·상품·문화의 교류와 종(種)의 교환, 바다 공간을 둘러싼 담론 생산과 경쟁, 컨테이너화와 글로벌 소싱으로 상징되는 바다를 매개로 한 지구화, 바다와 인간 간의 관계 역전과 같은 현상을 통해 역동적으로 전개되어 왔다.

이와 같은 바다와 인간의 관계를 배경으로, 국제해양문제연구소는 크게 두 범주의 집단연구 주제를 기획하고 있다. 인문한국플러스사업 1단계(2018~2021) 기간 중에 '해역 속의 인간과 바다의 관계론적 조우'를, 2단계(2021~2025) 기간 중에 바다와 인간의 관계에서 발생하는 현안해결을 통한 '해역공동체의 형성과 발전 방안'을 연구 결과로 생산할 예정이다.

다음으로 바다인문학의 학문방법론은 학문 간의 상호소통을 단절시켰던 근대 프로젝트의 폐단을 극복하기 위해 전통적인 학제적 연구 전통을 복원한다. 바다인문학에서 '바다'는 물리적 실체로서의 바다라는 의미 이외에 다른 학문 특히 해문과 관련된 연구 성과를 '받아들이다'는 수식어의 의미로, 바다인문학의 연구방법론은 학제적·범학적 연구를 지향한다. 우리의 전통 학문방법론은 천지인(天地人) 3재 사상에서 알 수 있듯이, 인문의 원리가 천문과 지문의 원리와 조화된다고 보았다. 천도(天道), 지도(地道) 그리고 인도(人道)의 상호관계성의 강조는 자연세계와 인간세계의 원리와 학문 간의 학제적 연구와 고찰을 중시하였다.

그런데 동서양을 막론하고 전통적 학문방법론은 바다의 원리인 해문이나 해도(海道)와 인문과의 관계는 간과해 왔다. 바다인문학은 천지의 원리뿐만 아니라 바다의 원리를 포함한 천지해인(天地海人)의 원리와 학문적 성과가 상호 소통하며 전개되는 것이 해문과 인문의 관계를 연구하는 학문의 방법론이 되어야 한다고 제안한다. 바다인문학은 전통적 학문 방법론에서 주목하지 않았던 바다와 관련된 학문적 성과를 인문과 결합한다는 점에서 단순한 학제적 연구 전통의 복원을 넘어서는 것으로 전적으로 참신하다.

마지막으로 '바다인문학'은 인문학의 상대적 약점으로 지적되어 온 사회와의 유리에 대응하여 사회의 요구에 좀 더 빠르게 반응한다. 바다인문학은 기존의 연구 성과를 바탕으로 바다와 인간의 관계에서 발생하는 현안에 대한 해법을 제시하는 '문제해결형 인문학'을 지향한다. 국제해양문제연구소가 주목하는 바다와 인간의 관계에서 출현하는 현안은 대가야시대의 고대 뱃길 복원과 그 현대적 재현, 해양 분쟁의 역사와 전망, 바다의 과학적 발견과 해양치유, 표류와 난민, 선원도(船員道)와 해기사도(海技士道), 해항도시 문화유산의 활용 비교연구, 인류세(人類世, Anthropocene) 등이다. 이상에서 간략하게 소개하였듯이 '바다인문학 : 문제해결형 인문학'은 바다의 물리적 운동과 관련된 학문들과 인간과 관련된 학문들의 학제적·범학적 연구를 지향하면서 바다와 인간의 관계를 둘러싼 현안에 대해 해법을 모색한다.

지금까지 바다인문학은 두 유형의 연구 총서를 출간해 왔다. 하나는 1단계 및 2단계의 집단연구 성과의 출간이며, 나머지 하나는 바다와 인간의 관계에서 발생하는 현안을 다루는 연구 성과의 출간이다. 이와 병행하여 국제해양문제연구소는 연구 성과의 사회적 확산과 공유를 목표로, 연구 성과의 전시회, 다큐멘터리의 기획, 제작·방영, 시민강좌 및 선상강좌, 사계의 전문가들의 특강인 콜로키움을 진행해 왔다. 이번에 출간되는 『바다인문학: 무한한 경계로의 탐험』은 2018년부터 진행해 온 콜로키움의 성과를 집약하여 노종진 교수님이 편찬한 것이다.

우리는 콜로키움의 성과가 기존의 연구총서들과 상호연관성을 가지면서 '바다인문학 : 문제해결형 인문학' 연구의 완성도를 높여 줄 것으로 기대한다. 『바다인문학: 무한한 경계로의 탐험』이 국제해양문제연구소가 해문과 인문 관계 연구의 학문적·사회적 확산을 도모하고 그 담론의 생산·소통의 산실로 자리매김하는 데 일조하길 희망하며, 발표와 옥고를 생산해 주신 사계의 전문가들께 감사의 말씀을 전한다.

2024년 5월

국제해양문제연구소장

정 문 수

서문

한국해양대의 모토는 "우리에게 바다는 땅"으로 바다가 확장된 장소로서 개척과 탐구의 중요성을 강조하는 것으로 이해된다. 바다는 인류의 역사에서 중요한 역할을 해왔고, 여전히 우리에게는 무한한 가능성의 지평을 선사하는 공간이다. 바다를 통해 우리는 인류역사의 큰 획을 그은 다양한 성취를 이루어왔고 앞으로도 그러한 비전을 꿈꿀 것이다. 그러나 이제 우리는 이러한 자원의 보고로서의 대상이자 수단으로만 간주하기보다는 바다가 우리의 생명을 유지하고 지탱하는 원천으로 더 중요하게 인식해야 한다. 우리는 자연과의 조화를 유지하며 바다를 보호해야 함을 인식하고 있으며, 한국해양대의 국제해양문제연구소는 이러한 인식을 바탕으로 바다와 관련된 다양한 문제를 탐구하고 해결책을 모색하고 있다. 이를 통해 바다에 대한 이해를 넓히고, 바다인문학에 대한 관심을 높이는 데 기여하고자 노력하고 있다.

바다는 우리에게 무엇인가? 바다는 인간과 떼려야 뗄 수 없는 관계를 맺어왔고 다양한 의미와 기능을 제공하는 중요한 공간이자 무한한 상상력을 펼치게 하는 원천이다. 그러나 바다는 후기 자본주의의 경제논리로 여전히 상상되고 착취되고 있다. 이러한 관점은 바다가 우리의 생명을 지속가능하게 하고 유지하는 기능을 하는 중요한 원천임을 간과하고 있다. 바다는 생태계의 일부로서 우리에게 식량, 산업 및 교통수단을 제공하며, 해양 생물 다양성은 인류의 건강과 생존에 중요한 역할을 한다. 따라서 더 지속 가능한 관리와 보호가 필요하며, 이를 위해 바다의 다양한 측면을 학술적으로 탐구하고 이를 기반으로 정책을 제시하는 것이 중요하다.

우리가 자연을 통제하고 이해하는 것에 상당한 발전을 이루었지만, 이러한 발전은 종종 자연과 환경파괴로 이어질 수 있는 부작용을 내포하고 있다. 우리는 바다를 자원으로만 보고 이용하고 착취하는 단선적인 시각에 매몰되어왔다. 바다인문학은 이러한 시각을 변화시켜, 바다를 우리와 불가분의 관계에 있는 하나의 세계로 이해하고자 한다. 이러한 새로운 방향의 전환이 생겨나지 않는 한, 우리의 욕망은 한계가 없고 결국에는 바다를 포함하여 지구를 파국의 결과로 치닫게 할 수 있다.

한국해양대의 국제해양문제연구소는 수년간에 걸쳐 <바다인문학>이라는 연구 주제를 통해 바다와 인간의 문제를 탐구하고 이를 해결하는 방안을 모색해왔다. 이 과정에서 실제 우리의 삶과 상황에서 발생하는 문제들을 분석하고, 이를 바탕으로 적절한 정책과 해결책을 제시하기 위해 노력해왔다. 여기 수록된 글들은 지난 몇 년간 콜로키움에서 발표된 다양한 주제의 내용을 일반 대중에게 소개함으로써 바다인문학에 대한 폭넓은 이해를 증진하는데 목적을 두고 있다. 이를 통해 바다와 인간을 통해 야기되는 문제와 현상에 대한 이해를 높이고, 인류의 생존과 생명에 매우 중요한 기능을 하는 지속 가능한 바다를 만들고 유지하는 데 있다. 총 4부로 구성되어 있는 편서에는 바다인문학이 추구하는 다학제적 연구와 통찰이 얼마나 다양한지를 보여준다. 여기에 실린 글들은 육역과 수역을 넘나드는 경계를 넘어 물질로서의 바다와 정신이나 아이디어로서의 바다를 상상하는 저자들의 통찰과 생각을 나누고자 하는 소통의 결과물이다.

이 책은 전체 4부로 나누어져 있다. 1부 <바다와 땅: 바다인문학과 관광지리학의 이야기>에서는 우리나라 바다에 사는 바닷물고기 이야기를 통해 바다를 터전으로 사는 어부들의 이야기와 어촌문화, 음식 등을 포함하여 다양한 주제에 대해 나누며, 한때 동해에 서식했던 고래잡이 포경업의 과거와 유산을 문화인류학적 시각에서 접근하였다. 또한 우리 삶의 은유인 여행과 건강과 웰니스를 위해 서구에서 어떤 시도를 하고 있는가를 살펴본다.

『바다인문학』의 저자인 김 준교수는 바닷물고기 연구를 통해 탐색한 다양한 주제에 관해 기술한다. 바다의 역사와 문화, 생태계의 변화, 바다 음식 등 뿐만 아니라 특히 바다에 터를 삼고 사는 어민들의 삶을 정감어린 시선으로 그리고 있다. 이러한 다층적인 시각에서 인간과 바다의 관계성에 주목하여 상호 포용적이고 지속가능한 관계를 유지하고 발전시켜 나가야 하는 중요성을 지적한다. 어업과 소비방식의 변화와 인식을 촉구하는 그의 글은 앞으로 우리가 어떻게 바다와 관계맺기를 해야 하고 미래를 함께 구축해야 하는 가를 잘 제시한다.

국내 근대 포경업이 발전한 장소로서의 장생포는 최명애 교수가 주목하는 주제로, 이는 포경업과 고래 관련 산업 및 문화의 역사적 변천을 문화인류학적 시각에서 재조명하는 논문의 핵심 주제이다. 이 글은 우리나라 근대 포경업의 발전과 사양산업으로의 전환 과정을 다루며, 이를 일본의 포경업 해외기지로의 흐름과 국제 포경 모라토리움의 영향하에서의 급격한 사양의 변화와 함께 고래 관련 업종의 다양한 양상을 분석한다. 특히, 포경업의 금지와 국제법의 발효로 인해 고래 관련 업종이 사양의 길을 걷게 되면서 새로운 산업인 고래 관광업이 출현하게 되는데, 이에 따라 지역의 역사와 문화를 유지하려는 시도와 함께 고래고기 요식업이 여전히 존재하면서 발생하는 모순적인 현황을 역사적, 문화적 변화와 함께 생태학적, 경제학적 측면을 고려하여 다각도로 분석한다.

'중세길을 걷다: 비아 프란치제나, 슬로우 투어리즘 여정으로 부상한 중세 순례길'에서 신철 교수는 현대인들은 빠르게 변화하는 세상에서 자신을 내려놓고 지나친 속도에 대한 대안적 경험을 찾는 수단으로 순례여행을 인식하고 있다고 주장한다. 저자는 인간 이동의 역사에서 중요한 역할을 한 순례가 오늘날에는 슬로우 투어리즘 패러다임을 대변한다고 보며, 중세의 대표적인 순례길인 비아 프란치제나의 성장 잠재력을 강조하며, 이를 소개한다. 이 글은 슬로우 투어리즘의 개념과 중세 순례의 현대적 해석에 대한 학술적 논의를 제시하고, 비아 프란치제나의 역사적, 문화적 맥락을 탐구함으로써 중세 순례길의 중요성을 재조명한다.

〈건강관광과 독일의 쿠어오르트〉에서 정진성 교수는 현대의 각박한 삶에 지친 현대인들에게 건강예방, 관리, 증진차원에서 일찍이 건강과 웰니스의 중요성을 인식했던 독일인의 쿠어오르트를 소개한다. 건강관광산업의 일종으로 독일정부의 체계적인 인증과 관리하에 발전된 쿠어오르트는 의료와 웰니스를 포함한 개념이며 국가에서 보장하고 공공보건 체계로 편입시킨 독특한 의료건강체계이다. 저자는 쿠어오르트의 발전과정을 기술하면서 바다를 이용한 해수욕장의 기원을 살피고 쿠어오르트를 발전시키는 과정에서 발생한 사회, 경제, 문화적 영향과 변화를 이해하기 쉽게 설명한다. 독일의 쿠어오르트를 모델로 하여 국내에서 시도하고 있는 해양치유센터의 설립시도와 도전을 짚어보면서 여러 과제들을 성공적으로 해결하기 위한 방안의 모색이 중요함을 지적하고 있다.

2부 〈바다와 항해의 이야기와 그 유산〉은 항구와 항해, 그리고 바다와 관련된 글들을 모았다. 영미 항해기를 통해 영국과 미국이 해양대국으로 발전하는 중요한 발판이 되었음을 살펴본다. 부산이 좀더 글로벌한 도시로 도약하기위해서는 이제까지 부산학이라는 학문적 시도로 발전시켜 온 것을 면밀히 검토하고 통찰하여 새로운 부산의 모습의 미래를 모색하여야 하는 과제를 제시한다. 또한 우리나라의 해운의 역사가 우리 경제발전에 얼마나 큰 역할을 하였는지를, 그리고 군사적으로 강한 국가를 만들기에 요구되는 전략들을 살펴본다.

홍옥숙 교수는 밴쿠버 선장의 북태평양 항해기를 번역하면서 이전 영국 해군의 탐사와 발견의 항해 계보의 역사에 대해 서술하며 밴쿠버의 항해의 의의와 유산을 추적하였다. 후발주자로서 영국해군의 발견의 항해와 탐사는 해양대국으로 나아가는 발판을 마련하였고 밴쿠버의 북태평양 항해는 그러한 시도의 한 예가 될 수 있다. 스페인과의 외교적 분쟁을 중재하고 아메리카 북서 해안에서의 국가적 지위를 확보하기 위해 파견되었던 밴쿠버의 선단은 그 과정에서 태평양 원주민과의 교류를 포함하여 원주민들의 저항과 범죄에 대한 처벌을 처리하는 등 그의 항해기는 다양한 사건과 경험을 담았다. 또한 글은 단일본으로 대중들이 재미있고 쉽게 접할 수 있도록 편집된 항해기를 번역하는 과정에서 취하였던 일련의 선택의 내용을 설명하고 있다.

류미림 교수는 포터(D. Porter) 함장이 쓴 『데이비드 포터의 남태평양 항해기 1812-1814』를 자유와 인권의 관점에서 비판적으로 고찰한다. 『항해기』는 포터 함장이 국가의 부름을 받아 에식스호(USS Essex)로 1812년 전쟁에 출정하여 남아메리카의 최남단 호른곶(Cape Horn)을 돌아 남태평양에 진출하면서 영국해군과 치른 해상전투의 기록이다. 그런데 이 책은 2년여의 항해 동안 거쳐 간 곳의 지형과 기후, 남태평양의 여러 섬에서 만난 부족과 그들의 삶에 대한 상세한 기록을 담고 있어 단순한 해상전투에 관한 기록 이상의 의미가 있다. 특히 에식스호가 내건 깃발에 새겨진 “자유무역 그리고 선원들의 권리"는 당시 미국이 이념적으로 내세운 1812년 전쟁의 모토라고 볼 수 있다. 이 글은 포터 함장이 남태평양의 부족들과 관계하는 과정에서 보이는 제국주의적 사고와 행동을 그가 내건 "자유무역 그리고 선원들의 권리"와 연계하여 살펴본다. 실제 그의 제국주의 야욕은 매디슨 대통령에게 보낸 편지에서 구체적으로 드러난다.

구모룡 교수는 부산학이라는 명칭에 대한 학문적 접근으로 부산이라는 도시의 기원과 발전양상의 양태를 통시적 시각에서 재점검한다. 그는 과거와 현재 그리고 미래를 관통하는 역사적 현실을 오롯이 직시하여 현재와의 연결고리를 찾아내어 미흡한 점은 보완하고 부산의 미래를 향하여 총체적이고 발전지향적인 기획을 모색해야 한다고 주장한다. 이를 달성하기 위해서 그는 이러한 학문적 통찰 위에 부산이 가지고 있는 다층적이고 혼종적인 해양문화와 해양모더니티의 특이성을 잘 간파하고 굴곡진 역사의 시간 속에 겹겹이 쌓아져 온 부산의 진면모를 발견하고 미래에 세계적인 해항도시로 나아가야 함을 강조한다.

조권회 명예교수는 〈바다에 남긴 자취, 한국해양대학교 실습선 75년사〉를 통해 1945년 개교한 한국해양대학의 역사에서 1947년부터 첫 승선실습을 실시한 실습선의 역사의 중요성을 되짚는다. 그러나 한국해양대학교 50년사에 일부만 정리되어 사라져가는 해양인의 역사를 기록으로 남기고자 하는 필요성이 대두되었다. 〈바다에 남긴 자취, 한국해양대학교 실습선 75년사>는 2022년 실습선 도입 75주년을 맞이하여, 한국해양대학의 생존 역사만큼이나 험난한 실습선(초기 군함실습선/반도호/한바다호1/한나라호1/한바다호2/한나라호2) 확보 노력, 실습 교육, 운항 이력, 항적도, 각 기수별 승선실습 야사, 실습선 선기장 회고담, 외국학생 승선실습, 실습선 고유 목적 외 외부 지원활동 등을 정리하였으며, 세계의 최신 실습선 현황과 차세대 대학에서 보유할 실습선의 유형을 제시하였다. 이는 한국해양대의 역사에서 중요한 선박과 선원의 역사의 기록이라는 점에서 보존 가치가 높다.

<해운이 나눈 풍요와 빈곤>에서 저자는 인간의 경제활동 방식중에 해상을 통한 무역과 운송이 인류역사에 얼마나 큰 기여를 해왔는가를 역사적 변천과정을 짚어보면서 그 의의를 기술한다. 해운의 중요성을 간파한 민족과 국가들이 인류의 역사에서 어떤 방식으로 바다를 잘 이용하고 자국의 경제에 기여할 수 있었는가를 저자는 통시적으로 톺아보며 알기 쉽게 기술하였다. 해운의 역사는 인류역사에서 큰 축을 이루며 전개되어왔고, 이것은 인간의 삶에서 경제가 얼마나 중요한 분야였는지를 증명해왔다. 특히 저자는 경제발전의 중요한 요인이자 불가분의 관계 속에 부침을 거듭하며 성장해 왔던 해운의 역사를 명료하게 이해할 수 있게 한다.

<우리바다, 지배할 것인가? 지배당할 것인가?>에서 저자는 바다와 맞닿아 지속해서 유무형의 적의 위협에 처해있는 대한민국의 미래를 어떻게

방어할 것인가에 대한 고민을 함께 숙고해 보길 요청한다. 저자는 미래에 대비하기 위한 핵심 전략으로 방어력 강화와 외교적 대응, 영토 및 해양자원 보호와 미래를 예측하고 기술을 혁신하는 등의 다각적인 노력이 필요하다고 역설한다. 이러한 방안들을 종합적으로 고려하여, 미래에 대비하는 전략을 수립하고 최선의 노력을 다하는 것이 필요한 것이다. 미래는 준비된 자에게 유리하게 흘러갈 것이기 때문에 저자는 우리가 지금부터 준비를 시작해야 한다고 주장한다. 이 글은 경제, 문화, 관광의 접촉과 경계의 공간인 바다가 생존의 위협에 직면했을 때 우리가 잃어버릴 수 있는 엄청난 손실을 미연에 방지해야 함을 지적한다.

3부 〈디아스포라 타자와 이주〉에서는 식민지 시대를 배경으로 하는 글과 문학작품을 통해 디아스포라와 이주의 역사에서 국경과 국가를 넘어 다른 장소에서 타자로 살았던 사람들의 삶을 분석한 글을 소개한다.

〈식민지조선의 지역사회와 신사의 관계 : 마산신사에 반영된 지역성을 중심으로〉에서 한현석 교수는 일제강점기 식민통치 시기에 일본이 지배하던 지역사회와의 관계를 유지하고 조종하기 위해 다양한 수단을 동원하였던 역사를 추적한다. 그 식민통치의 대표적 상징이자 수단이 바로 신사(神社)였다. 특히 1930년대의 마산신사는 이러한 식민지 조선의 지역사회와의 관계를 연구하는 데 중요한 사례로 부각되었다. 이 글은 구체적으로는 마산신사에 반영된 지역성을 드러내는 요소 전쟁과 군대를 뽑았는데 이는 일본이 병력확충과 군사적 지배력을 강화하기 위해 신사를 통해 군사목적의 종교적 의식을 조성하고 동원했음을 의미한다. 그리고 마산신사는 지역대표산업인 술 제조업과도 밀접한 관련이 있었다. 이런 요소를 종합적으로 고려해 보면 마산신사는 일본의 식민지 조선에서 지역사회와의 관계를 조절하고 지배력을 유지하기 위한 다양한 수단으로 기능하였고, 지역의 신사이면서 동시에 제국일본을 대표하는 제국의 신사가 되기도 한 방식에 대해 알 수 있다.

이민진의 소설 <파친코>를 디아스포라와 식민지인의 삶의 주제로 분석한 글은 역사의 격랑속에 고향을 떠나 타국에 발을 내딛고 살아야 했던 재일 조선인의 끈질긴 삶을 추적한다. 노종진 교수는 일본의 제국주의가 재일 조선인에 가한 차별과 폭력의 만행을 외부인의 관점에서 폭로하고 비판하는 작가의 시선을 소설의 주요 인물들이 처한 상황과 그들이 선택한 삶의 방향을 설명하면서 따라간다. 저자는 주변인이자 디아스포라인으로 겪어야 했던 차별과 억압 가운데서도 조선인의 삶의 회복력과 생존력에 주목한다. 경제적, 계층적, 인종적 차별 가운데서도 특히 여성 인물들의 연대와 사랑은 삶의 가장 낮은 곳에 처한 상황에서도 주체적 생존을 위해 그들이 소중히 여긴 삶의 가치이자 힘이 되었음을 지적한다.

「영화 <리칭 포 더 문>에 나타난 엘리자베스 비숍의 해양성과 도시생태학적 비전」에서 심진호 교수는 시인 엘리자베스 비숍에게 시적 상상력을 제공해준 원천이었던 브라질과 사랑했던 연인 소아레스가 그녀의 시작에 어떤 영향을 끼쳤는가를 영화와 대표시 「하나의 예술」을 분석하면서 설명한다. 저자는 비숍의 시에 현저하게 나타나는 해양성을 기술하면서 바다가 시인의 삶에 제공하는 시적 상상력뿐만 아니라 모든 것을 포용하고 무수한 변화를 만들어내는 공간으로서의 의미를 분석한다. 또한 저자는 디아스포라의 삶을 살면서도 파벨라에 거주하는 리우의 주민들의 삶을 보고 받은 충격과 연민 때문에 지속가능한 도시 생태적 공간의 필요성을 역설하며 시에 녹여냈던 비숍의 타자에 대한 따듯한 시선과 비전을 그녀의 주요시를 분석하면서 독자에게 보여준다.

4부 〈해양자원과 환경오염: 탄소중립으로의 여정과 도전〉에서는 미래에 다가올 해양오염의 폐해를 사전에 줄이기 위한 노력의 정책과 전략을 살펴보는 글을 소개한다. 인류세 시대에 바다는 더 많은 탐험과 탐구의 대상이 될 것이고 환경오염에 대한 위기와 위협이 증대할 것이다. 탄소중립 정책에 대한 규제와 노력이 국가적으로 지역적으로 어떻게 진행되고 있는가를 살피는 글이 소개된다.

김동구 교수는 기후변화로 인한 지구온난화의 가속화, 해수면 상승, 및 산성화 등이 대한민국의 해양수산 분야에 미칠 영향을 평가하는 연구를 발표하였다. 이 연구에서는 어종의 변화와 어획량 감소와 같은 구체적인 변화 사례를 상세하게 논한다. 더불어 해당 발표에서는 정부의 거시적인

2050 탄소 중립 시나리오의 비전을 조명하고, 그러한 시나리오의 가능성을 면밀히 조사하였다. 그는 해양수산 분야는 국내 온실가스 배출뿐만 아니라 우리나라의 수출입 핵심 기반인 국제 해운과의 연계성, 그리고 해양에너지, CCS, 청정수소 등 미래 온실가스 감축수단 관점에서 논의되어야 할 필요성을 강조하고 국가 통계에서 아직 구분되지 않지만 블루카본 등 해양수산 분야의 온실가스 감축 잠재력이 상당하므로, 이에 대한 관련 정책역량 강화가 필요하며, 이를 통해 탄소 중립을 선도할 필요성을 제시한다.

한희진 교수는 환경문제와 섬의 지속성 과제를 모범적으로 수행하려는 제주특별자치도의 카본프리 아일랜드 정책의 배경과 구성요소를 소개하고 에너지 부문에 초점을 맞추어 현황과 도전과제를 살펴본다. 제주도의 이러한 노력은 기후변화에 따른 영향의 심각성뿐만 아니라 경제와 산업적인 도전과제들이 정책도입의 필요성을 부각시켰다. 일차산업과 관광업의 비중이 높은 제주는 기후와 정치변화에 민감하게 영향을 받는다. 따라서 새로운 산업으로의 전환을 통해 성장동력을 추진해야 하는 정책을 도입하였는데 풍력발전이나 태양광같은 신재생에너지 대체를 목표로 섬을 안정적인 청정지역으로 만들려는 시도를 하였고 이러한 제도적 혁신이 의미있는 결과를 가져왔음을 지적한다. 그러나 증가하는 에너지 소비와 공급을 위한 외부의존은 카본프리 아일랜드의 정책목표가 효과적으로 달성되지 않고 역행하는 결과를 초래했다는 점을 또한 지적한다. 새로운 정책과 이로 인한 이해관계자들의 갈등은 해법을 요구하는데 정책의 수정 및 제도의 개선은 주요 도전이 되고 있다. 한희진 교수는 정책의 효과적 이행을 위해 지금까지의 성과를 토대로 거버넌스를 구축해야 함을 제시한다.

이번에 국제해양문제연구소에서 그동안 발표되고 논의되었던 다양한 글을 정리하여, 이를 토대로 〈바다인문학〉의 무한한 경계로의 탐험을 출간하는 것은 더 많은 독자들이 바다인문학에 대한 더 넓은 이해의 지평을 얻기를 희망하기 때문이다. 이 책을 통해 독자들이 바다인문학의 무한한 가능성을 엿볼 뿐만 아니라, 우리 삶과의 총체적 관계성을 직접 경험하며 확장되기를 기대한다. 이 지면을 빌려 콜로키움에서 발표해 주시고 귀한 글로 편서 발간에 도움을 주신 모든 저자들에게 감사의 마음을 전합니다.

2024년 5월

노종진

차 례

제3부 디아스포라 타자와 이주

제4부 해양자원과 환경오염: 탄소중립으로의 여정과 도전

제1부

바다와 땅:

바다인문학과 관광지리학의 이야기

바닷물고기를 통해서 살펴본 바다인문학*

김 준

1. 시작하는 글

우리나라는 2012년 여수엑스포를 기념해 5월 10일을 '바다 식목일'로 정했다. 바다 생태계의 중요성과 황폐화의 심각성을 국민에게 알리고, 범국민적 관심 속에서 바다 숲이 조성될 수 있도록 하기 위해서다. 바다 식목은 수심 10미터 내외 바다의 암초나 갯벌에 해조류나 해초류를 이식해 숲을 조성하는 것이다. 이곳은 뭍과 섬에서 영양물질이 많이 유입되고, 햇빛이 잘 들고, 광합성 작용이 활발해 식물성 플랑크톤, 해조류, 해초류, 부착생물 등이 많다. 해양 생태계 중 기초 생산자가 많아 먹이사슬의 기반이 되는 중요한 공간이다.

바다 숲은 해조와 해초 군락, 그 안의 해양 동물을 포함한 군집을 말한다. 바다 숲은 생물의 다양성 유지, 어린 물고기의 은신처 제공, 먹이 공급, 산란 장소 등 바다 생물의 서식지 기능을 한다. 수질 정화, 바다 저질

* 이 논문은 2023년 대한민국 교육부와 한국연구재단의 지원을 받아 수행된 연구(NRF-2023S1A5B5A16079226)이며, 졸저 『바다인문학』(2022, 인물과사상사)를 중심으로 정리한 것이다.

(底質) 안정화 등 해양 환경 유지 기능도 하고 있다. 그뿐만 아니다. 인간에게 유용한 식품과 생태 체험과 해양 레저 관광을 할 수 있는 친수공간도 제공해준다. 이처럼 바다는 해양생물이 생활하는 삶터이자, 우리 인간의 삶이 시작되는 곳이다.

『바다 인문학』은 바닷물고기 22종을 통해 바다의 역사와 문화, 생태계의 변화, 어민들의 삶, 바다 음식, 해양 문화 교류사, 기후변화 등을 살피고자 한다. 또 동해, 서해, 남해, 제주 바다에 서식하는 바닷물고기와 사람살이가 형성한 해양 문화적 계보, 바다를 배경으로 살아가는 이들의 정서와 식문화 변천사를 담았다. 밥상은 바다의 가치를 도시민과 나눌 수 있는 매개체다. 어부는 정한 시기에 정한 곳에서 허용된 양을 잡아야 하며, 소비자는 그 가치를 존중하고 적절한 값을 지불해야 한다. 어업은 우리의 건강하고 즐거운 밥상과 이웃의 삶을 지탱할 수 있는 형태로 이루어져야 한다.

이런 어업이 지속 가능하려면 바다 환경과 생물종 다양성도 지켜져야 한다. 그래서 슬로푸드는 산업화된 폭력적인 어업 방식이 아닌 전통 어업 방식과 소규모 어업 생산자들을 존중하고 응원한다. 최근에는 '음식의 질'을 넘어 '삶의 질', '생명', '초월적인 삶'이라는 철학으로 확산되고 있다. 슬로푸드가 그렇듯이 슬로피시도 바다 음식을 영양학으로 접근하는 것을 거부한다. 슬로피시는 지속 가능한 어업과 책임 있는 수산물 소비를 지향한다. 그리고 해양 생태계·기후변화·해양 쓰레기, 어획 방법과 소비 방식과 어민들의 삶을 함께 살피는 '미식학'을 지향한다. 지속 가능한 미식이란 이렇게 다양한 이해당사자가 공존하고 공생하는 그물로 차린 밥상이다. 바다는 인간의 고향이면서 바닷물고기의 최후의 보루다. 이제 바다는 인간의 식량 창고가 아니다. 과거 벌거벗은 산을 숲으로 가꾸기 위해 온 국민이 삽과 호미를 들고 나무를 심었다. 이 글은 바다가 사막으로 변하는 것을 막기 위해 인간은 어떤 노력을 해야 할까하는 단순한 고민에서 출발했다.

2. 우리바다가 아프다

바다환경

바다는 해양생물이 생활하는 삶터로 조석, 조류, 파랑, 해류, 수온 등의 영향을 받는다. 한반도를 둘러싼 동해, 서해, 남해는 방향에 따른 바다 이름이지만, 특성을 보면 뚜렷한 차이가 있다. 동해는 수심이 깊고 대륙붕이 발달하지 않아 조석보다 해류 영향이 크다. 서해는 수심이 얕고 대륙붕이 발달해 해류보다 조석과 조류 영향이 크다. 여기에 임진강, 한강, 금강, 영산강 등 서해로 흐르는 큰 강이 많고, 섬들이 모여 있어 주변에 갯벌이 발달했다. 남해는 내만이 발달하고 섬이 많으며, 역시 조석과 조류 영향을 받는다.

또 조류를 보면 동해는 한류와 난류가 교차하며, 남해와 제주도는 태평양과 동중국해를 통해 올라온 고온과 고염의 영향을 직접 받는다. 해양 지질로 보면, 동해는 모래 해안과 암석 해안이 발달했고, 서해와 남해는 섬과 갯벌이 많다. 특히 남해는 공룡이 살았던 중생대 백악기 지층이 해안을 이루고 있다. 제주도는 화산암으로 이루어진 해안에 해식애가 발달했다.

해안선을 보면, 동해안은 굴곡 없이 단조롭고 석호가 있으며, 서해안과 남해안은 굴곡이 아주 큰 리아스식 해안이다. 제주도는 용암이 조류와 해류, 파도와 파랑에 깎이면서 해안에 날카로운 현무암이 솟고 조개껍질이나 부서진 산호와 모래가 해안에 쌓이기도 한다.

이러한 특징은 바닷물고기를 포함한 해양생물의 서식에 큰 영향을 미치며, 다양한 물새들의 먹이활동에 큰 영향을 미친다. 그뿐만 아니라 물고기를 잡는 도구와 방법과 어촌생활에도 큰 영향을 주며, 음식문화에도 영향을 주고 있다.

이러한 바다와 해안의 특징을 고려해 각 해역을 대표하는 바닷물고기를 선정했다. 이 바닷물고기를 통해 바다의 역사와 문화, 생태계의 변화, 어민들의 삶, 바다 음식, 해양문화 교류사, 기후변화 등을 살피고자 했다. 하지만 해역별로 대표 바닷물고기를 선정하는 일은 쉽지 않았다. 이제 동해에서 만나기 어려운 명태나 서해에서 어획되지 않는 조기를 넣은 것은 해당 지역에서 이들 바닷물고기가 차지하는 문화적 가치가 매우 크기 때문이다.

또 해역을 넘나드는 바닷물고기를 특정 해역에 포함시키는 것도 어려웠다. 숭어는 서해만 아니라 남해와 동해까지 모든 해역에서 서식하며 밥상에 올라오는 바닷물고기다. 하지만 회, 탕, 조림, 건정 등 바닷물고기를 이용한 다양한 음식문화를 가지고 있는 서해를 모태로 삼았다. 마찬가지로 아귀는 동해만 아니라 남해와 서해에서도 잡히지만 동해에 포함시켰다.

우리 바다에서 지난 50년 동안 큰 물고기는 90퍼센트가 사라졌다. 동해에서 명태가, 서해에서 조기가 사라졌다. 이제는 병어와 대구는 말할 것도 없고, 망둑어와 양태마저도 귀한 바닷물고기가 되었다. 과거에 '잡어'라고 불렀던 바닷물고기들이 자리를 차지했다. 그 사이 어떤 변화들이 생긴 것일까? 서해의 갯벌은 50퍼센트가 뭍이 되어 공장이 지어지고 아파트가 올라갔다. 서해와 남해의 바다 숲은 백화 현상으로 사막이 되었다. 바닷물고기들이 산란을 하고 치어들이 자라야 할 인큐베이터가 사라진 것이다. 여기에 어민들은 모기장처럼 촘촘한 그물로 어종을 가리지 않았고, 소비자들은 알배기 생선을 즐기며 텅빈 바다를 부추겼다. 그러고서 모든 책임을 '기후변화'와 '수온상승'에 떠넘기고 있다. 바다 숲은 해조와 해초 군락, 그

안에 동물을 포함한 군집을 말한다. 바다 숲은 생물의 다양성 유지, 어린 물고기의 은신처 제공, 먹이 공급, 산란 장소 등 바다 생물의 서식 기능을 한다. 또 수질 정화, 바다 저질(底質) 안정화 등 해양 환경 유지 기능도 하고 있다.

그뿐만 아니다. 인간에게 유용한 식품과 생태 체험, 해양 레저 관광을 할 수 있는 친수 공간도 제공해준다. 우리나라는 2012년 여수엑스포를 기념해 5월 10일을 '바다 식목일'로 정했다. 바다 생태계의 중요성과 황폐화의 심각성을 국민에게 알리고, 범국민적 관심 속에서 바다 숲이 조성될 수 있도록 하기 위함이다. 바다 식목은 수심 10미터 내외 바다의 암초나 갯벌에 해조류나 해초류를 이식해 숲을 조성하는 것이다.

이곳은 뭍과 섬에서 영양 물질이 많이 유입되고, 햇빛이 잘 들고, 광합

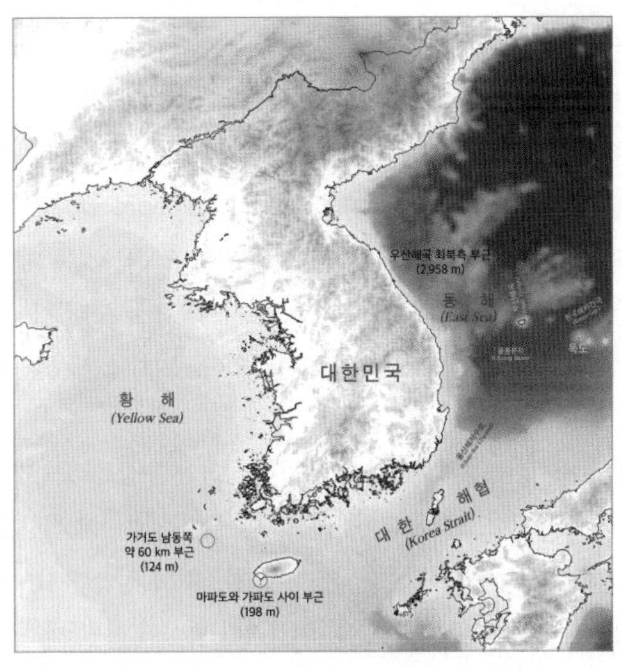

해저지형과 해역별 최대수심(출처: 해양과학기술원)

성 작용이 활발해 식물 플랑크톤, 해조류, 해초류, 부착생물 등이 많다. 해양 생태계 중 기초 생산자가 많아 먹이사슬의 기반이 되는 중요한 공간이다. 우리 밥상에 오르는 수산물은 대부분 이곳에서 얻는다. 벌거벗은 산을 숲으로 가꾸기 위해 온 국민이 삽과 호미를 들고 나무를 심었던 때를 생각해보자. 이제 바다가 사막으로 변하는 것을 막기 위한 노력에 더 많은 관심이 필요하다.

텅빈 바다, 늘어나는 수산물 소비

인간이 물고기를 처음 만난 것은 언제였을까. 둘의 관계가 호혜에서 적대로 변한 것은 언제일까. 궁금한 문제지만, 아직 명확한 답을 찾지 못했다. 그만큼 연구가 이루어지지 않았다는 것도 큰 이유지만, 인간은 바다에 대해서도 물고기에 대해서도 너무 모른다. 바닷물고기가 무한하다는 생각도 인간이 바다에 대해 무지하다는 증거 중 하나다.

동해안을 주름잡았던 명태, 대구, 청어, 꽁치, 고래 등은 지금 사라졌거나 사라질 위기에 처해 있다. 여전히 어획되고 있는 오징어나 미역, 멸치, 문어 등도 양이 크게 줄었다. 남해는 어떤가. 남해에서 잡히던 갈치와 고등어는 어획량이 급감한 나머지 이제 밥상 위에 오르는 것은 대부분 수입산이다. 서해도 마찬가지다. 조기, 민어, 넙치, 새우 등은 대부분 사라졌거나 어획량이 크게 줄어 수입에 의존하고 있다. 넙치나 새우는 양식으로 대체되기도 했다.

국내에서 소비되는 양의 절반 이상을 수입하는 수산물로는 명태, 새우, 낙지, 바지락, 주꾸미, 꽁치, 홍어 등으로 이 중에는 심지어 전량을 수입하는 것도 있다. 고등어, 아귀, 게, 가자미, 참조기도 절반까지는 아니지만 상당한 양을 수입에 의존하고 있다. 일상적인 밥상이 아닌 제사상에 오르는 생선도 사정이 다르지 않다. 이런 추세라면 우리 밥상에서 생선이 사라지는 날은 멀지 않을 것이다. 물고기 한 종이 사라지면 그만 아닌가, 물을 수도 있겠지만 생태계는 그렇게 간단하지 않다. 그래서 생태계가 아닌가. 먹이사슬은 밥상에 멈추지 않는다.

동해안의 명태를 좀 더 살펴보자. 명태가 주체할 수 없이 많이 잡히던 때가 있었다. 끝없을 것 같던 명태가 동해에서 사라지자 오징어가 그 자리를 차지했다. 그러나 오징어도 자취를 감췄다. 횟집에서 기본 찬거리쯤으로 나오던 오징어는 더 이상 없다. 오징어는 해방 전후부터 1980년대까지 동해안 어민들의 생계를 책임졌다. 학생들은 오징어철인 9월부터 10월 성어기에는 모든 일을 뒤로 미루고 오징어를 갈무리하고 말리는 일을 도와야 했다. 이후 잠깐 정어리가 그 자리를 차지하기도 했다. 동해에서 잡던 오징어는 이제 서해나 서남해로 가야 잡을 수 있다. 이마저도 국내 어장에서 잡을 수 있어 다행이다.

사라진 명태를 복원하기 위해 많은 노력을 기울이고 있지만 녹록치 않다. 어떤 이는 불가능하다고 말하기도 한다. 개체군의 90퍼센트가 사라지면 명태가 가지고 있는 기억들이 전승되지 않는다. 생물이 가진 집단 기억이 유전체를 통해 전승되어야 하는데, 그것이 사라지고 있는 것이다. 어획을 금지하는 것(금어기)은 최악의 상황을 막기 위한 처방이다.

앞서 말했듯이 식탁 위에 오르는 고등어는 이미 수입산이 된 지 오래다. 조기는 고등어보다 사정이 낫지만, 역시 우리바다에서 잡아 밥상에 올릴 형편이 아니다. 크기도 옛날 같지 않고 중국에서 수입된 것은 안전성에 의혹이 제기되며 명절이면 언론의 도마 위에 오르는 생선이다. 문제는 연어다. 고등어나 조기는 아이들보다는 어른들이 먹어왔던 생선이 대물림된 경우다. 하지만 연어는 아이들이나 비교적 젊은 층이 좋아하는 생선이다. 때문에 더 신경이 쓰인다. 살충제 계란 파동을 보면서 가장 먼저 떠올랐던 것이 연어인데, 비단 양식 연어가 인간 건강과 해양 환경에 끼치는 영향 때문만은 아니다.

당제나 풍어제에서 명태는 여전히 제물로 굳건하게 자리를 잡고 있다

지난 50년간 큰물고기는 90퍼센트가 사라졌다. 동해에서는 대구가 사라지고, 서해에서는 조기가 사라졌다. 다 자란 고기는 말할 것도 없고 채 다 자라지도 않은 어린 물고기나 산란해야 하는 물고기를 마구 잡아들인 것이다. 하지만 어부들은 바다에서 물고기가 잡히지 않는 것은 '수온이 변해서'라고 생각한다. 지구 온난화가 원인이기에 내 책임이 아니라는 것이다. 남획을 주요한 원인으로 생각지 않는다. 바다에서 물고기가 완전히 사라지기 전에 코가 작은 그물로 어린 물고기까지 잡는 약탈어업을 멈춰야 한다. 물고기며 조개가 마음 놓고 자랄 수 있는 갯벌과 바다 숲을 지켜야 한다. 동식물이 잘 자라게끔 산에 나무를 심어 숲을 가꾸듯, 물고기가 잘 자랄 수 있도록 바다 숲 역시 가꾸어야 하는 것이다. 바다 식목일(5월 10일)

을 정한 것도 이런 이유 때문이지만, 아는 사람이 많지 않다. 바다는 무한하지 않다. 인류가 사용할 수 있는 자원은 유한하다. 더욱이 한 번 무너진 생태계를 다시 회복하는 것은 어렵거나 불가능하다.

3. 바다와 자연과 인간의 숭고한 삶에 대해

고등어는 '바다의 보리'이고, 조기는 쌀에 버금갔다

한국인이 가장 좋아하는 생선은 고등어다. 노인부터 숟가락을 들 줄 아는 아이들까지 즐긴다. 고소하고 달콤하고 부드러운 맛은 이루 말할 수 없다. 가을에 잡은 고등어는 값이 싸고 영양가가 높아 '바다의 보리'라고 불렀다. 그만큼 서민들이 보리처럼 부담 없이 즐길 수 있는 생선이었다. 그러나 일제강점기에는 경남 거제도 장승포, 울산 방어진, 경주 감포, 포항 구룡포, 전남 여수 거문도 등 조선의 연안에 일본인들이 어촌을 건설해

선망으로 잡아온 고등어를 위판장으로 옮기는 부산공동어시장의 모습

고등어를 잡아갔다. 이들은 건착망과 기선 등 선진기술로 무장해 대량으로 포획한 고등어를 일본으로 운반했다. 이렇게 조선의 어장은 일본의 고등어 공급 기지로 전락하기도 했다.

조기는 동해의 명태, 남해의 멸치와 함께 서해를 대표하는 바닷물고기다. 한치윤의 『해동역사』에는 꼬리와 지느러미가 모두 황색이라 '황어(黃魚)'라고 했고, 명나라 풍시가의 『우항잡록』에는 일반 물고기와 달리 피가 없어 승려들이 '보살어'라고 하여 먹는다고 했다. 또 조기는 사람에게 기운을 돋우는 생선이라고 해서 '조기(助氣)'라고 했다. 『승정원일기』(1627년 5월 27일)에는 조기가 잡히는 칠산 바다 어장은 임금이 하사한 곳이자 조세가 면제된 곳으로 성균관에 납부해 공궤로 사용하도록 했다는 기록이 있다. 조기잡이 어세는 조선 초기부터 국가의 중요한 재원으로 농사를 짓는 땅의 세금이 쌀이라면, 바다의 중요한 세원은 조기였다. 다시 말해 조기는 쌀에 버금가는 품목이었다. 실제로 세금을 조기로 납부하기도 했다. 특이하게도 일제강점기에 상갓집에 가면서 조기를 조의품으로 하기도 했다.

멸치도 생선이냐고 누군가 묻는다. 멸치는 생선이다. 우리나라 서민들이 가장 사랑하는 생선이다. 『자산어보』에 멸치는 "추어(鯫魚)라고 하고 속명은 멸어(蔑魚)"라고 했다. 이름부터가 업신여긴 흔적이 역력하다. 멸치는 산란 후 1~2일이면 부화해서 빠르게 자라는데, 그만큼 생식 주기가 짧다. 이는 생존 전략이다. 큰 물고기에게 잡혀먹기 전에 빨리 자라야 하며 개체수도 많아야 한다. 인간뿐만 아니라 갈치, 농어, 다랑어, 돌고래 등에게도 멸치는 소중하다. 또 물새들도 멸치를 기다리고 있다. 먹이사슬에서 멸치는 어업 생산량을 가늠하는 지표가 된다. 플랑크톤이 해양 생태계의 기초라면 멸치는 바다 육식동물의 생존 기반이다. 작고 보잘것없는 생선처럼 보이지만, 수산인문학적 측면에서 바라보면 멸치의 역할은 너무나도 크다.

조기 파시로 유명한 위도 대리마을의 풍어제

삼치는 질풍노도를 연상케 한다. 성질이 급하고 이빨이 날카롭다. 입에 문 낚싯바늘을 빼는 순간 분을 참지 못하고 몸부림을 친다. 고등엇과에 속하는 어류 중에서 삼치는 비린내가 가장 적은 생선이다. 삼치는 늦겨울부터 이듬해 봄까지 맛이 좋다. 오죽했으면 삼치를 칭하는 한자어가 물고기 '어(魚)'자에 봄 '춘(春)'자를 더한 '삼치 춘(鰆)', 즉 춘어(鰆魚)라고 했을까? 그래서 '봄에 삼치 배 한 척 가득 잡으면 평안 감사도 눈에 보이지 않는다'고 했다. 삼치 한 마리가 쌀 한 가마니와 같았다는 말이 괜한 말이 아니다. 어민들과 달리 사대부 양반들은 삼치를 싫어했던 모양이다. '망어(魟魚)'라는 이름 때문일까? 강원도 관찰사로 부임한 이가 정승에게 삼치를 보냈는데, 삼치 맛을 본 정승이 썩은 냄새에 비위가 상해 며칠 동안 입맛을 잃었다. 그 뒤로 삼치를 보낸 관찰사는 좌천을 면치 못했다.

'돈을 아끼려는 이들은 소금 간을 한 갈치를 사먹으라'는 말이 있다. 그만큼 갈치는 맛도 좋지만 가격도 저렴해 서민들이 즐겨 먹었다. 갈치에서 '갈'은 '칼'의 옛말인데, 여기에 물고기를 나타내는 '치'를 붙인 것으로 '칼을 닮은 물고기'라는 뜻이다. 그래서 갈치를 도어(刀魚)라고 했다. 일본에서는 갈치를 '큰 칼을 닮은 생선'이라고 해서 다치우오(太刀魚)라고 부른다. 영어권에서는 '휘어진 작은 칼 모양을 닮은 생선'이라고 해서 커틀러스 피시(cutlass fish)라고 불렀다. 동양이나 서양이나 갈치를 보고 '칼'을 상상했던 것 같다. 제주도에서 여자로 살아가는 것은 힘들다. 검질을 매고, 물질을 해야 하기 때문에 요리에 정성을 들일 수 없다. 갈칫국만 해도 그렇다. 그래서 원재료의 맛을 그대로 살린 요리가 많다.

숙종은 송시열에게 민어를, 정조는 채제공에게 홍어를 하사했다

조선시대에 조기는 제수용품, 진상품, 하사품이었다. 『태조실록』 1397년 4월 1일에는 "새로 난 석수어(조기)를 종묘에 천신했"고, 『세종실록』 1429년 8월 10일에는 "조기 1천 마리를 명나라 진상품"으로 보냈다. 또 왕이 신하나 종친에게 선물로 주는 하사품이었다. 특히 조기젓은 궁중에서 김치를 담글 때 새우젓과 함께 사용했다. 웅어도 조선 초기부터 임금의 수라상에 올랐고, 궁궐은 물론 종묘에 천신하는 물고기였다. 그만큼 수요가 많아 웅어를 잡아 바쳐야 할 위어소까지 한강 하류에 설치하기도 했다. 급기야 조선 후기 문신 김재찬은 「어부사시사」에서 "물고기 잡고 위어소를 지나지 마오. 고생하여 얻은 물고기를 관리가 빼앗는다오"라고 말했다. 왕실에 진상한 것뿐만 아니라 관리들의 횡포가 심했다는 것이다. 정조는 무신인 진방일에게 웅어젓과 밴댕이젓을 하사하기도 했다.

대구는 일찍부터 귀한 대접을 받았다. 건대구나 반건대구는 물론 대구어란해와 대구 고지해 등을 진상했으며, 종묘와 조정의 제례에도 진상품으로 올린 대구를 사용했다. 중국 황제의 장례식이나 즉위식과 혼인식에도 말린 대구를 보냈으며, 조선 후기에는 대일관계에서도 일본에 외교 물품인 사예단으로 보내기도 했다. 또 관리의 급여나 하사품으로 지급되기도 했으며, 안부를 묻거나 인사를 할 때 고급품으로 주고받았다. 고등어는 명태, 조기, 대구처럼 제사상에 오르는 대접은 받지 못했지만, 임금의 수라상에 올리는 어엿한 진상품이었다. 또 종갓집에서는 귀한 손님을 위한 소중한 식재료로 사용되었다.

정조의 어머니 혜경궁 홍씨의 회갑연에 올랐던 생선이 민어자반이다. 숙종이 80세 생일을 맞은 송시열에게 하사한 것도 민어 20마리였다. 민어는 온 백성의 사랑을 받는 '민'자 반열에 이름을 올린 '국민 물고기'였지만, 백성들이 먹을 수 있는 생선은 아니었다. 1796년 3월 초 8일, 정조는 퇴임한 좌의정 채제공에게 대홍어 한 마리를 하사하기도 했다. 정조가 신하에게 홍어를 하사했다는 것은 상당히 흥미롭다. 그만큼 홍어는 조선시대에

原任提學左議政蔡

大洪魚一尾

丙辰三月初八日

정조가 체재공에게 홍어를 하사한 문서, '蔡濟恭 下膳狀'(국립고궁박물관 소장)

도 값비싼 바닷물고기였다. 오죽했으면 1970년대 가정의례준칙을 제정했을 때 허례허식 금지의 첫 번째 음식이 홍어였을까?

숭어는 임금에게 진상했다는 이유로 숭어(崇漁)라고도 불렸다. 또 발해에서 당나라에 사신을 파견할 때 외교 선물로 숭어를 준비했다. 『승정원일기』 1886년 10월 22일에는 고종 때 대왕대비의 생일잔치에 평양의 대동강에서 잡은 동숭어회를 올렸다고 기록되어 있다. 이뿐만 아니라 기대승이 퇴계 이황에게 보낸 편지에도 동숭어를 선물로 보내니 기쁜 마음으로 받아 달라고 기록되어 있다.

바닷물고기, 밥상에 오르다

처음부터 명태가 조선의 백성들이 먹는 생선이 되었던 것은 아니다. 17세기 이후 숙종과 영조 대에 함경도는 이상기후로 흉년과 가뭄 등 자연재해가 잦았다. 그러자 전세·공물·진상 등을 면해주고, 사정이 조금 나은 남도의 여러 고을에서 곡식을 보냈다. 하지만 계속된 재해로 무상 진휼도 한계에 이르렀다. 그 결과 남부 지방의 쌀과 함경도의 명태를 교환하는 '명태 무역'이 생겨났다. 이것이 가능했던 것은 명태의 동건법과 유통로가 있었기 때문이다. 현재 강원도 인제군 용대리에서 하는 가공법이 동건법이다. 내장을 꺼낸 명태는 덕장에 널린다. 추위가 심하고 바람이나 눈이 많은 곳이 좋다. 날씨가 추워 명태 속의 수분이 얼고 다시 풀리면서 부풀어 푸석푸석해진 북어가 상품이다. 명태가 20번쯤 얼고 녹아 만들어진 것이 황태다. 강원도 대관령이나 미시령 등에서 겨울철에 명태를 말려서 '황태'라는 브랜드로 유통하고 있다.

청어는 덕장에 말리면 얼고 녹기를 반복하면서 기름이 배어들고 숙성이 된다. 이것이 포항의 특산물인 과메기다. 소설가 김동리는 과메기의 맛은 모든 표현을 다 갖다대어 보았자 쓸데없는 소리라고 말했다. 그만큼 맛이

강원도 인제군 황태마을의 용대리 덕장

있다는 말이다. 일본에는 청어 음식으로 니신소바가 있다. 니신소바는 달콤하게 조린 청어와 메밀국수의 조합이다. 에도시대에 많이 잡은 청어를 말려서 다른 지역으로 보내는 것에서 비롯되었다. 일본 도쿄 곳곳에는 절인 청어와 생메밀 면을 파는 곳이 많다. 독일의 '청어 버거'는 바덴해의 작은 섬 랑어오그에서 생산한 밀로 만든 빵과 채소, 염장한 청어로 만들었다. 연어와 대구와 새우를 넣은 버거도 독일과 네덜란드에서 쉽게 볼 수 있다.

1841년 6월 22일, 추사 김정희는 아내에게 "민어를 연하고 무름한 것을 가려 사서 보내게 하시오"라고 편지를 보냈다. 민어가 잡히지 않는 유배지 제주도에서 민어를 기다리는 추사의 심정은 오죽했을까? 제주도에서 하나 둘 가족을 잃었다는 소식을 접하면서 상한 마음에 어머니나 아내가 해준 밥이 얼마나 그리웠겠는가? 『자산어보』에는 "맛은 담담하고 달다. 생으로 먹거나 익혀 먹는 일 모두 좋지만, 말린 것이 더욱 사람을 보익해준다"고 했다. 여름 보양식으로 일품은 민어탕이요, 이품은 도미탕이요, 삼품은 개장국이라는 말이 있다. 삼복더위에 양반은 민어탕을 먹고 상놈은 개장국을 먹었다던가. 그래서 살아서 먹지 못하면 죽어서라도 먹어야 한다는 것이 민어 복달임이었다.

'따뜻하면 굴비 생각, 찬바람 나면 홍애 생각'이라는 말이 있다. 겨울철 동해 깊은 바다에서 잡는 것이 대게라면 서해에서는 홍어다. 삭힌 홍어 맛은 코를 뻥 뚫리게 하는 강한 암모니아, 심하면 재채기를 하고 입천장을 벗겨낸다. 싱싱한 홍어의 찰지면서 입에 착 감기는 맛은 상상하지 못했을 것이다. 씹으면 입안에서 양이 2배로 늘어나는 독특한 식감을 직접 경험해보지 않으며 상상하기 어렵다. 홍어 맛을 아는 사람들은 어창에서 새어 나오는 홍어 썩는 냄새만 맡고도 환장을 했다. 오죽했으면 '명주옷 입고도 홍어 칸에 들어가 앉는다'고 했겠는가? 흑산도 태도 서쪽바다에서 잡힌 홍어가 영산포에 다다르면 독 안에서 썩어 자연 발효가 되어 만들어진 음식 문화였다. 전라도에서 홍탁은 삭힌 홍어에 탁주 한 사발을 마시는 것을 말한다. 막걸리 뒷맛에 따라오는 홍어 맛은 더욱 알싸하고 이어지는 막걸리 맛은 달달하다.

전어는 개흙에 서식하는 작은 물고기들을 잡아먹고 살을 찌우기 때문에 주요 어장이 강 하구나 연안에 형성된다. 그 맛이 좋아서 사람들이 돈을 세지 않고 먹었기 때문에 전어(錢魚)라고 했다. 『난호어목지』에는 "살에 잔가시가 많지만 부드러워 목에 걸리지 않으며 씹으면 기름지고 맛이 좋다"고 했다. 가을 전어의 고소함이란 다 자란 살이 오르고 뼈가 억센 전어를 구울 때 나는 냄새와 그 맛을 말한다. 그 냄새가 '집 나간 며느리'가 돌아온다는 냄새다. 그래서 "가을 전어 대가리에는 참깨가 서 말"이라고 했다. 추석에 고향으로 내려와 전어 맛에 여름철에 잃은 입맛을 되찾은 사람들의 식탁이 시작될 무렵 전어의 귀환은 절정에 이른다.

여수 사람들의 '서대 사랑'은 지극하다. 아니 좋아하는 것을 넘어서 사랑한다. 여수 사람들은 서대가 '1년 열두 달 먹어도 질리지 않는 생선'이라고 극찬한다. 그러니 서대회무침은 여수에서 먹어야 한다는 말이 나왔겠다. 여수에서는 조기 없이는 제사를 지내도 서대 없이는 제사를 지내지 않는다. 제사뿐만 아니라 결혼식에도 홍어가 빠져도 서대는 빠져서는 안 된다. 서대와 비슷한 바닷물고기로 박대가 있다. 박대는 군산과 서천이 마주하는 금강 하구에서 많이 잡힌다. 서대는 회로 좋고 박대는 말려서 굽거나 쪄서 먹는 것이 좋다는 사람도 있다. 군산에 박대 가공시설이 들어오면서 인천, 서천, 부안 일대의 박대들이 군산으로 들어오면서 '군산 박대'라는 브랜드도 생겨났다. 군산에서는 '결혼한 딸, 박대 철에 돌아온다'는 말이 있고, 서천에서는 박대 껍질을 이용해 박대묵을 만들기도 한다. 지금은 귀한 손님이 올 때나 내놓을 만큼 귀한 생선이 되었다.

명태는 산 자뿐만 아니라 망자에게도 올리는 제물이었다. 또 당제나 풍어제 등 마을굿이나 개인 고사에 명태는 꼭 준비해야 하는 제물이었다. 경남 통영 사량도 남해안별신굿에도, 부산 대변항 동해안별신굿에도 어김없이 명태가 올랐다. 전염병이 돌 때는 북어 세 마리를 세 줄로 일곱 번 묶어 상가의 추녀 밑에 묻었다. 명태가 사람을 대신해 액을 받는다고 믿었기 때문이다. 명태의 많은 알이 다산을 상징했던 것, 북어로 변신한 후 모습이 변치 않아 안녕을 염원한다는 것, 항상 두 눈을 뜨고 있어 귀신을 쫓아낸다는 것이 신성한 존재로 여기는 연유라고 한다.

숭어는 민물과 바닷물을 오가는 어류다. 이를 두고 민속학에서는 이승과 저승을 오가는 영물로 여겼다. 그래서 큰 굿이나 제사에 제물로 올렸다. 서울 진오귀굿에서는 숭어가 망자를 상징하기도 했다. 조기도 집안 제사는 물론이고 마을 제사에도 빠뜨리지 않았다. 옥돔은 아이를 낳은 산모를 위한 미역국에, 수술을 한 환자의 보양식으로, 명절 음식으로, 제사 음식으로, 본향당의 제물로도 빠뜨리지 않았다. 우럭포를 제사상에 올리지 않으면 '반 제사'를 지내는 것이라고 했다.

건정을 만드는 중인 숭어

바다에서 인문학을 만나다

명태가 동해에서 사라진 이유는 무엇일까? 가장 많이 언급되는 이유는 지구 온난화로 인한 수온 상승이다. 최근 50년 사이에 전 세계 표층수는 0.52도 올랐지만, 우리나라는 1.12도 상승했다. 즉, 치어를 방류해도 명태가 자라서 돌아오지 않는다는 것이다. 두 번째로 남획을 원인으로 꼽는다. 1980년대 명태를 대량으로 포획하던 시기에 100만 마리 중 90만 마리는 노가리였다. 명태 어획량의 90퍼센트가 다 자리지 않은 노가리였다. 자연의 순리를 거스른 인간의 탐욕이 만들어낸 결과다. 인간이 만들어낸 참혹한 현실로 인해 그 대가를 우리는 밥상에서 톡톡히 치르고 있다.

서해에서 조기가 사라진 것은 언제쯤일까? 여러 자료와 주민들의 이야기를 모아보면, 1970년대 초반으로 여겨진다. 1960년대 말까지 흑산도 일대에는 조기 어장도 형성되고 파시도 있었다. 당시 『경향신문』(1969년 12월 13일) 기사를 보면, "섬 주민들의 한결같은 푸념은 고기가 없다는 것이다. 그 이유는 수온 변화, 어부의 치어 남획, 산이 벗겨져서 육수(陸水)가 없으니 조개나 굴도 되지 않는다. 여기에 저인선이 싹쓸이 어업을 한다. 그래서 조기잡이도 이제 흑산도가 주어장이 되었다"는 구절이 나온다. 그때나 지금이나 어족 자원이 고갈되는 것의 모든 책임은 '수온 변화'였다. 서해에서 조기가 사라지자 노 젓는 소리나 그물을 넣고 올리는 소리도 사라졌다.

조기파시 당시 흑산도 모습(1960년대 추정, 신안군 제공)

강정마을 앞바다에는 범섬, 문섬, 섶섬 등 제주도에서도 손꼽히는 바다가 있어 마을 주변에서 옥돔 낚시를 할 수 있었다. 당일바리가 가능한 이유다. 그날 팔지 못한 것은 곧바로 소금에 절여 갈무리했다. 강정마을 구럼비야말로 옥돔을 말리기 좋은 곳이었다. 해풍에 말린 옥돔은 기름이 겉으로 나와서 피막을 형성해 안에서 수분과 영양소가 잘 유지되었다. 그런데 2012년 강정마을에 해군기지가 들어서면서 마을은 어려움을 겪고 있다. 특히 강정천 바다를 잇는 구럼비가 훼손되어 그 피해가 주민에게뿐만 아니라 바다 생물에게도 미쳤다.

우리 바다에서 지난 50년 동안 큰 물고기는 90퍼센트가 사라졌다. 동해에서 명태가, 서해에서 조기가 사라졌다. 이제는 병어와 대구는 말할 것도 없고, 망둑어와 양태마저도 귀한 바닷물고기가 되었다. 거기에 바다 오염은 바닷물고기의 서식 환경을 위협하고 있다. 그래서 해마다 우리 곁을 떠나는 바닷물고기가 늘어간다. 그 사이에 어떤 변화들이 생긴 것일까? 서해의 갯벌은 50퍼센트가 뭍이 되어 공장이 지어지고 아파트가 올라갔다. 서해와 남해의 바다 숲은 백화현상으로 사막이 되었다. 바닷물고기들이 산란을 하고 치어들이 자라야 할 인큐베이터가 사라진 것이다. 어민들은 모기장처럼 촘촘한 그물로 어종을 가리지 않았고, 소비자들은 알배기 생선을 즐기며 텅 빈 바다를 부추겼다. 그러고서 모든 책임을 기후변화와 수온 상승에 떠넘겼다.

바다와 강을 오가던 물고기도 사라지고 뱃길도 다 끊겼다. 과거에 어부들은 어장을 발견하면 금광에서 금맥(金脈)을 발견하는 것과 같다고 말했다. 그만큼 '물고기 반 물 반' 시절이었다. 그러나 지금은 아니다. '천금 같은 조기'는 없다. 이제 그런 조기는 칠산 바다에서 찾기 어렵다. 바다풀도 사라져 그나마 형성되던 어장들도 사라지고 토착 어류들도 떠났다. 여기에 4대강 사업으로 그나마 작은 물길도 거의 작살나버렸다. 샛강마저 온전치 않다. 피해를 본 것은 사람들만이 아니다. 바닷물고기가 살아야 할 서식지도 훼손되었다. 또 새만금 간척 사업으로 조류 흐름이 바뀌고 갯벌이 사라졌다. 경계가 없는 바다에서 공유자원의 성격을 띤 어족 자원의 보전과 이용은 그래서 중요하다. 과하게 찾다보면 우리 바다에서 바닷물고기를 찾기 어려울 수도 있다. 그것이 바다 생태계다. 바다가 풍요로워지면, 인간의 삶 또한 풍요로워진다는 사실을 잊지 말아야 한다. 이제 바다와 자연과 인간이 공존하는 질서를 마련하고, 바다를 살리는 그물을 드리울 때다.

영광굴비로 유명한 법성포구

바다 인문학 : 본문읽기

조선시대 실학자 서유구(徐有榘, 1764~1845)의 『전어지(佃漁志)』에 "모두 원산에서 남으로 수송한다. 원산은 사방의 상인이 모두 모이는 곳이다. 배로 수송하는 것은 동해를 따라 내려오고, 말로 실어오는 것은 철령(鐵嶺)을 넘어온다. 밤낮으로 이어져 팔역(八域, 팔도)에도 흘러넘치게 된다. 우리나라 팔역에서 번성한 것은 오직 이 물고기와 청어가 최고인데, 이 물고기는 달고 따뜻하고 독이 없고, 온화한 중에 기를 보태주는 효험이 있어서 사람들이 더욱 중시한다"고 했다. 이 물고기가 바로 명태다. 명태를 실은 배가 동해를 돌아 남해와 서해로 올라와 팔도 곳곳에 닿게 되었다. 이렇게 명태가 팔도의 밥상에 오를 수 있었던 것은 동건법이라는 가공 기술 때문이었다. 명태의 몸통은 동건법으로 가공을 하고 알과 내장은 염장법으로 처리했다. 잡은 명태가 뭍에 오르면 아가미 밑에서 항문이 있는 꼬리 부분까지 절개했다. 「명태 : 명태는 돌아오지 않았다」(본문 31쪽)[1)]

전남 진도 팽목항에서 본 일이다. 고기잡이배에 옮겨 실은 플라스틱 상자 안에 아귀가 가득했다. 가만히 보니 아귀 입마다 작은 물고기가 한 마리씩 들어 있었다. 물고기를 잡다가 그물에 걸린 것일까? 한두 마리가 아니라 대부분이 그랬기에 그런 상황은 아닌 것 같았다. 더 유심히 보니 그물에 갇힌 후에 자신과 같은 신세인 물고기를 잡아먹은 것이었다. 대담한 낚시꾼이라고 해야 할지, 어리석다고 해야 할지……. 그래서 아귀 배 속에 통째로 삼켜진 물고기가 들어 있어 일거양득이라는 뜻인 '아귀 먹고 가자미 먹고'라는 말이 생겼다. 유럽과 미국에서는 아귀를 '악마의 물고기(devil fish)'라고 부르며, 죽음의 사신(邪神)으로 인식한다. 여기에는 어떻게 봐도 비호감인 생김새도 한몫했으리라. 울퉁불퉁한 회갈색 몸에는 가시가 돋았고 입은 몸에 비해 엄청나게 크니 서양에서만 이런 평가를 받는 것이 아니다. 동양에서도 아귀에 대한 평가는 서양 못지않게 박하다. 「아귀 : 가장 못생긴 바닷물고기」(본문 99쪽)

조기잡이 뱃사람들이 불렀던 어업요(漁業謠)인 〈배치기 소리〉도 주목할 필요가 있다. 연평도를 중심으로 북쪽으로 평안도까지 남쪽으로 전남

---

1) '본문'은 『바다인문학』(2021, 인물과사상사)을, '쪽'은 본문의 해당 페이지를 말한다.

지역까지 널리 퍼져 있는 어업요다. 조기잡이와 관련된 지역으로 '연평 바다'와 '칠산 바다', 조기잡이 배와 관련된 '이물'과 '고물' 등이 모두 사설에 등장한다. <배치기 소리>는 보통 출항할 때, 그물을 올릴 때, 마을굿을 할 때 부른다. '서도(西道)소리(황해도와 평안도 지방에서 불리는 긴 노래의 잡가)'라고 불리는 경기도 시흥시 포동 새우개마을에 전하는 <배치기 소리> 사설 중에는 "연평 바다에 깔린 칠량 양주만 남기고 다 잡아 들여라"는 표현처럼 어부들의 해양 생태 지식도 돋보인다. 여기서 칠량은 조기를 '돈'으로 묘사한 것이고, 양주는 암수 조기 한 쌍을 말한다. 이렇듯 조기잡이는 단순한 어업이 아니라 서해안이 어촌 문화의 근간을 이루는 해양 문화의 아이콘이었다. 조기를 매개로 어로요, 파시, 산다이(파시에서 부르는 노래), 풍어제, 배고사, 음식, 어로 기술, 유통 구조 등이 씨줄과 날줄로 엮인 문화망인 것이다. 「조기 : 쌀에 버금가다」(본문 128쪽)

조기파시가 있었던 칠산바다의 위도

1923년 8월 엄청난 폭풍우와 해일이 굴업도 인근 바다를 덮쳤다. 당시 모래언덕에는 130여 채의 집이 있었고, 바다에 200여 척의 배가 머물고 있었다. 그런데 모두 수마(水魔)가 집어삼켰다. 아비규환이 따로 없었다. 인명 피해만 1,157명이었다. 이곳은 1920년대 여름이면 1,000여 척의 배가 모여들어 민어를 잡던 황금 어장이었다. 선원과 상인, 잡화상이 모여들어 2,000여 명이 북적댔다. 당시 『동아일보』(1923년 8월 16일) 기사는 "어기(漁期) 중의 굴업도 전멸, 선박 파괴 200여 척, 바람에 날린 가옥이 130호, 산 같은 격랑 중 행위 불명이 2,000여 명"이라며 끔찍했던 내용을 전했다. 당시 굴업도는 민어가 많이 나는 곳으로, 300여 척 중에 200여 척의 배가 변을 당했다. 배 1척에 5~6명이 탔으니 행방불명된 어부가 1,000명이 넘었다. 섬 안 선창에 있던 배 100여 척도 파손되었다. 「민어 : 양반은 민어탕을 먹고 상놈은 개장국을 먹는다」(본문 158~160쪽)

『자산어보』에 멸치는 "추어(鯫魚)라고 하고 속명은 멸어(蔑魚)"라고 했다. 이름부터가 업신여긴 흔적이 역력하다. 또 "성질이 밝은 빛을 좋아해 밤마다 어부들이 횃불을 밝혀 이들을 유인했다가" 잡는다고 했다. 『난호어목지』에는 "이추(鮧鰍)라고 했다. 등마루는 검고 배는 희며 비늘이 없고 아가미가 작다. 동해에서 나는 것은 항상 방어에 쫓겨 휩쓸려오는데, 그 형세가 바람이 불고 큰 물결이 이는 듯하다"고 했다. 특이한 것은 "장마철을 만나 썩어 문드러지면 밭에 거름으로 쓰는데 잘 삭은 분뇨보다 낫다"고 했다. 실제로 화학비료가 없을 때는 제주도나 남해 바닷마을에서는 정어리나 멸치 등을 어비(魚肥)로 사용했다. 멸치의 이름이 이렇게 다양한 것은 모든 해역에서 서식하기 때문이다. 겨울은 제주도까지 내려갔다가 봄에는 연안으로 접근해 산란하고 여름에는 서해와 동해로 북상했다가 가을에는 남해를 거쳐 남해 해역의 외해(外海, 육지에서 멀리 떨어진 난바다)

와 제주도로 내려온다. 「멸치 : 멸치도 생선이다」(본문 229쪽)

유자망으로 잡아온 멸치를 터는 모습

서대와 비슷한 바닷물고기로 박대가 있다. 곧잘 이 둘을 헷갈린다. 박대는 군산과 서천이 마주하는 금강 하구에서 많이 잡힌다. 그런데 서대와 박대는 모양이 비슷해 구분이 쉽지 않다. 모두 눈이 없는 쪽은 흰색이며 눈이 있는 쪽은 갯벌이나 모래 등 주변 색에 따라 보호색을 띤다. 다만 서대는 갈색을 띠고, 박대는 좀더 어두운 색을 띤다. 박대는 서대보다 두 눈의 간격이 좁다. 그리고 성어가 서대는 30센티미터, 박대는 60~70센티미터로 박대가 서대보다 크다. 서대는 회로 좋고 박대는 말려서 굽거나 쪄서 먹는 것이 좋다는 사람도 있다. 서대구이는 자르지 않고 통째로 굽는다. 굽기 전에 등에 칼집을 3~4줄 넣는 것이 좋다. 미리 소금 간을 해두어도 되고 굽다가 소금을 뿌려도 된다. 조림을 할 때는 생물과 건어물 모두 써도 괜찮다. 마른 것은 쫄깃한 맛이 나고 생물로 요리하면 더 부드럽다.

다만 마른 것은 약한 불에 오래 조려야 한다. 육수가 자박자박할 때 그 육수를 서대에 끼얹으며 조리면 맛이 더 깊어진다. 「서대 : 서대를 박대하지 마라」(본문 278~280쪽)

『난호어목지』에 방어는 "동해에서 나는데 관북·관동(강원도)의 연해와 영남의 영덕, 청하(淸河, 현재 포항시 청하면)의 이북에 있다"고 했다. 생김새는 "머리가 크고 몸이 길다. 큰 것은 6~7자가 되며 비늘이 잘아서 없는 것 같다. 등은 푸른빛을 띤 검은색이고 배는 흰색이다. 살빛은 진한 붉은색인데 소금에 절이면 엷은 붉은색이 된다"고 했다. 『세종실록』 1437년(세종 19) 5월 1일에는 "함경도와 강원도에서 방어가 가장 많이 난다"고 했다. 『자산어보』에는 방어를 "해벽어(海碧魚)라고 하고 속명은 배학어(拜學魚)"라고 했다. 그리고 "형상은 벽문어(고등어)와 같다"고 했다. 특성으로는 "몸통은 살지고 살은 무르다. 큰 바다에서 놀기만 하고 물가 가까이로는 오지 않는다"고 했다. 『전어지』에는 대방어를 '무태장어(無泰長魚)'라고 기록되어 있다. 「방어 : 정말 방어는 제주도를 떠났을까?」(본문 304쪽)

제사에 탕 대신에 올리는 것을 갱국이라고 한다. 갱국도 제주도 동쪽에서는 미역을 넣어 끓였지만, 서쪽에서는 물을 넣어 끓였다. 옥돔이 많이 나오는 가을과 겨울에 어머니들은 미리 옥돔을 구입해 제숙(생선적生鮮炙)으로 준비해 두었다. 신이나 인간이나 산 자나 죽은 자나 옥돔을 귀하게 여기며 그 맛을 즐기는 것은 같다. 조선시대에 옥돔은 전복, 해삼, 미역과 함께 제주도의 진상품이었다. 본래 해산물은 잠녀(潛女, 해녀)와 포작인(浦作人, 남성)이 함께 채취했다. 특히 미역이나 해조는 여자, 해삼이나 전복은 남자가 주로 채취했다. 그런데 제주도 남자는 공물 진상은 말할 것도 없고 관아 물품 담당, 수령과 토호의 수탈, 노역 징발에 잦은 왜

구 침입으로 군역까지 부담하는 이중삼중의 고통을 겪어야 했다. 많은 제주도 남자가 15세에 섬을 떠나 유랑한 이유다. 제주도 해녀가 본격적으로 바다에서 물질하기 시작한 것도 이때부터라고 한다. 「옥돔 : 신이 반한 바닷물고기」(본문 355~357쪽)

본향당에 올린 제물, 옥돔

4. 미래세대에게 물려줘야 할 오래된 미래

아는 만큼 보이고, 보인 만큼 실천하게 된다. 우리의 일상에서 너무나 멀리 떨어져 있는 것이 바다다. 그래서 그리워하고 가고 싶어한다. 하지만 동경하는 바다와 눈으로 본 바다가 같을 수는 없다. 다만 바다를 알고 일상에서 건강한 바다를 위해 노력한다면 그 차이는 작아질 수 있다. 『바다인문학』을 집필한 목적이기도 하다.

『바다인문학』은 인간의 시선으로 식량자원으로 접근했던 바다 물고기를 호명해 그들의 눈으로 인간을 보고자 했다. 물고기로 변신하지 않는 한 가정 자체가 어불성설이지만 궁금했다. 그동안 우리는 바다는 인류를 위해 무한한 자원으로 갖춘 곳간으로 생각했다. 세상에 화수분은 없었다. 공기가 그랬고 대지도 그랬다. 눈에 보이지 않는다고 애써 외면한 바다였지만 오래전부터 경고음을 울리며 신호를 보내왔었다. 어류들은 그 사실을 인지하고 있었다. 심지어 바다에 자라는 해초류도 그 낌새를 느끼고 있었다. 가장 늦게 그 사실을 인지하고 호들갑을 떠는 종이 인간이었다. 이러한 변화에 가장 큰 책임이 있으면서 말이다.

바다는 현세대가 쓰고 버릴 자원이 아니다. 그렇다고 쓰고 나서 재활용해야 할 자원도 아니다. 그래서 늘 '지속 가능성'을 생각해야 한다. 지구별의 지속성은 바다의 역할에 따라 좌우될 수 있기 때문이다. 지구상의 모든 생명은 곧 바다의 지속성에 따라 결정될 수 있기 때문이다. 하물며 미래세대의 생존여부도 바다의 상태에 따라 좌우된다.

유엔의 SDGs는 바다에 주목을 하기 시작했다. 과학자들도 그 동안 인간이 내뿜는 이산화탄소를 절감하는 해법으로 주목했던 숲에서 바다로 확장하기 시작했다. 지구의 지속성에 바다와 염습지(갯벌)가 얼마나 큰 역할을 하고 있었는지 알지 못했다. 육상동물인 인간이 뭍에서 일어난 변화에 민감하듯이 바닷물고기는 물속에서 일어나는 일을 알고 있다. 그들과 대화를 할 수 있다면 시원하게 해법을 찾을 수 있을지도 모른다. 공상같은 상상이 언제가 현실이 될지도 모른다. 그 전에 물고기를 위해, 아니 인간을 위해 바다 이야기를 나누고 싶었다.

우리 동해바다에서 명태는 떠났다. 동해어민들도, 과학자들도, 정책을 만드는 사람들도 명태가 다시 돌아오길 원했지만 그들은 돌아오지 않았다. 우리는 명태만 보았지 명태가 살던 바다를 보지 않았다. 황해를 대표하는 조기도 칠산바다나 연평바다에서, 흑산바다나 조도바다에서 만나기 힘들다. 그들은 더 이상 서해로 회유해야 할 이유가 없다. 그들이 찾았던 갯벌도, 해수 온도도, 섭취할 먹이도 옛날 같지 않다. 물론 명태든 조기든 수입을 하면 밥상에 올릴 수 있다. 하지만 조기와 명태가 만들어 낸 해양문화나 어촌문화는 사라질 수밖에 없다. 해양문화의 출발인 원소스가 상실된 상황에서 어촌재생과 섬 활성화가 가능할까. 바꿔야 할 것은 바다환경이 아니라 인간의 삶이고 인간의 시선이라는 것을 『바다인문학』을 통해서 나누고 싶었다.

참고문헌

<단행본>

강제윤, 『통영은 맛있다』, 생각을담는집, 2013.

강제윤, 『전라도 섬맛 기행』, 21세기북스, 2019.

국립수산과학, 『우리나라 수산양식의 발자취』, 해양수산부, 2016.

국립해양문화재연구소, 『해양문화유산조사 보고서 15: 가거도』, 국립해양문화재연구소, 2018.

권삼문, 『동해안 어촌의 민속학적 이해』, 민속원, 2001.

권선희, 『숨과 숨 사이 해녀가 산다』, 걷는사람, 2020.

권은중, 『음식 경제사』, 인물과사상사, 2019.

기태완, 『물고기, 뛰어오르다』, 푸른지식, 2016.

김건수, 『맛있는 고고학』, 진인진, 2021.

김남일 외, 『동해 인문학을 위하여』, 휴먼앤북스, 2020.

김려, 김명년 옮김, 『우해이어보』, 한국수산경제, 2010.

김려, 박준원 옮김, 『우해이어보』, 다운샘, 2004.

김상현, 『통영 섬 부엌 단디 탐사기』, 남해의봄날, 2014.

김석현 외, 『한국 해양 환경 평가 II』, 해양수산부, 2019.
김수희, 『근대의 멸치, 제국의 멸치』, 아카넷, 2015.
김유, 윤숙자 엮음, 『수운잡방』, 백산출판사, 2020.
김윤식, 『인천의 향토 음식』, 인천대학교인천학연구원, 2021.
김준, 『갯벌을 가다』, 한얼미디어, 2004.
김준, 『어촌 사회 변동과 해양 생태』, 민속원, 2004.
김준, 『김준의 갯벌 이야기』, 이후, 2009.
김준, 『대한민국 갯벌 문화 사전』, 이후, 2010.
김준, 『섬문화 답사기』(전6권), 보누스, 2012~2024.
김준, 『바다맛 기행』(전3권), 자연과생태, 2013~2018.
김준, 『어떤 소금을 먹을까?』, 웃는돌고래, 2014.
김준, 『물고기가 왜?』, 웃는돌고래, 2016.
김준, 『섬: 살이』, 가지, 2016.
김준, 『바닷마을 인문학』, 따비, 2020.
김준, 『한국 어촌 사회학』, 민속원, 2020.
김준, 『바다인문학』, 인물과사상사, 2022.
김지민, 『우리 식탁 위의 수산물, 안전합니까?』, 연두m&b, 2015.
김지순, 『제주도 음식』, 대원사, 1998.
나승만 외, 『서해와 조기』, 경인문화사, 2008.
농촌진흥청 국립농업과학원, 『전통향토음식용어사전』, 교문사, 2010.
다케쿠니 도모야스, 오근영 옮김, 『한일 피시로드, 흥남에서 교토까지』, 따비, 2014.
대한제국 농상공부수산국, 『한국수산지韓國水産誌』(전4권), 일한인쇄주식회사, 1908~1911.
도서문화연구소, 『한국의 해양 문화』(전8권), 해양수산부, 2002.
마크 쿨란스키, 박중서 옮김, 『대구』, RHK, 2014.
명정구 글, 조광현 그림, 『한반도 바닷물고기 세밀화 대도감』, 보리, 2021.
미야자키 마사카쓰, 한세희 옮김, 『처음 읽는 음식의 세계사』, 탐나는책, 2021.
박경리, 『김약국의 딸들』, 나남, 2002.
박구병, 『한국어업사』, 정음사, 1975.
박훈하 외, 『부산의 음식 생성과 변화』, 부산발전연구원, 2010.

방신영, 윤숙자 엮음, 『조선요리제법』, 백산출판사, 2020.
서유구, 이두순 평역, 『난호어명고』, 수산경제연구원BOOK, 2015.
서유구, 임원경제연구소 옮김, 『임원경제지 정조지』(전4권), 풍석문화재단, 2020.
서유구, 임원경제연구소 옮김, 『임원경제지 전어지』(전2권), 풍석문화재단, 2021.
손택수, 『바다를 품은 책 자산어보』, 미래엔아이세움, 2006.
신안군, 『사진으로 보는 신안군 40년사』, 전남 신안군, 2009.
송수권, 『남도의 맛과 멋』, 창공사, 1995.
수협중앙회, 『우리나라의 어구와 어법』, 수협중앙회, 2019.
안미정, 『한국 잠녀, 해녀의 역사와 문화』, 역락, 2019.
양용진, 『제주식탁』, 콘텐츠그룹 재주상회, 2020.
엄경선, 『동쪽의 밥상』, 온다프레스, 2020.
여박동, 『일제의 조선어업지배와 이주어촌 형성』, 보고사, 2002.
오창현, 『동해의 전통어업기술과 어민』, 국립민속박물관, 2012.
오치 도시유키, 서수지 옮김, 『세계사를 바꾼 37가지 물고기 이야기』, 사람과나무사이, 2020.
요시다 게이치, 박호원·김수희 옮김, 『조선수산개발사』, 민속원, 2019.
이경엽, 『네 가지 열쇠말로 읽는 섬의 민속학』, 민속원, 2020.
이상희, 『통영백미』, 남해의봄날, 2020.
이용기, 『조선무쌍신식요리제법』, 라이스트리, 2019.
장계향, 함인석 편, 『음식디미방』, 경북대학교출판부, 2003.
장수호, 『조선시대 말 일본의 어업 침탈사』, 수산경제연구원BOOKS, 2011.
정문기, 『어류박물지』, 일지사, 1974.
정문기, 『한국어도보』, 일지사, 1977.
정약전, 정명현 옮김, 『자산어보』, 서해문집, 2016.
정혜경, 『바다음식의 인문학』, 따비, 2021.
정호승, 『비목어』, 예담, 2007.
제주특별자치도, 『제주인의 지혜와 맛 전통 향토 음식』, 제주특별자치도, 2012.
조너선 밸컴, 양병찬 옮김, 『물고기는 알고 있다』, 에이도스, 2017.
조자호, 정양완 풀어씀, 『조선 요리법』, 책미래, 2014.
최기철, 『민물고기를 찾아서』, 한길사, 1997.

최승용·한다정, 『어부의 밥상에는 게미가 있다』, 3people, 2020.
최원준, 『부산 탐식 프로젝트』, 산지니, 2018.
행복이가득한집 편, 『K FOOD: 한식의 비밀』(전5권), 디자인하우스, 2021.
황선도, 『멸치 머리엔 블랙박스가 있다』, 부키, 2013.
황선도, 『우리가 사랑한 비린내』, 서해문집, 2017.
下啓助·山脇宗次, 『韓國水産業調査報告』, 日本 農商務省水産局, 1905.

<논문>
김준, 「어촌 사회의 구조와 변동: 해조류 양식 지역을 중심으로」, 전남대학교 박사학위논문, 2000.
김준, 「파시의 해양 문화사적 의미 구조: 임자도 '타리파시'와 '재원파시'를 중심으로」, 『도서문화』 제24집, 국립목포대학교 도서문화연구원, 2004.
김준, 「우리나라 어식 문화의 역사와 특징」, 『바다밥상』, 국립해양박물관, 2014.
김준, 「우리나라 전통 어업의 실태와 가치의 재인식」, 『광주전남연구』 제2호, 광주전남연구원, 2016.
김준, 「국가중요어업유산의 자원 발굴과 보전 방안」, 『정책과제』 2017-25, 광주전남연구원, 2017.
김준, 「국가중요어업유산의 운영 실태와 개선 방안」, 『광주전남연구』 제15호, 광주전남연구원, 2019.
김준·박종오, 「전통 어법의 실태조사 및 활용 방안」, 『정책연구』, 전남발전연구원, 2008.
김수관, 「해선망 어업에 관한 사적 고찰」, 『수산업사연구』 제3권, 수산업사연구소, 1996.
문화재청, 「전통어로방식」, 문화재청, 2018.
박경용, 「죽방렴과 주낙 어업의 자연·우주 전통지식: 남해도와 늑도의 사례」, 『한국학연구』 제38집, 고려대학교 한국학연구소, 2011.
박종오, 「서남해안 멍텅구리배醢船網漁船의 어로 신앙에 관하여: 낙월도落月島의 사례를 중심으로」, 『한국민속학』 제38권, 한국민속학회, 2003.
서종원, 「위도 조기파시의 민속학적 고찰」, 고려대학교 석사학위논문, 2005.
오창현, 「18~20세기 서해의 조기 어업과 어민 문화」, 서울대학교 박사학위논문, 2012.
조숙정, 「조기의 민족어류학적 접근: 서해 어민의 토착 지식에 관한 연구」, 『한국문화인류학』 45권 2호, 한국문화인류학회, 2012.
주강현, 「민어잡이와 타리파시의 생활사」, 『해양과문화』 제6집, 해양문화재단, 2001.

<신문 기사>

『경향신문』, 1978년 10월 17일, 「아귀탕이 인기」.
『동아일보』, 1923년 8월 16일, 「어기(漁期) 중의 굴업도 전멸」.
『동아일보』, 1931년 5월 21일, 「이 철 음식 가지가지 (2): 생선회 만드는 법」.
『동아일보』, 1926년 1월 11일, 「廿餘年間搾取에 呻吟튼 慶南漁業者歎願」.
『조선일보』, 1925년 1월 17일, 「눈이 안 와서 청어를 못 잡어」.
『讀賣新聞』, 2019년 8월 21일, 「[社說] サンマ漁獲枠 秋の味覚を末永く楽しみたい」.
김동리, 「관메기와 육개장: 나의 식도락食道樂」, 『신동아』, 1967년 6월호.
이용선, 「섬 현지 르포, 파도에 갇힌 문명의 소외」, 『경향신문』, 1969년 12월 13일.

<고문헌>

『蘭湖漁牧志』.
『東國輿地勝覽』.
『東醫寶鑑』.
『瑣尾錄』.
『需雲雜方』.
『承政院日記』
『新增東國輿地勝覽』.
『玆山魚譜』.
『佃漁志』.
『鼎俎志』.
『朝鮮王朝實錄』
『智島郡叢鎖錄』.

<사이트>

한국민요대전 https://www.imbc.com/broad/radio/fm/minyo/index.html
규장각한국학연구원 https://kyu.snu.ac.kr/

국사편찬위원회 http://www.history.go.kr/

한국학자료포털 https://kostma.aks.ac.kr/

네이버뉴스라이브러리 https://newslibrary.naver.com/search/searchByDate.naver

한국학디지털아카이브 http://yoksa.aks.ac.kr/main.jsp

한국향토문화전자대전 http://www.grandculture.net

포경과 고래 보전의 지리학*

울산 장생포 고래 이야기

최명애

내가 울산 앞바다의 고래에 대해 생각하게 된 것은 2010년 1월이었다. 겨울이라 고래 관광선은 뜨지 않았고, 돌고래 수족관도 들어서기 전이어서, 장생포 고래 공원에는 포경 시절 유물을 모아 놓은 고래 박물관밖에 없었다. 코트 깃을 세우고 박물관에서 나와 매점 앞에서 뜨끈한 오뎅과 고래빵을 먹었다. 고래 비슷한 모양의 붕어빵이었는데, 흰팥으로 만든 소가 들어 있었다. 매점 지붕에는 거대한 고래 조형물이 올라가 있었다. 실물 크기 귀신고래 모형이라고 했다. 귀신고래는 한 때 울산 연안에 그렇게 흔했다는데 1977년 마지막으로 목격된 뒤 돌아오지 않고 있다. 국립수산과학원에서 현상금까지 걸고 찾고 있는 고래다. 귀신고래 모형 뒤로 퇴역 포경선 진양 6호가 전시돼 있었다. 1986년 포경이 중단될 때까지 장생포에서 활약한 포경선이었다. 갑판에서 숨바꼭질을 하는 아이들 틈으로 작살포가 눈에 들어왔다. 작살포의 포신이 겨냥한 곳은 하필이면 귀신고래 모형이었다.

고래에 대해 연구하면서 나는 종종 장생포의 귀신고래 모형과 퇴역 포경

---

* 이 글은 과학잡지 『Epi』 21호에 실린 필자의 글을 수정, 보완한 것이다.

선을 생각했다. 고래에 대한 책들은 회심과 구원의 서사를 담고 있었다. 포경 챕터 첫 장은 대개 한국 울산 반구대 암각화로 시작했다. 3500년 전 신석기 시대부터 포경이 이뤄졌다는 증거다. 지중해와 대서양 연안을 무대로 한 바스크 족의 포경, 일본의 연근해 포경에 이어 17세기 네덜란드와 영국의 북극해 포경에서 비로소 '근대 포경'이 시작된다. 그린란드와 북극해의 긴수염고래(à *Eschrichtius robustus*)가 먼저 동이 났고, 포경 장비와 기술이 미국으로 이동하면서 대서양과 태평양의 향고래(*Physeter macrocephalus*)가, 이어 모든 종류의 고래가 자취를 감추기 시작했다. 20세기 초반 포경은 바야흐로 다국적 비즈니스로 성장했다. 선발 국가에 이어 노르웨이, 아이슬란드, 일본까지 폭약 작살과 증기선으로 무장하고 포경 전선에 뛰어들었다. 포경업자들의 모임인 국제포경위원회(IWC)는 1953년 고래 '자원'이 심각하게 고갈됐음을 자각한다. 귀신고래 대서양 개체군은 '이미 멸종'했으며, 지구상에서 가장 거대한 대왕고래(*Balaenoptera musculus*)를 포함해 4종의 대형고래가 '거의 멸종'에 이른 상태였다. 300여 년에 걸친 광포한 포경의 결과였다. IWC는 고래 개체수가 회복될 때까지 13종 대형고래에 대한 상업적 포경을 유예하는 '포경 모라토리움'을 선언했고, 1986년 발효됐다. 세계는 더 이상 고래를 잡지 않는다. 한때 나무나 고기 같은 '자연 자원'이었던 고래는 '경이로운 생명체'로 새롭게 개념화되었고, 인류는 포경 대신 관광을 통해 고래를 만난다. 생명체를 멸절에 이르게 한 인간의 탐욕에 대해 반성하고 사죄하는 마음을 담아.

그러나 이 극적인 드라마는 장생포 사례에는 들어맞지 않았다. 한국 포경도 1986년 공식적으로 종료됐다. 옛 포경 기지 항구에서는 포경선 대신 관광객을 실은 고래 관광선이 떠난다. 그러나 고래는 좀처럼 나타나지 않고, 관광객들은 항구에 도열한 고래 고기 집에서 고래 한 점을 맛보거나, 수족관에 가둬 놓은 돌고래를 보는 것으로 아쉬움을 달랜다. 이 고래 고기는 어디서 나타난 것일까. '포경에서 고래 관광으로의 전면적 전환'이라는 글로벌 스토리는 장생포의 고래를 둘러싼 갈등과 모순, 그리고 '어설픈' 해결을 담아내지 못했다. 귀신고래 모형을 퇴역 포경선이 좇고 있는 고래공원의 풍경을 이해하기 위해, 나는 장생포의 고래와 고래잡이에 얽힌 지리적 연결망들을 따라가 보기로 했다.

1. 식민지 포경에서 산업 포경으로

"북해도 쪽 향고래 그거, 왜놈말로 마코-라 하거든요, 이빨 있는 거. 그게 고래가 좀 사람말로 좀 악다받심더. 또 물 위에 올라와 숨 쉬면 오래 있고, 오래 숨 쉬다 내려가고. 우리 외삼촌이 두 분인데 한 분이 일제시대 고랫배 탔는데, 그 배 한 척 가라앉혀서 죽었어요. (필자: 향고래가 배를 가라앉혀요?) 향고래가 받아가, 그 때 철선인데, 북해도서 그랬는데, 향고래는 악다받고 해서 총을 쏘면, 오래 있으니까, 될 수 있으면 가까이 가서 쏴야 명중력이 좋거든요. 총만 쏘면 무조건 맞거나 안 맞거나 후진을 해야지, 안 그러면 [향고래가] 빵 돌아서 배 받아 뿌고. 그래서 가라앉혀서. 그게 역사 이래 있었어. (필자: 그게 언제 일인가요?) 우리 고랫배 타기 전에 (필자: 그럼 한 백 년 되었겠네요?) 내가 85살이니까 그랬겠지."

(인터뷰, 박복영 전 포경선장, 2010년 6월 3일)

한반도 포경의 기원을 어디서 찾든, 우리나라 근대 포경이 근대 식민관계, 특히 일본과의 연결망 속에서 전개되었음은 부정하기 어렵다. 포경기지를 장생포에 처음 세운 것은 러시아 포경업자들이었다. 이들은 동해의 풍부한 고래 자원에 주목하고, 대한제국을 설득해 1899년 장생포에 태평양포경회사를 설립했다. 이어 1904년 러-일 전쟁이 발발하고 일본이 승리하면서, 장생포 포경 기지는 일본에 넘어가게 된다.

마침 일본이 근대 핵심 산업의 하나로 포경업을 본격 확대하던 시점이었다. 일본은 한반도에만 6개의 포경 기지를 세웠고, 그 중 장생포가 전체 물량의 60%를 처리하던 핵심 기지였다. 한적한 어촌 마을이던 장생포는 일약 흥성거리는 항구로 변모했다. 1917년 인구 통계를 보면, 주민 1000여 명 가운데 조선인과 일본인이 각각 절반씩이었고, 노르웨이인도 2명이 거주한 것으로 나온다. 일본인 선주가 고용한 노르웨이 포수들이었을 것이다. 일본 포경업자들은 러-일 전쟁을 통해 노르웨이 포경업자들이 고안한 작살포와 공장식 모선에 대해 접했고, 노르웨이에 선박을 주문하는 한편, 작살포를 능수능란하게 다룰 수 있는 노르웨이 포수들을 영입해 왔다. 일본 근대 포경을 연구한 역사학자 와타나베 히로유키(2009)의 지적처럼 당시 일본 포경은 그야말로 '다국적 산업'이었던 것이다.

몇 년 전까지만 해도 울산시 남구청은 매년 열리는 고래 축제에서 '러시아의 날' 기념 행사를 실시했다. 러시아 포경업자들과 대한제국 관료들이 장생포에 포경 기지를 세우기로 합의하고 계약서에 서명하는 과정을 재현한 일종의 촌극이다. 장생포 사람들은 고래를 오랫동안 일상적으로 소비해 온 이들로, 러시아 포경업자들은 이들의 문화와 경제를 존중하는 이들로 그려진다. 여기에 얼마만큼의 역사적 사실이 담겨 있을지는 알 수 없다. 그러나 러시아와의 계약이 평등과 상호 존중에 기반한 윈-윈 관계로 그려지는 것과 달리, 일본과의 관계는 약탈과 착취의 역사로 기억돼 있다. 포경선의 민족적 위계는 분명했다. 선주와 항해사는 일본인, 포수는 노르웨이인, 잡일은 중국인과 조선인이 맡았다. 장생포 주민들은 요리를 담당하는 '화장'이나 잔심부름을 맡아서 하는 '도방세라'로 포경선에 올랐다. 항해나 포경 같은 고급 기술은 어깨 너머로 익혀야 했다. 장생포에는 아직도 일본 식민지 포경 시절을 기억하는 이들이 남아 있다. 직접 배를 탄 이들은 세상을 떴지만 그들의 손자와 조카들이 이야기를 전한다. 2010년 인터뷰 당시 85세이던 박복영 씨는 "고랫배를 타고 남극 갔다온 사람들도 있다"고 했다. 1930년대 후반 일본 포경업자들이 선단을 꾸려 남극해 포경을 시작했을 때 이야기다.

해방 후 장생포의 포경업을 다시 일으켜 세운 것도 바로 일본배를 탔던 포경 선원들이었다. 1945년 해방과 함께 일본인들은 배와 장비를 챙겨 부랴부랴 조선을 떠났다. 먹고 살 길이 묘연해진 주민들은 머리를 맞댔고, 이들 중 일부가 일본으로 가서 조선인 선원들의 퇴직금 조로 포경선 두 척을 받아 돌아왔다. 그 배를 이용해 동해의 참고래를 잡았고, 나중에는 밍크고래를 잡았다. 이어진 한국전쟁 시기 고래 고기는 긴요한 단백질 공급원이었다. 한일 외교 관계가 정상화 된 1965년 이후에는 일본으로 고기를 수출해 돈을 벌었다. 포경이 일종의 '외화획득' 사업이 된 것이다.

장생포는 해방 이후 한국의 유일한 포경 기지였다. 고래잡이 방식은 일제 식민지 시대와 크게 다르지 않았다. 동해, 멀리 나가봐야 서해의 고래를 잡는 연근해 포경으로, 50-100톤의 작은 배를 이용했다. 선원도 12-14명 정도로 단출했다. 고래가 잡히는 철이면 바다로 나가, 빠르면 당일치기, 조업이 길어지면 2-3일 뒤에 깃발을 올리고 항구로 돌아왔다. 포경 선원의 꽃은 단연 포수였다. 정확히 작살을 명중시키는 능력이 포수의 핵심 역량이었다. 2013년 인터뷰 당시 77세의 손남수 씨는 장생포의 명포수 중 한 명이었다. 열여섯 살에 화장으로 배에 올라 승진을 거듭해 선장을 거쳐 30세에 포수가 됐다. 그가 1974년 잡은 참고래는 몸길이 22미터로 해방 이후 포경사에서 가장 큰 고래였다. 독도 인근에서 포경선 두 척이 사투 끝에 간신히 잡았다고 한다. 그 참고래의 흑백 사진은 장생포 신협에도, 장생포 고래 식당 곳곳에도 걸려 있다.

1899년부터 1986년까지 채 100년이 못 되는 기간 동안 포경은 동해 고래를 차례로 멸종으로 내몰았다. 식민지 포경의 타깃은 귀신 고래였다. 해안에 붙어 미역을 뜯어 먹으며 천천히 이동하기 때문에 잡기가 수월했다. 1910년대 한 해 100마리 이상 잡히던 귀신고래는 1920년대 수십 마리, 1933년 이후에는 좀처럼 잡히지 않았다.[1] 참고래도 비슷한 길을 걸었다. 몸길이가 20미터 안팎으로 대왕고래 다음으로 큰 대형 고래다. 1910년대부터 매년 100마리 이상 잡히던 참고래는 1960년대 초부터 포획량이 급격히 줄었다. 그러자 포경선들은 밍크고래에 눈을 돌렸다. 몸길이 6-8미터로 작긴 하지만, 아쉬운 대로 잡아들였다. 1960년대에는 매년 수백 마리, 철선과 음파탐지기가 도입된 1970년대 이후로는 매년 700-800마리를 잡았다. 한국 정부가 IWC에 가입하면서 포경이 조만간 중단될 지도 모른다는 불안감이 일었던 1977년과 1978년에는 한 해 포획량이 1,000마리를 넘어섰다. 그 뒤로 밍크고래 포획량은 다시 줄어든다. 포경 중지에 대한 불안감이 해소되어서가 아니다. 고래 개체수가 줄어서였다. 만선 깃발을 올린 포경선이 의기양양하게 항구로 돌아오던 풍경은 1970년대 후반이 마지막이었다. 포경 모라토리움이 아니었더라도 자원 고갈로 장생포의 포경 산업은 조만간 종말을 맞을 것이었다.

강도 높은 포경으로 동해 바다 고래의 씨를 말린 이야기가 글로벌 스토리와 궤적을 같이 한다면, 장생포 포경의 방식과 문화는 익숙한 스토리에서 이탈한다. 장생포의 포경 방식은 수년에 걸쳐 원양 어업 형태로 전개한 이른바 '양키 포경'과도, 세계적 비난의 대상이 되는 일본의 남극해 포경과도 크게 다르다. 그보다는 일본이 연근해에서 소형 고래를 잡을 때 사용하는 '소규모 연안 포경(small-scale costal whaling)'과 유사하다. 포경의 장비와 기술을 일본을 통해 이식받았기 때문일 것이다. 포경 용어에도 일본의 흔적이 남아 있다. 해방 후 포경 선원들은 "시탄바이" "사이수"

---

[1] 연도별 고래 포획량은 박구병, 『한반도 연해 포경사』, 부산: 태화출판사, 1987 참조.

“코쿠”와 같은 일본식 영어들을 종종 사용했다. 포경선에서 사용하던 스탠바이(standby), 남동향(southeast), 요리사(cook) 같은 말을 일본인 선원들이 일본 발음으로 옮겨 사용하고, 이를 한국인 선원들이 그대로 쓰면서 굳어진 직업 용어다(허영란, 2012). 무엇보다도 일본을 통해 이식된 고래 문화의 가장 특징적인 모습은 바로 고래를 ‘고기’로 먹는 문화일 것이다.

2. 고래 고기를 공급하기 위한 포경

필자: 이게 맛이, 참고래랑 밍크랑 다른가요?

주민 1: 참고래하고 밍크는 천지 차이지. 참고래는 굉-장히 맛있습니다. 밍크는 고기 축에도 안 들어가지. 참고래는 껍질이 그래 안 두껍고.

주민 2: 귀신고래가 그렇게 맛있다면서?

주민 1: 귀신고래 껍질이 진짜 맛있지. 까만 껍질.

필자: [주민2에게] OO님도 드셔 보셨어요? 밍크 아닌 고래.

주민 2: 쪼매날 때.

주민 1: 귀신고래가 내장도 맛있고.

주민 2: 귀신고래는 못 무 봤어요. 혹등고래는 무 봤는데

주민 1: 참고래는 뭐든지 다 맛있어요.

주민 2: 작년에 무 봤어요. 입찰 들어와서.

필자: 맛이 다른가요?

주민 2: 완전히 다르지요.

주민 1: 180도 다르다.

필자: 생각하면 고래도 다 비슷하겠거니 하는데…

주민 2: 천지차입니다.

(인터뷰, 지역 주민들, 2013년 6월19일)

포경 전성기 시절 장생포를 영화 셋트장처럼 재현해 놓은 '장생포 옛마을'은 관광객들의 단골 방문지 중 하나다. 마을 한 쪽에는 잡아온 고래를 처리하던 고래 해체장과 기름을 짜던 착유장, 고래 고기를 삶던 고래막집이 나란히 재현돼 있다. 서구 근대 포경의 목적은 첫째도, 둘째도 기름이었다. 고래는 지방층이 두꺼워 오래 삶으면 양질의 기름이 된다. 고래 기름이 산업혁명기의 방직기를 돌렸고, 도시의 가로를 밝혔고, 나중에는 양초로 만들어져 집집으로 배급됐다. 그래서 석유가 보급되기 시작한 20세기 초반부터 서구 포경이 사양길로 접어들었다는 것은 당연해 보인다. 그러나 뒤늦게 포경 대열에 들어선 일본과, 나아가 한국의 사정은 달랐다. 기름을 짜서 쓰기도 했지만, 고래잡이의 제1목적은 고기였다.

우리가 언제부터 고래 고기를 먹었는지는 분명치 않다. 역사서에는 때때로 '큰 물고기가 물에서 나와서 나눠 먹었는데, 모두 죽었다' 같은 기록들이 등장한다. 죽어서 바닷가로 쓸려 온 고래를 먹었다가 식중독으로 죽었다는 이야기가 아닐까 짐작한다. 두터운 지방층 때문에 고래는 쉽게 부패한다. 고래 고기 섭취가 본격화된 것은 일본 식민지 시절 포경을 통해서였다. 고래잡이 기술과 함께 고래를 해체하고, 삶고, 먹는 문화가 함께 전달됐다. 일본이라고 예전부터 쭉 고래 고기를 먹어온 것은 아니었다. 연근해에서 고래를 잡아온 혼슈 일부 지방을 제외하면 대부분의 일본인에게도 고래 고기는 낯선 음식이었다. 그러나 포경이 일본의 국가 산업으로 자리 잡으면서 고래를 처리할 새로운 시장이 필요했고, 값싸고 질 좋은 단백질을 국민에게 먹이겠다는 근대 보건 국가의 열망이 결합하면서 '고래 고기 섭취'는 20세기 초 일본의 국가적 캠페인으로 부상했다(히로유키, 2009). 일본 학교 급식에 고래 고기가 등장하게 된 것도 이때다. 식민지의 최대 포경항으로서 장생포에도 고래 고기 섭취 문화가 이식되고 장려되었을 것이다.

고래 고기는 쉽게 먹을 수 있는 고기가 아니다. 멸종위기종이자 지구 최대의 생명체가 내 혓바닥에 놓여 있다는 죄책감과 흥분은 차치하고서라도, 독특한 냄새 때문에 거부감이 든다. 피비린내 같기도 한 비릿한 냄새다. 분명히 바다에서 잡아왔는데, 소고기를 씹는 것 같은 질감도 거북하다. 그런 고래 고기를 많이 먹게 된 것은 — 적어도 경상도 해안 지역을 중심으로 — 한국전쟁과 복구 기간이었다. 소는커녕 돼지도 귀하던 시절, 고래는 가장 손쉽게 구할 수 있는 단백질 공급원이었다. 고래가 항구로 들어오면 일단 해체해 삶았다. 냉동은 물론 냉장 시설도 없어서, 삶는 것이 보관 기간을 늘릴 수 있는 방법이었다. 먼저 동네 사람들이 먹고, 할머니들이 네모 반듯하게 썬 고래 고기를 짚으로 묶어 대야에 담고 울산이며 포항, 부산으로 들고 나가 팔았다. 일본으로 고래 고기를 수출하게 된 60년대 중반부터는 좋은 살코기는 먼저 떼어 일본으로 보냈다. 국내 공급가의 5배를 쳐 줬기 때문이다. 남은 고기와 내장, 껍질은 지역에서 소비했다. 삶아서 수육으로도 먹고, 껍질은 껌처럼 질겅질겅 씹기도 했지만, 가장 많이 먹던 방법은 찌개였다. 적은 양으로 많은 식구가 나눠 먹기에는 찌개가 제일 좋았다. 고래 뼈는 갈아서 과수원이나 밭의 비료로 뿌렸다. 고래는 한 점도 버릴 것이 없었다.

그러나 장생포의 고래 고기 섭취는 바야흐로 막바지를 향해 치닫고 있었다. 국제 포경 모라토리움에 발맞춰 한국 정부도 1986년부터 모라토리움 대상인 13종 대형 고래를 포함해 모든 고래 및 돌고래의 상업적 포획을 금지한다. 1985년 12월, 장생포의 포경 선원들은 3개월치 월급을 받아 들고 포경선에서 내렸다. 일부는 원양 어선을 탔고, 일부는 장생포에 지어진 울산미포국가산업단지에서 망치를 들었고, 어떤 이들은 장생포를 떠났다. 21척의 포경선 가운데 일부는 어업 종목을 변경해 다시 닻을 올렸지만, 몇 척은 그대로 항구에 버려졌다. 고래잡이는 중단됐지만, 고래 고기는 미뢰와 후각 세포에 그대로 남았다. 이제는 더 이상 먹을 수 없다는 사실이 고래 고기의 기억을 강화하고, 왜곡하고, 열망을 부채질했다. 80대 할머니부터 1970년대에 유년 시절을 보낸 50대에 이르기까지 장생포 주민들의 고래 고기에 대한 기억은 절절하다. 포경 반대 운동가 중에도 "먹을 수도 없고, 먹어서도 안 되지만, 지금도 먹고 싶다"는 이들이 있었다. 노모가 너무 간절히 먹고 싶어 하셔서 자신의 신념에 위배되지만 아주 가끔 한 덩어리씩 사다 드린다는 이도 있었다. 먹을 것의 힘은 이토록 강력하다. 서구의 포경 종식이 더 이상 수요가 없어진 기름 산업을 정리하는 것이었다면, 장생포의 포경 종식은 일상적으로 먹게 된 식품을 포기하는 것이었다. 내가 포경을 지지하는 것이 아니다. 다만, 고래를 이용하는 상이한 방식 때문에 장생포에서 포경을 포기하는 것은 서구 국가들에 비해 쉽지 않은 일이었음을 강조하고 싶은 것이다.

3. 포경 모라토리움, 그 후

"모라토리움 된다고 하기 일년 전부터 선원들이 인제, 직장 없어지고 선주들도 고래 못 잡는다 하니까, 그 때는 우리 쿼터가 있었거든요? 우리도. 연간 1200마리 잡으라고 했는데, 그 땐 막 1년에 2000마리 잡았어요. 그 살코기가 넘쳐나서. 지나간 이야기지만 우리 모친이 살아계실 때 냉동창고에, 25킬로짜리 5000상자까지 들어 있었어요. (필자: 대비를 미리 쭉 해 두신 거네요) 그렇죠, 앞으로 안 잡힐 거니까. 이거 팔면 고래장사 끝이다 하고. [중략] 한 5년 장사하면 끝이다 했는데, 한 5년째쯤 될 때부터 사람들이 머리를 써 가지고, 불법으로 잡는 거에요. 조그마한 저런 배 가지고, 선박 갖고 나가 찔러서 거기서 해체해서 들어와서 공급을 하고 했는데. 그럼 장삿집이 왜 이렇게 많아졌느냐. 지금 부산, 울산, 경상남북도

안에만 해도 고래고기집이 줄잡아 한 백 몇 십 곳이 있어요. 그렇게 번성하고 있어요. 다 장사를 하고 있는데. 고래 안 잡는데 뭘로 하는가? 전부 다 불법으로 하죠. 거의 다가. 그렇게 안 하면 안 되거든요."

(인터뷰, 고래 고기 식당 주인, 2013년 6월 18일)

마지막 포경선이 귀항한 지 35년. 2020년의 장생포 고래공원 앞 도로에는 고래고기를 파는 집이 줄지어 있다. '원조' 간판 아래 '우네' '오베기' 같은 고래 부위 이름과 요리 사진이 붙어 있다. 우네는 뱃살 부분, 오베기는 고리 지느러미 부분이다. 포경 종료 직전 네 곳이던 장생포의 고래고기 식당은 20여 곳으로 늘었다. 횟감이나 해산물과 함께 파는 곳까지 합치면 고래 고깃집이 30곳이 넘는다. '한국 포경의 전진기지'는 '고래 고기의 메카'로 거듭났다. 포경 종료와 함께 자연스럽게 식당 문도 닫을 것으로 생각했는데, 90년대 중반부터 '신선한 고래고기'를 찾아 손님들이 들기 시작했다. 장생포의 고래고기 식당은 꾸준히 늘었고, 2009년 고래 관광이 본격화되면서 고래 고기는 장생포 관광의 '잇템'으로 떠올랐다. 보관과 유통망이 발달하면서 장생포 외부로도 고래 고기가 확산됐다. 울산은 물론 포항, 부산, 나아가 서울에도 고래 고기 식당이 생겼다. 2013년 기준으로 전국의 고래 고기 식당은 110곳이 넘는다(김두겸, 2013).

메뉴도 다양화됐다. 예전엔 고작 수육이나 찌개였는데, 지금은 고래의 다양한 부위를 맛볼 수 있는 '고래 밥상'이 대표 메뉴다. 살코기부터 껍질, 지느러미, 잇몸, 신장 등 12가지 부위를 접시에 담아낸다. 2인분이 10만 원으로 가격도 만만찮다. 최근에는 고래 스파게티, 고래 주먹밥, 고래 만두처럼 가격도 저렴하고 먹기 좋도록 고래 고기 비중을 줄인 메뉴들도 등장했다. 그러나 여전히 고래고기는 아무나 먹는 고기가 아니다. 독특한 풍미 때문에 쉽게 맛을 들이기 어려운 데다, 가격이 비싸고, 무엇보다 포경 금지로 공급이 제한돼 있다. 신선한 고래고기를 먹는 것은 제한된 공급을 빼돌릴 수 있는 '힘'과 '노력'이 있었음을 시사한다. 울산을 지역구로 둔 새누리당 정갑윤 의원은 2010년 한 해 동안 고래 고기 1천만 원 어치를 정치인과 정부 관계자들에게 선물로 돌렸다. 지금의 고래 고기는 더 이상 굶주린 배를 채워주고 단백질을 공급해주던 '서민의 고기'가 아닌 것이다.

고래는 잡지 못하는데, 어떻게 고래 고기가 공급되고 있을까? 공식적인 루트는 '혼획' — 우연히 그물에 걸려 죽은 채 발견된 고래다. 고래를 먹지 않는 대부분의 국가에서는 혼획된 고래를 폐기처분하지만, 한국과 일본은 혼획된 고래를 경매를 통해 식당에 판매할 수 있도록 하고 있다. 소형 고래인 상괭이나 돌고래도 혼획되지만, 고래 식당들이 구입하는 것은 밍크고래다. 몸길이 5-6미터의 밍크고래 한 마리는 2,000-6,000만 원에 경매된다. 수익금은 고래가 혼획된 어구의 주인이 갖는다. 그물에 걸린 고래를 죽도록 며칠만 방치하면 2천만 원을 받을 수 있는데, 어민 입장에서 고래를 풀어주기가 쉽지 않을 것이다. 혼획이 '의도적'이라는 이야기가 나오는 이유다. 우리나라의 한 해 밍크고래 혼획량은 약 70마리. 일본에 이어 세계에서 두 번째로 높다. 그러나 식당 한 곳이 1년 동안 쓰는 밍크 고래가 2-3마리. 전국 식당이 100곳이라고 할 때, 적게 잡아도 200마리 이상이 필요하다. 혼획만으로는 여전히 부족하다.

불법 포경 업자를 처음 만난 것은 2010년 울산 롯데호텔 커피숍이었다. 2013년 그의 차 안에서 다시 만났을 때, 그는 그동안 "학교 갔다 왔다"고 했다. 불법 행위가 적발돼 처벌을 받았다는 이야기였다. 구치 안경 너머의 얼굴은 피곤해 보였다. 스트레스가 극심해 병원에 다닌다고 했다. 그가 전해 준 불법 포경의 규모는 정부와 연구자들이 추산하는 밍크고래 연간 200-400마리를 크게 웃돌아 어디까지 믿어야 할지 판단하기 어려웠다. 한편 불법 포경 방식에 대한 설명은 명료했다. 울산 앞바다에서 잡던 때도 있었지만, 개체수도 줄고 단속도 심해져 요즘은 주로 겨울과 봄을 이용해 서해에서 조업한다고 했다. 과거 포경 전성기 시절에도 장생포의 포경선들이 같은 기간 서해 '원정' 포경을 했는데, 그 방식을 그대로 이용하는 것이다. 다만 기동성을 높이기 위해서 예년보다 작은 10-12톤의 배를 이용하고, 속도도 일반 어선보다 빠르도록 개조했다. 선원도 꼭 필요한 4-5명으로 줄였다. 장생포의 포경선들은 배꼬리에 고래를 매달고 돌아와 항구 인근에서 해체했는데, 지금의 불법 포경선들은 단속을 피하기 위해 배 위에서 즉시 해체해 별도의 운반선에 넘긴다. 고기 무게로 가격을 매기기 때문에 마리당 가격은 정확히 알기 어렵다. 아마도 1,500만-2,000만 원 정도로, 혼획 고래의 절반 정도일 것이라고 그는 말했다.

장생포에서 고래 고기 식당을 운영하는 이들의 대답도 같았다. 불법 고래는 혼획 고래의 절반 값이지만, 잡아서 즉시 냉동하기 때문에 며칠씩 방치돼 있던 혼획 고래보다 신선도가 높다는 것이다. 식당 주인들은 "나는 혼획 고래만 쓰지만"이라는 단서를 달고, 불법 고래를 섞지 않고는 고래 고기의 신선도나 가격을 맞추기 힘들다고 했다. 사정이 이렇다 보니 고래 고기 공급을 위해 포경을 재개해야 한다는 이야기도 나온다. 2012년 정부가 IWC에 '과학적 조사 목적'의 포경 제안서를 제출했을 때, 장생포 주민들은 도로에 플래카드까지 내걸며 환영했다. 포경 재개를 통해 기왕 이뤄지는 고래 고기 유통을 양성화하고 위생 상태를 개선하자는 것이다. 포경 중단 후 30여 년에 걸쳐 고래 고기가 지역 산업으로 성장하면서, 고기 공급을 위한 혼획, 불법 포경, 나아가 포경 재개까지 다양한 형태의 포경 논의를 불러온 것이다.

한편으로 고래에 대한 과학적 조사와 제도적 보전도 발 빠르게 이뤄지고 있다. 2004년 국립수산과학원 산하에 고래연구소가 설치돼 장생포 고래 공원에 문을 열었다. 고래의 생태와 개체수 변화를 본격적으로 연구하는 국내 첫 연구소다. 5년간의 목시조사 결과를 종합해 2007년 고래 연구소가 발표한 한반도 연안의 밍크고래 개체 수는 356-1,645마리였다(국립수산과학원 고래연구소, 2007). 일본 연구팀에 따르면, 한반도 연안을 포함해 한반도와 일본을 포괄하는 전체 J-stock의 밍크고래 개체수는 1만 6,162마리다. 작게는 356마리, 많게는 1만 6,162마리 사이에서 한반도 연근해의 밍크고래가 '멸종위기'라는 주장과 포경을 재개할 수 있을 정도로 개체수가 회복됐다는 상반된 주장이 나온다.

한편, 해양수산부는 2007년 '해양생태계의 보전 및 관리에 관한 법률'에 따라 귀신고래를 포함한 고래 9종(현재는 남방큰돌고래 포함 10종)을 '해양보호생물'로 지정했다. 국내 처음으로 고래의 생태적 지위를 감안해 보호 대상종으로 지정한 것이다. 그 전까지 국내 고래 보호 제도는 '천연기념물 126호 울산 귀신고래 회유 해면'이 유일했다. 그나마도 일제시대 지정한 것을 1962년 재지정한 것이었다. 포경 모라토리움에 따라 수산업법에서 고래 포획 금지를 명시했지만, 고래의 생태적 가치 때문이라기보다는, 고래를 어족 자원으로 보고 자원량 회복까지 어업 행위를 일시적으로 유예한 데 가까웠다. 해양생태계 보호법은 고래를 멸종위기 야생동물로 보고, 고래에 대한 포획은 물론 어떤 훼손 행위도 금지한다는 점에서 미국의 '해양포유류보호법'(MMPA)을 닮았다.[2] 이어 2009년엔 비로소 장생포에서 고래 관광이 시작됐다. 울산시 남구청이 장생포 앞바다의 밍크 고래와 돌고래떼를 찾아가는 관경 선박을 운행하기 시작한 것이다.

---

2) 최근 '동물원 및 수족관 관리에 관한 법률'(2018년)과 '야생동물 보호 및 관리에 관한 법률'(2019년)이 잇달아 개정되면서, 수족관 돌고래의 수입을 제한하고 서식 환경을 개선토록 함으로써 고래 보호의 제도화는 강화됐다.

4. 고래 멀티플: 장생포 고래와 포경의 지리학

관광객: 그냥, 감동이 되는 거지. 감흥이 뭐 특별히 할 게 없어. 정말, 이거 대박이다, 그런 생각을. 내 눈으로 실제 바다에서, 이 넓은 데서 볼 수 있었다는 건 행운이다. 정말 살다가 이런 경우가 다시는 없겠다, 즐겁다, 그런 거. 한번 또 다시 오고도 싶어.

필자: 고래가 다른 동물과 좀 다릅니까? 참치나 뭐….

관광객: 많이 다르지.

필자: 왜 다르다고 생각이 드세요?

관광객: 아니, 고래는 저거고, 뭐지, 그거잖아. 포유동물인데. 새끼를 낳고. 다른 건 생선 종류지.

필자: 평소에 고래, 라고 이야기를 들으면 어떤 게 가장 먼저 떠오르세요? 어떤 이미지가?

관광객: [빙긋] 솔직해도 되지요? 먹는 거. 하하.

필자: 고기?

관광객: 응.

필자: 선생님 그럼 이게, 멋진 동물이라고 생각을 하는 한편, 이렇게 고기는 드시는 게…?

관광객: 그렇게 생각 안 해야지. 여기서 이거 봤는 건 여기서 끝내고, 저거는 저거고. 그런 거 다 생각하면 먹을 게 어딨어.

(인터뷰, 고래 관광객, 2013년 6월 16일)

1970년대 미국 동부에서 시작된 고래 관광은 포경의 대안으로, 고래를 야생에서 대면할 기회를 제공하는 한편, 고래의 생태와 문화에 대한 교육을 실시함으로써 관광객들을 고래 보전의 동반자로 확보하는 생태적 실천이라고 했다. 책에는 그렇게 쓰여 있었다. 그러나 2010년 내가 탔던 첫 관경선의 지역 가이드께서는 어려서 먹었던 맛 좋은 고래고기 이야기로 안내를 시작하셨다. 선실에 틀어 놓은 텔레비전에서는 지역 방송국에서 제작한 고래 고기 다큐가 방영되고 있었고, 뒷좌석에 삼삼오오 둘러 앉으신 어르신들께서는 계속 생수를 드셨다. 나중에 보니 생수병에 소주를 넣어 오신 것이었다. 고래가 좀처럼 나타나지 않자, 초청 밴드 '돌핀스'가 무대 앞으로 나와 흘러간 대중가요들을 차례로 부르기 시작했다. 그러다 기척도 없이 갑자기 고래가 나타나면, 어르신들도, 아이들도, 돌핀스도 일제히 앞다퉈 갑판으로 뛰어나갔다. 배는 갑자기 흥분의 도가니가 되었다. 이러다 전복되는 건 아닐까 싶을 만큼, 모두가 고래가 보이는 쪽 난간에 붙어 손짓과 고성과 휴대전화 카메라로 열렬히 고래를 환영했다. 배가 항구로 돌아오면, 관광객들은 고래 박물관과 수족관, 그리고 고래고기 식당으로 뿔뿔이 흩어졌다. 고래 관광의 목시율이 25%에 불과하기 때문에, 고래를 보지 못한 관광객들을 만족시킬 대체 즐길거리가 필요했고, 많은 이들에게 그것은 '지역 별미 고래고기'였다. 야생에서의 고래 관광이 고래 보전에 기여하기는커녕, 고래 고기 소비를 부추기고, 나아가 고래 고기 공급을 위한 다양한 형태의 포경을 정당화하는 것은 아닐까. 관경선에서 함께 고래를 기다리며, 고래 공원의 그늘에서 땀을 식히며 관광객들에게 물어봤다. 세 명 가운데 한 명은 고래 관광과 고래 고기의 공존을 불편해했지만, 한 명은 "고래는 원래 먹는 것"이라며 질문을 타박했고, 나머지 한 명은 생각해 본 적이 없다고 했다. 내 마음의 고뇌와는 무관하게 장생포 고래 관광은 꾸준히 확장해 나갔다. 2015년에는 포경 전성기 장생포를 재현한 테마 마을도 생겼고, 지금은 5D 영상도 상영하고 모노레일도 다닌다.

퇴역 포경선이 귀신 고래 모형을 좇고 있는 고래 공원에서, 나는 이 풍경 뒤에 겹쳐진 시공간의 레이어들에 대해 생각했다. 관광객들이 배를 타고 고래를 찾아다니던 1970년대 미국 동부, 포경선의 닻을 올리고 한 해 천 마리씩 밍크고래를 잡던 1970년대의 장생포, 연근해 포경과 고래 고기 문화를 전수한 20세기 초반의 일본, 포경 모라토리움이 결정된 1982년의 영국 브라이튼, 고래와 같은 해양 포유 동물에게 특별한 법적 보호를 약속한 해양포유류보호법이 제정된 1972년의 미국, 한국 환경운동가들이 고래 생태관광을 처음 접한 2004년의 호주 호바트…. 장생포 고래의 공간에는 일본, 러시아, 미국, 영국, 호주와 같은 가깝고 먼 시공간들이 빼곡히 얽혀 있었다. 이 지리적 연결망을 따라 담론, 기술, 장비와 제도가 이동했고, 이들이 현재 장생포의 고래 담론과 실천을 주조해 내는 것이었다. 특히 포경을 옹호해 온 일본과, 반포경 운동을 펼쳐 온 서구 국가들의 상이한 연결망이 장생포에 한데 집적되면서, 상반되는 사회-물질적 요소들이 장생포에서 상충하고 경합하고 있었다. 이들이 연결되고 작동하는 방식이 고래가 무엇인지를 결정한다. 고래 관광의 연결망에서 고래는 "멋진 야생동물"로 실연(enactment)되지만, 포경의 연결망에서는 "어족 자원"이 되고, 고래 고기의 연결망에서는 "맛있는 고기"가 되며, 고래 보전의 연결망에서는 "멸종위기 야생동물"이 된다. 아네마리 몰의 〈더 바디 멀티플〉처럼, 장생포의 고래 또한 지리적 연결망의 작동에 따라 새롭게 만들어지는 다중적 존재인 것이다.

고래 공원의 풍경은 화해할 수 없어 보이는 '포경'의 세계와 '고래 보전'의 세계가 어색하게 공존하는 모습을 보여주는 듯했다. 일본 포경 연구자 아르네스 블록은 상충하는 세계의 어정쩡한 공존에서 포경-반포경 교착지점을 움직일 가능성을 찾는다.(아르네스 블록, 2011). 지난 30여 년간 고래 고기에 대한 문화적 방어와 포경에 대한 윤리적 공격이 이어졌지만 바뀐 것은 아무것도 없었다. 블록은 포경과 반포경의 대립을 존재론적으로 전혀 다른 두 세계의 충돌로 이해하는 데서 출발하자고 제안한다. 상대를 굴복시킬 적으로 볼 것이 아니라, 낯선 세계에서 온 외교관으로 여기고 성실한 협상을 통해 양보와 타협을 시도해야 한다는 것이다. 이같은 "어설픈 해결책(clumsy solution)"은 그 누구도 만족시키지는 못하겠지만,

모두가 조금이나마 나은 상황에 있게 한다는 것이다.

장생포의 고래 공원에서 나는 이따금 블록의 이야기를 생각했다. 고래에 대한, 나아가 야생동물에 대한 논의는 '이용' 혹은 '보전'이라는 이분법적 구도로 전개돼 왔다. 그러나 현실은 대부분 극단이 아니라 중간 어디쯤에 어정쩡하게 놓여 있다. 장생포가 그렇다. '혼획'은 어쩌면 장생포의 이질적 세계를 공존하게 하는 '어설픈 해결책'일지도 모른다. '포경 없는 고래 고기 공급'을 제도화함으로써, 불법 포획을 우려하는 고래 보전의 세계에 응답하고, 고래 고기를 유지하려는 다른 세계를 안심시키는 것이다. 만족하지 못하더라도, 우리는 차이와 함께 살아갈 수밖에 없는 것이다. 그리고 세계는 변한다. 고래 식당 주인들은 종종 "젊은 사람들이 좀처럼 고래 고기를 먹지 않는다" "고래를 귀엽게만 생각한다"고 한탄했다. 고래 고기에 대한 집단적 기억이 사라지고 수요가 줄어드는 미래의 어느 시점에서 장생포 고래의 연결망은 지금과 사뭇 다른 모습을 하고 있을 것이다. 그때에는 귀신 고래 모형이 바다로 몸을 돌리고, 퇴역 포경선의 총구가 바닥을 향하게 되지 않을까 하고, 나는 관광객들이 썰물처럼 빠져나간 고래 공원에 혼자 앉아 부지런히 상상해 보는 것이다.

참고문헌

국립수산과학원 고래연구소, 『고래류의 생태계 기반에 관한 연구』, 부산: 국립수산과학원, 2007.

김두겸, 「우리나라 고래 산업의 현황과 과제」, 울산대 정책대학원 박사학위논문, 2013.

허영란, 『장생포 이야기: 울산 고래포구의 사람들』, 울산: 울산시 남구청, 2012.

Blok, A., "War of the Whales: Post-Sovereign Science and Agonistic Cosmopolitics in Japanese-Global Whaling Assemblages". *Science, Technology & Human*

Values, 36, 2011, pp.55-81.

Watanabe, H. (translated by Clake H.), *Japan's whaling: The politics of culture in historical perspective*, Melbourne: Trans Pacific Press, 2009.

중세길을 걷다

비아 프란치제나, 슬로우 투어리즘 여정으로 부상한 중세 순례길

신철

1. 서론

현대 후기 삶의 템포가 점점 빨라지는 가운데, 최근 들어 삶 속의 슬로니스(Slowness) 철학이 확산되었고 느린 속도의 관광과 참여를 통한 풍부한 경험을 강조하는 슬로우 투어리즘(Slow Tourism)이 확산되는 추세다. 슬로우 투어리즘을 실천하는 여행자들은 시간성에 대한 대안적 경험을 찾아 근대 이후 잊혀진 중세 순례길을 다시 오르고 있다. 순례는 빠르게 변화하는 세상에 빠져 있는 개인이 잠시나마 자신을 내려놓고 속도에 대한 지나친 강조를 되돌아볼 수 있는 수단으로 점점 인기를 얻고 있다. 인간 이동의 역사에서 중요한 부분을 차지해온 순례는 오늘날에는 슬로우 투어리즘의 패러다임을 대변한다고 볼 수 있다.

중세에도 교통망은 충분히 발달했다. 도로는 유럽 전역에 그물처럼 뻗어 있었다. 이들 중 비아 프란치제나(Via Francigena)라 불리는 길은 유럽의 북서부 지역과 로마를 연결하는 중요한 경로였으며, 중세 유럽인들이 상업과 군사, 종교 등의 목적으로 활발하게 교류했던 루트였다. 원래 비아

프란치제나의 명칭은 '프랑크 왕국에서 오는 길'이라는 뜻이며, 이 길은 로메이(Romei)로 불리는 '로마로 향하는 순례자'가 가장 빈번하게 이동했던 경로이기도 하다. 비아 프란치제나는 1994년 유럽 평의회(the Council of Europe)에 의해 '유럽 문화의 루트'(European Cultural Route)로 선포된 후 장거리 도보여행자들의 여정으로 주목 받고 있다.

저자는 최근에 비아 프란치제나의 존재를 알게 된 뒤, 영국 캔터베리 대성당에서 이탈리아 로마 성 베드로 대성당까지 전체 구간을 완주하였다. 이 글은 비아 프란치제나가 슬로우 투어리즘의 여정으로서 성장 잠재력이 큰 것으로 평가되어, 이를 우리나라에 소개하려는 취지에서 마련되었다. 세부적으로 비아 프란치제나의 과거와 현재, 중세의 순례 문화, 슬로우 투어리즘의 개념과 트렌드를 소개하고 비아 프란치제나를 여행하는 현대의 순례자들의 특성에 대해 살펴보았다.

2. 비아 프란치제나, 어제와 오늘

비아 프란치제나의 기원은 로마시대로 거슬러 올라간다. 줄리우스 시저(Julius Caeser)는 기원전 58년에서 51년까지 8년간 갈리아 부족들과 전쟁을 벌이고 있었다. 그는 전쟁의 와중에 기원전 55년과 54년 두 차례에 걸쳐 브리타니아(지금의 영국 땅)를 침공하게 되는데, 이때 군사 목적으로 건설한 도로가 중세에 들어 프랑스 지역의 비아 프란치제나가 되었다. 당시 줄리어스 시저의 아내 브루네힐드 여왕에 의해 건설되었다고 알려져 있다. 로마가 깔았던 돌로 포장된 도로는 중세에 와서 사라지고 자갈과 석회가 뿌려진 울퉁불퉁한 길에 불과해 걷기조차 힘들었다고 한다.

로마로 향하는 순례는 카롤링거 시대, 게르만계 민족이었던 프랑크 족의 샤를마뉴 신성로마제국 치하에서 널리 퍼지기 시작했다. 비아 프란치제나는 하나의 길이 아니라 수 세기에 걸쳐 교역과 순례가 성장하고 쇠퇴하면서 변화한 여러 경로의 집합체다. 순례자들은 연중 시기, 정치군사적 상황, 성당이나 성소의 상대적 인기에 따라 알프스(Alps)와 아펜니노(Appennino) 산맥을 가로지르는 3~4개 경로 중에서 하나를 이용했다.

중세 초기 7세기경에 이탈리아 북부 파비아(Pavia)에 수도를 두었던 랑고바르드(Longobards) 왕국은 과거 로마인들이 만든 길을 활용하여 로마를 비롯해 그들의 남쪽 공국들과 왕래하였다. 랑고바르드인들은 7세기와 8세기경에 비잔티움 제국의 군대가 아드리아해와 리구리아 해안에 주둔하자 유일하게 가능했던 아펜니노 산맥의 통로를 선택했으며, 이 길은 롬바르드 길(Lombard Way)로 기록되었다. 서기 774년 랑고바르드 왕국이 프랑크 왕국에 의해 멸망하자 '프랑코족의 여정'이라는 의미인 이터 프랑코룸(Iter Francorum)으로 기록되었다. 비아 프란치제나는 서기 876년 투스카나(Tuscany)의 산 살바토레알 몬테 아미아타 수도원(Abbey of San Salvatoreal Monte Amiata)에서 제작된 양피지인 악툼 클루시(Actum Clusi)에 처음으로 언급되었다.

서기 990년 영국 캔터베리 성당의 시게릭(Sigeric)은 교황 요한 15세로부터 주교 서품을 받으러 로마로 떠났다. 당시 색슨족의 대주교는 공식 서품과 견대(Pallium)[1]를 받기 위해 로마로 가야 했다. 여행에서 돌아온 시게릭은 그의 귀환 여정에 서브맨션(Submansiones)이라 부르는 체류지 목록을 남겼는데, 이 기록은 19세기 영국의 역사가 윌리엄 스텁스(William Stubbs)에 의해 대영 도서관(British Library)에서 발견되었다. 시게릭의 필사본은 중세를 통틀어 가장 많은 순례자들이 이용했던 비아 프란치제나

[1] 견대란 교황과 대주교가 종교 의식을 치를 때 예복 위에 걸치는 양털로 만든 어깨 장식 띠로서 권위와 책임, 친교를 상징한다.

를 재현하는 데 결정적인 자료가 되었다.

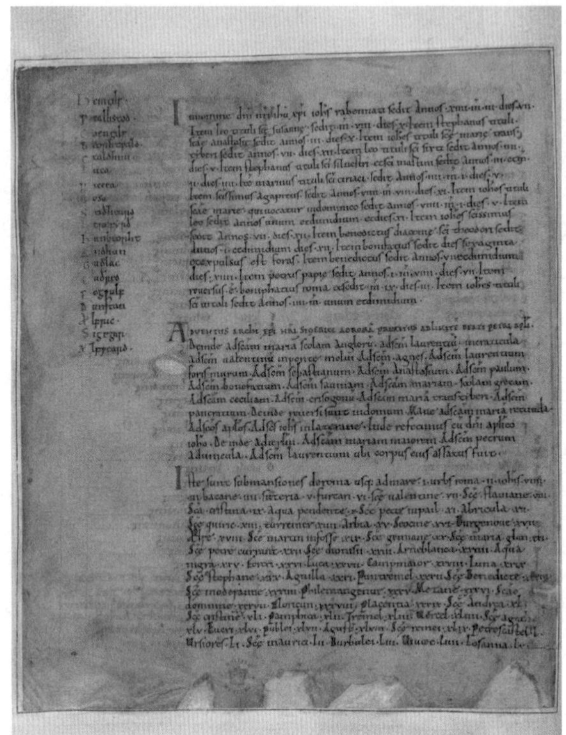

〈그림 1〉 시게릭 대주교의 여정 필사본[2)]

다른 여정으로는 1154년 아이슬란드 싱고르 수도원의 수도원장 문카트베라의 니콜라스 새문다르손(Nikulas Saemundarson of Munkathvera)은 알프스 산맥의 그란-산-베르나도 고갯길(Grand-Saint-Bernard Pass)을 넘

2) https://www.bl.uk/collection-items/itinerary-of-archbishop-sigeric (검색일자: 2023년 10월 3일) 11세기에 만든 필사본으로 서기 990년 캔터베리 성당의 대주교 시게릭이 로마에서 방문했던 교회명과 그가 로마에서 영불해협으로 돌아가는 길에 들렀던 79개의 체류지명이 순서대로 기록되어 있다. 현재 대영 도서관에 소장되어 있다.

어 시게릭과 동일한 장소에 체류하면서 이동하였다. 1191년 프랑스의 필립 아우구스투스(Philip Augustus)가 몬체니시오(Moncenisio)를 경유하여 이탈리아에 입국한 기록이 있다. 이후 기록에 따르면 몬테제네브로(Montgenevre)를 넘어 수사 계곡(Susa Valley)을 통과하는 고갯길은 로마로 여행하는 순례자와 이탈리아를 침략하는 군대가 모두 이용한 경로로 언급된다.

12세기에 들어 이탈리아와 게르만 지역 간의 교역이 증가하면서 세인트 고타드(St. Gotthard) 및 브레너(Brenner) 고갯길과 같은 알프스 중부와 동부 지역의 통로가 다시 이용되기 시작하였다. 13세기에 들어서 무역이 크게 성장하면서 비아 프란치제나를 경유하는 몇 개의 대체 경로가 개발되었고, 그 결과 순례의 고유한 특성을 잃고 북부와 로마를 연결하는 수많은 경로로 나누어지게 되었다. 그럼에도 불구하고 1350년 가톨릭 희년(Catholic Jubilee)에 참여한 모토반(Montauban)의 상인 바르텔레미 보니스(Barthelemy Bonis)는 시게릭이 지나갔던 비아 프란치제나를 경유하여 로마로 왔다. 다른 기록에 의하면 1494년 샤를 8세(Charles VIII)가 무장한 채 비아 프란치제나를 따라 나폴리(Naples)로 이동했다고 한다.

중세 순례의 황금기는 수 세기 동안 지속되었으며, 순례자를 위한 숙박업이 번성하면서 순례는 도시 경제의 중추적인 역할을 담당하기도 하였다. 하지만 순례 여행의 번성은 16세기부터 시작한 종교개혁으로 끝이 났다. 개신교와 가톨릭으로 나누어진 두 세계는 알프스산맥을 경계로 서로 대립하였고, 17세기에 이르러 두 세력 간의 첨예한 갈등으로 이동 자체가 어려워지자 순례자 수는 극감하였다. 순례자의 발길이 끊어진 후 수 세기가 지나면서 길 위의 환경과 풍경은 빠르게 변화되었고, 특히 산업화는 천년의 세월이 남긴 발자취를 대부분 지워버렸다. 오늘날 우리는 일부 지역에 남아 있는 성당과 수도원, 역사적 도로, 중세풍의 성곽도시 등을 통해

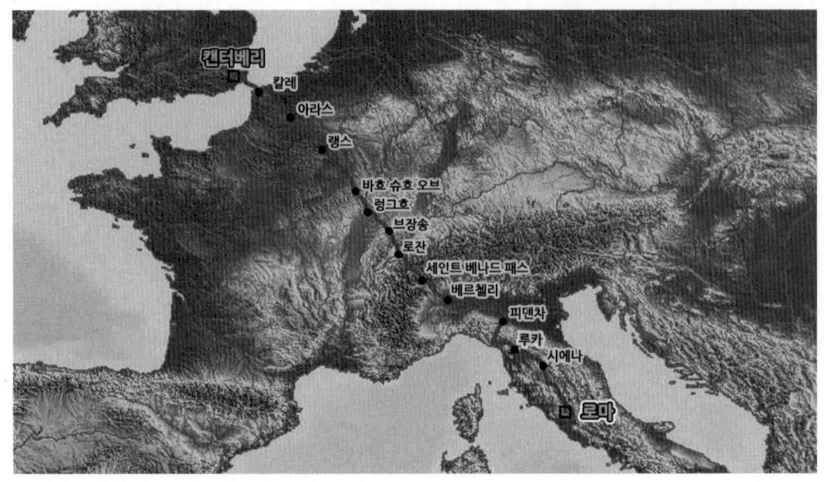

〈그림 2〉 시게릭 대주교의 여정 경로

사라져간 순례길을 상상할 뿐이다.

1980년대 들어 서구권을 중심으로 도보여행이 관심을 끌면서 중세 순례길을 걷는 여행자들이 조금씩 나타나기 시작했다. 이들 도보여행자들의 발걸음은 스페인 북서부 지역에 위치한 산티아고 데 콤포스텔라(Santiago de Compostela)[3]로 향하였다. 1993년 유네스코(UNESCO)는 콤포스텔라로 가는 4개의 산티아고 순례길 네트워크를 세계문화유산으로 등재하였고, 오래지 않아 전 세계 도보여행자들의 버킷리스트가 되었다.[4]

스페인의 산티아고 순례길의 성공 스토리는 같은 관광대국 이탈리아를 자극하기에 충분했다. 1994년 유럽 평의회가 비아 프란치제나를 '유럽 문

---

3) 9세기경 사도 성 야고보의 것으로 추정되는 무덤이 갈리시아 지방에서 발견되고 그의 유골을 콤포스텔라 대성당에 안장한 후 콤포스텔라는 예루살렘과 로마에 이어 기독교 3대 성지 중 하나가 되었다.

4) 산티아고 순례길(Camino de Santiago)은 COVID-19 팬데믹이 미처 종식되지 않았던 2022년 한 해 동안 414,340명의 여행자들이 다녀갈 정도로 세계적으로 인기가 많은 도보여행길이다.

화의 루트'로 지정한 이후 이 길은 서서히 재발견되기 시작하였다. 이에 이탈리아 정부는 순례길의 유지 및 표시, 홍보업무 등에 상당한 자금과 재원을 할당하였다. 2007년에는 영국 캔터베리 대성당 관내에 비아 프란치제나의 출발점을 알리는 표지석(일명 0km 이정표)이 세워졌다. 오늘날 비아 프란치제나를 여행하는 현대 순례자의 수는 중세 전성기와 비교하면 미미한 수준이지만 최근 들어 가파르게 증가하고 있다.

비아 프란치제나 유럽협회[5]는 시게릭의 여정을 바탕으로 영국 캔터베리와 이탈리아 로마를 잇는 순례길을 내놓았다. 엄밀히 말하면 이 길은 시게릭이 걸었을 것으로 추측되는 경로와 상당히 다르다. 천년의 세월을 거치면서 시게릭이 지나갔던 길은 대부분 아스팔트 포장도로로 변형되어 더 이상 도보여행에 적합하지 않게 되었다. 이에 유럽협회는 시게릭이 기록으로 남긴 체류지를 연결하되 간선 도로 대신 걷기에 적합한 길로 재구성하였다. 비아 프란치제나 유럽협회의 공식 GPS 내비게이션 앱(App)에 의하면, 캔터베리 대성당에서 로마 성 베드로 광장까지의 거리는 2,237Km에 달하며, 이를 국가별로 구분하면 영국 31Km, 프랑스 997Km, 스위스는 196Km, 이탈리아 1,013Km이다. 대부분의 길은 도보여행자뿐만 아니라 자전거와 승마 여행자도 함께 이용할 수 있게 만들어졌다. 다만 자전거와 승마 이동이 불가한 험준한 지형의 경우 이들을 위한 루트를 따로 설정해 놓았다. 전체 트레일은 여행자의 편의성을 고려하여, 105 구간으로 구분해 놓았는데, 한 구간은 대략 20~30Km 거리로 하루 걷기 분량이다. 국가별 구간 수는 영국 2개, 프랑스 47개, 스위스 11개, 이탈리아 45개 구간이다. 스마트폰의 무료 GPS 내비게이션 앱을 이용하면 순례길을 쉽게 찾을 수 있다.

---

5) www.viefrancigene.org

〈표 1〉 시게릭의 여정[6]

국가명	행정구역명	체류지명
이탈리아	Lazio	1 Roma - 2 La Storta - 3 Campagnano di Roma - 4 Sutri - 5 Vetralla - 6 Viterbo - 7 Montefiascone - 8 Bolsena - 9 Acquapendente
	Toscana	10 San Pietro in Paglia - 11 Briccole di Sotto - 12 San Quirico d'Orcia - 13 Torrenieri -14 Ponte d'Arbia - 15 Siena - 16 Abbadia a Isola - 17 Gracciano - 18 San Martino Fosci - 19 San Gimignano - 20 Santa Maria a Chianni - 21 Coiano - 22 San Genesio - 23 Fucecchio - 24 Ponte a Cappiano - 25 Porcari - 26 Lucca - 27 Camaiore
	Liguria	28 Luni - 29 Santo Stefano di Magra
	Toscana	30 Aulla - 31 Pontremoli - 32 Montelungo
	Emilia-Romagna	33 Berceto - 34 Fornovo di Taro - 35 Costamezzana - 36 Fidenza - 37 Fiorenzuola d'Arda - 38 Piacenza
	Rombardia	39 Corte Sant'Andrea - 40 Santa Cristina e Bissone - 41 Pavia - 42 Tromello
	Piemonte	43 Vercelli - 44 Santhia - 45 Ivrea
	Valle d'Aosta	46 Pont-Saint-Martin - 47 Aosta - 48 Saint-Rhemy
스위스	Vallese	49 Bourg-Saint-Pierre - 50 Orsieres - 51 Saint-Maurice
	Vaud	52 Aigle - 53 Vevey - 54 Lausanne - 55 Orbe - 56 Yverdon-les-Bains
프랑스	Bourgone-Franche-Comte	57 Pontarlier - 58 Nods - 59 Besancon - 60 Cussey sur l'Ognon - 61 Seveux
	Grand Est	62 Grenant - 63 Humes-Jorquenay - 64 Blessonville - 65 Bar-sur-Aube - 66 Brienne-la-Vieille - 67 Donnement - 68 Fontaine-sur-Coole - 69 Chalons-en-Champagne - 70 Reims
	Hauts-de-France	71 Corbeny - 72 Laon - 73 Seraucourt-le-Grand - 74 Doingt - 75 Arras - 76 Bruay-la-Buissiere - 77 Therouanne - 78 Guines - 79 Wissant(Sombre)

시게릭이 기록으로 남긴 79개의 체류지를 오늘날 국가 및 행정구역별로 구분하면 <표 1>과 같다. 국가별 행정구역을 나열하면, 이탈리아는 라지오(Lazio), 토스카나(Tuscana), 에밀리아 로마냐(Emilia-Romagna), 리구

6) 시게릭은 이탈리아 로마에서 출발해서 영불해협을 끼고 있는 프랑스 해안 위쌍(Wissant)까지의 체류지만 기록으로 남겼기 때문에 영국 내에서의 그의 이동 경로는 정확히 알 수 없다.

리아(Liguria), 롬바르디아(Lombardy), 피에몬테(Piedmont), 발레 다오스타(Valle d'Aosta) 등 7개 주(州)이며, 스위스는 보(Vaud), 발레(Vallese) 등 2개 주이며, 프랑스는 부르고뉴-프랑슈-콩테(Bourgone-Franche-Comte), 그랑 테스트(Grand Est), 오드 프랑스(Hauts-de-France) 등 3개 주다. 참고로 〈표 1〉에 보이는 체류지명은 오늘날의 지명으로 표기했으며, 지명 앞의 숫자는 시게릭이 귀환길에 머물렀던 장소의 순서를 뜻한다.

비아 프란치제나 순례자는 교구 성당이나 수도원, 기타 순례자 숙소에서 저렴한 가격에 침대와 샤워시설을 이용할 수 있다. 하지만 순례자 수가 증가하면서 숙소 공급이 충분하지 않고 숙소의 분포에 있어 지역적 편차가 심해 순례자들은 예약에 상당한 어려움을 겪고 있다. 순례자 숙소가 없는 곳에서는 호텔이나 B&B, 빌라, 팜스테드, 캠핑장 같은 곳에서 숙박해야 한다. 비아 프란치제나 전체 구간의 숙박시설 목록은 비아 프란치제나 유럽협회의 웹사이트에서 구할 수 있다.

3. 중세 순례자

순례는 중세 여행의 전형이었다. '여행하는 남자'라는 뜻의 '오모 비에이토르'(Homo Viator)는 기독교 성지 중에 하나를 향해 여행하는 순례자를 지칭하였다. 순례는 구원을 믿는 중세 유럽인들이 신앙의 순수성을 지키기 위해 성지로 떠나는 여행이다. 순례는 궁극적으로 영적, 천상의 목표를 향한 여정이라는 은유와 연결되어 신앙과 자선의 모범으로 제시되었다. 당시 순례길은 질병과 늑대의 습격, 강탈과 살상이 도사린 험난한 여로였다. 하지만 그들은 기꺼이 고난을 참으며 신앙의 열정을 이어갔다. 중세인의 순례 목적은 종교적 구원, 병의 치유와 소원성취와 같은 개인적 기원,

종교적 징벌로서 순례, 순례에 따른 부수적인 관광(이케가미, 2018), 그리고 순례를 다녀왔을 때 주변사람으로부터 받는 존경 등을 들 수 있다.

순례의 목적지는 주로 성인의 유해나 유품이 있는 성당, 성인의 순교지, 기적과 치유의 사적지 같은 곳이다. 11세기 이후 순례 붐이 일면서 성인과 순교자의 유골이나 유물을 보유한 성당이나 수도원은 유명세를 타면서 막대한 수익을 거뒀고 권위도 상승하였다. 이에 로마 가톨릭 교회는 성인 신앙의 과열을 문제시 삼고 규제에 나섰다. 교회가 성인을 관리하고 기적 유무에 따라 교황이 성인을 인정하는 시성제도를 도입하게 되었다.

가난한 자와 약자를 구제하라는 그리스도의 가르침에 따라 중세의 성당과 수도원은 '호스피스'(Hospice)라 불리는 구호시설에서 가난한 자에 대한 구제활동을 펼쳤다. 이곳에 머무는 사람들은 교회법상으로 보호 받는 '신의 빈자'로 주로 빈민, 노인, 병자, 과부와 같은 생활이 곤궁한 자들인데, 여기에 성지로 향하는 순례자도 포함되었다. 따라서 여행 경비가 부족한 순례자는 교회법에 의해 교회와 수도원에 손님으로서 잠자리를 요청할 수 있었다. 특히 도보로 여행하는 순례자는 숙박비가 무료였기에 도보 순례자가 많았다고 한다. 반면 부유한 순례자들은 여관 또는 스파와 같은 세속적 숙박업소에서 머물렀다. 구호소 내부에서 준수하는 행동 강령과 규칙은 순례자에게 동일하게 적용되었다. 순례자들은 구호소에서 식사뿐 아니라 입욕 같은 서비스도 받았다.[7] 12세기에 들어 도시와 상인 세력이 강해지자 그들도 다양한 자선활동에 참여하게 되었다. 일종의 구제활동의 민영화로 볼 수 있다.

순례자는 노상에서 도적을 맞거나 강도에게 습격을 당하거나 심지어 목

---

7) 현존하는 비아 프란치제나 호스피스 중에서 가장 기억에 남는 곳을 꼽으라면 서기 962년 세워진 스위스 알프스의 그란-산-베르나도 호스피스를 들 수 있겠다. 해발 2,473m 그란-산-베르나도 고갯길 정상에 위치하고 있으며, 지금도 비아 프란치제나를 여행하는 순례자와 일반 하이커를 대상으로 연중 숙박 서비스를 제공하고 있다.

숨을 잃는 경우도 있었다. 이러한 위협으로부터 순례자의 보호와 구호를 목적으로 종교기사단이 나서게 되었다. 종교기사단은 성직자의 자격을 가지면서 기사로서 전사의 역할을 수행하는 집단이다. 호스피탈 기사단이라고 불리는 종교기사단은 원래 구호소[8]에서 발단된 종교적 구제집단이었으나 순례자에 대한 호위를 추가하여 무력 집단이 되었다. 종교기사단에는 성요한기사단, 성전기사단, 튜튼기사단, 성묘기사단 등이 있었다.

성지로 향하는 순례자들은 집단으로 움직이거나 상단과 동행하는 방식으로 자신의 신변을 도모하였고 짐꾼의 도움을 받기도 하였다. 지방 당국은 강도로부터 순례자를 포함하여 여행자들을 보호하기 위해 적극 개입하였다. 중세 후기에 들어 여흥과 향연이 순례여행의 중요한 행사로 자리잡을 정도로 변질되었고 순례자들 사이에 음탕한 생활이 공공연하게 이루어졌다(Rowling, 1971). 이는 영적인 시간과 세속적 시간은 종종 연결될 수도 있음을 보여주는 예라고 볼 수 있다(Goeldner and Brent Ritchie, 2009).

기독교 순례는 비잔틴 시대에 번성하기 시작했다. 그것은 신약성서에 언급된 곳을 찾아가는 것으로 소위 성지(Holy Land)라 부르는 예루살렘의 성소 참배를 가장 으뜸으로 여겼다. 그러나 거리가 멀고, 비용도 많이 들고, 종종 위험하기까지 해서 소수의 사람들만이 여행할 수 있었다. 예루살렘을 방문한 순례자들은 귀환길에 기념으로 종려나무 가지를 얻어 갔다고 한다. 이슬람 세력의 득세로 예루살렘으로 가는 순례길이 탄압과 박해로 막히자, 순례자들은 로마로 발길을 돌렸다. 로마는 예수의 제자 성 베드로와 성 바울의 무덤이 있는 곳이다. 순례자들은 귀환길에 성 베드로를 상징하는 열쇠를 기념으로 가져갔다고 한다. 다음으로 잘 알려진 곳이 스

---

8) 지금도 비아 프란치제나 프랑스 구간의 모흐멍(Mormant)에 가면 당시의 구호소 건물을 볼 수 있다.

페인의 북서부 갈리시아 지방에 있는 산티아고 데 콤포스텔라(Santiago de Compostela) 대성당이다. 이곳은 예수의 열두 제자 중에서 제일 먼저 순교한 성 야고보(Saint James)의 무덤이 있는 곳이다, '성 야고보의 길'(Camino de Santiago)이라고 부르는 이 길은 로마 순례길에 비해 상대적으로 경비가 적게 들어 순례자들이 선호했다. 이곳에서 순례자들은 여행의 안전을 기원하는 의미로 가리비 조개껍질을 몸에 지니고 다녔다. 이밖에 유명한 성지로 프랑스의 몽 생 미셸, 이탈리아의 아시시 등이 있다.

역사적 관점에서 볼 때 중세의 순례 등장은 여행 동기에 종교적 이유가 추가되는 계기가 되었다. 로마사회의 부유층은 여름 휴양지를 소유하고 도시의 더위를 피하고 많은 음식과 음주가 특징인 사교 생활을 즐기기 위해 휴가를 떠났다(Casson, 1974; Wolfe, 1967). 로마가 안정기에 접어들자 시민들은 장거리 여행에 관심을 가지게 되었고 이집트의 유적지를 방문하고 그곳에서 기념품을 수집하는 것이 당시 사회적으로 인정받는 휴가였다(Anthony, 1973). 로마시대는 일상탈출, 사회적 교류, 사회적 비교와 같은 동기가 유행했다면 중세는 성지순례의 등장으로 진지한 여행 동기를 더한 것으로 볼 수 있다(Goeldner and Ritchie, 2009). 중세 순례는 삶의 활동으로서 여행의 중요성을 일깨웠으며, 순례자는 성지방문을 통해 오래 지속되는 정신적 혜택을 받을 수 있다는 생각을 갖게 해주었다. 중세 순례가 남긴 유산은 정신적 체험을 추구하는 현대 여행자의 동기를 이해하는 데 중요한 의미를 갖는다.

4. 슬로우 투어리즘

우리는 빠른 속도의 삶과 바쁜 시간에 쫓기는 일상이 특징인 글로벌 문화의 시대에 살고 있다. 그러나 어떤 사회에서는 느린 삶의 방식이 현실적으로든 인식적으로든 실천되고 있으며, 빠른 속도의 생활에 갇힌 사회로부터 부러움의 대상이 되기도 한다. 이를 두고 Honore(2005)는 '느림'이 서구 문화에서 빠른 소비를 장려하는 사회적 구조에 도전하는 반문화적인 시각으로 진화하고 있다고 설명한다. 느림은 특히 빠른 속도를 중시하는 국가에서 매력적인 개념으로 여겨질 수 있으며, 일상생활의 스트레스와 압박에 대한 저항적 반응이라 할 수 있다. 이러한 관점은 이전에 느림과 연결된 부정적 해석과는 거리가 멀며, 어떤 사람들에게는 현대 주류의 가치 체계에 도전하는 대안적 가치 체계를 표현하는 메커니즘으로 간주된다.

삶의 속도에 대한 문화적 가치 변화의 맥락에서 세계적으로 성공한 슬로우 운동(Slow Movement)을 꼽으라면 단연 슬로우 푸드(Slow Food) 운동을 들 수 있다. 이탈리아에서 시작한 슬로우 푸드는 음식의 즐거움과 책임감, 지속 가능성, 자연과의 조화 등을 주장하는 풀뿌리 운동이다. 1986년 이탈리아 로마의 스페인광장(Piazza di Spagna)에 맥도날드가 입점하였다. 음식에 관한 자부심이 대단한 이탈리아에, 그것도 로마 한복판에 미국의 패스트푸드가 들어오자, 배우와 지식인들이 항의의 표시로 광장 한가운데 식탁을 설치하고 파스타와 와인으로 점심을 먹으며 독특한 시위를 펼쳤다. 이후 보다 영속적으로 항의를 이어가기 위해 같은 해 음식 및 와인 작가인 카를로 페트리니(Carlo Petrini)와 그의 동료 이탈리아 미식가들이 아르시 골라(ARCI Gola)라는 미식가 협회를 결성하였고, 나중에 슬로우 푸드로 명명하였다. 1998년 슬로우 푸드 운동의 공동 설립자이자 시인 폴코 포르티나리(Foloco Portinaru)는 슬로우 푸드 선언문을 작성하고 15개국 대표들이 발표하고 서명함으로써 국제 슬로우 푸드 운동(International Slow Food Movement)에 목소리를 내기 시작했다.

오늘날 슬로우 푸드는 160개국에 위치한 1,500개의 지부에 10만 명

이상의 회원을 보유한 글로벌 비영리 단체로 성장했으며, '좋은 음식의 즐거움과 지역사회 및 환경에 대한 결의를 연결'하고 있다고 스스로를 정의하고 있다. Lowery and Back(2015)은 슬로우 푸드 운동의 가장 중요한 목표는 정치적 활동이라고 평가하였다. 국제 슬로우 푸드 운동의 정치적 성격은 슬로우 푸드 선언문과 슬로우 푸드 운동이 취하고 장려하는 수많은 이니셔티브와 활동에서 분명하게 드러나고 있다. 슬로우 푸드의 음식에 대한 기준으로 지역에서 생산된 풍미 가득한 제철식단, 환경과 건강에 해를 끼치지 않는 식품 생산과 소비, 합리적 가격과 소규모 생산자에게는 공정한 조건과 대가 지급 등을 내세우고 있다. 슬로우 푸드의 국제적 활동은 슬로우 시티 운동(Slow City Movement)의 원동력으로 작용하였다. 이 운동은 슬로우 푸드의 철학을 지방자치단체로 확대하여 도시 운영의 다양한 측면에 슬로우 원칙을 적용하는 것이다. 1999년 카를로 페트리니 슬로우 푸드 회장이 이탈리아 4개 도시 브라(Bra), 그레베(Greve), 오르비에토(Orvieto), 포지타노(Positano) 등의 시장들과 의기투합해서 결성했다. 현재 30개국, 288개 도시가 가입되어 있으며, 우리나라도 15개 시군이 활동하고 있다.

슬로우 푸드와 슬로우 시티의 성공은 일상생활에서 적어도 느림이 가져다주는 이점에 대한 사회적 인식을 증가시키는 계기가 되었다. 곧이어 느림의 개념이 관광 부문에도 접목이 되었고 가장 먼저 이탈리아에서부터 슬로우 투어리즘이 구체화되기 시작하였다. 이 점에서 슬로우 투어리즘은 슬로우 푸드 운동의 파생물이자 그와 불가분의 관계에 있다고 볼 수 있다. 슬로우 투어리즘은 느린 속도를 중시하고 여행 자체를 즐기며 현지 관광 및 문화와 연결되는 것을 중요시한다는 점에서 기존 관광 시스템과 구별된다(Clancy, 2014). 또한 지역주민과 지역문화에 대한 존중과 관광지에서의 풍부하고 진정성 있는 경험을 통해 환경 및 사회문화적 지속 가능성을 강조한다.

Dickinson & Lumsdon(2010)은 슬로우 투어리즘의 핵심 요소로 2가지 측면을 강조하였다. 첫째, 경험적(Experiential) 요소로 진정성 있고 깊고 느린 경험을 지목하였다. 체화된 경험, 즉 피상적인 휴가 경험이 아닌 실제적이고 근거가 있는 휴가 경험을 언급하였다. Hodgkinson(2012)은 슬로우 투어리즘을 일상에서 탈출이라기보다 장소, 사람 및 지역 문화에 적극적으로 참여하기 위한 선택으로 표현하였다. 자신이 있는 곳을 탐색하고 경험하고 생각할 시간을 갖는 것이다. 여기에 현대문명의 이기(利器)로부터 자신을 분리하는 것도 포함된다. 둘째, 환경(Environmental)적 요소로 휴가 목적지에 도달하기 위한 이동을 포함하여 휴가 기간 탄소 소비를 줄인다. 본질적으로 느린 속도의 관광은 더 지속 가능하며, 덜 활동하고, 덜 소비하고, 더 적은 자원을 사용하고 더 적은 영향을 생성하는 경향이 있다.

Caffyn(2018)은 3가지 요소를 추가하였다. 첫째, 슬로우 투어리즘은 윤리를 중요하게 생각한다. 이것은 관광 상품을 만들고 팔 때 어떤 사람이 혜택을 받는지를 고려한다는 것이다. 슬로우 투어리즘은 공정한 임금과 고용 조건을 제공하고, 현지에서 만든 상품과 서비스를 장려하며, 지역 커뮤니티에 도움을 주려고 노력한다. 이를 위해 지역 사회와 협력하고, 경제적으로 지역 외부로의 자금 유출을 최소화하려고 노력한다는 것이다. 둘째, 슬로우 투어리즘은 여행 경험과 더불어 여행자의 건강과 웰빙에도 주의를 기울인다. 슬로우 투어리스트(Slow Tourist)는 산책, 맛있는 식사, 자연 감상 등으로 소소한 즐거움을 찾고, 휴가를 통해 스트레스 해소와 정신 건강을 증진시킨다.

셋째, 슬로우 투어리즘 참여자는 대중적인 관광을 멀리하고 기존 여행의 관행을 따르지 않는 비규범적(Non-conforming) 태도를 보인다. 그들은 친구나 가족들과 구별되는 독특한 경험을 선택하여 즐기며, 소규모 사업자와 지역 비즈니스를 지원하고, 대기업과 체인호텔 대신 주로 공유숙박(예, B&B)과 같은 경로를 통해 여행을 계획한다.

슬로우 투어리즘은 기존의 관광을 근본적으로 변화시키는 데 도움이 되는 잠재력을 갖고 있다. 우선 환경에 미치는 영향을 줄일 수 있다. 예를 들어 걷기, 자전거 타기, 승마, 마차 등 탄소 배출이 없는 이동수단을 이용하거나, 기차, 버스, 코치, 페리 등 승객 1인당 탄소 소비량이 상대적으로 적은 교통수단을 장려하기 때문이다. 다음으로 지역사회에 추가적인 경제적 가치를 창출할 수 있다. 예를 들어 현지인이 운영하는 공유경제(예, 공유주택, 게스트 하우스, 공유차량, 식사 공유 사이트 등)로부터 이익을 얻을 수 있다. 슬로우 투어리스트는 전통적인 관광객에 비해 체류기간이 길기 때문에 지역 문화와 음식 경험에 더 많은 시간을 할애하여 결국 지역경제 활성화에 도움을 줄 수 있다. 끝으로 슬로우 투어리즘이 성장하면 가치관의 변화와 새로운 사회적 규범이 등장할 것이다. 이러한 변화는 전통적인 관광객에게 보다 더 지속 가능한 관광을 향한 대안적 접근과 관행을 선택하도록 장려하는 자극제 역할을 할 수 있다.

5. 비아 프란치제나 순례자의 탐구

순례는 중세의 관행이었지만 현대사회에서는 빠른 삶의 압박으로부터 일시적인 탈출이나 개인의 성찰과 쇄신, 성장을 촉진하는 수단으로 주목을 받고 있다. 지금도 세계 곳곳에서 순례의 변형된 버전이 활발하게 나타나고 있다. Behara(1995)는 '모든 문화에는 원형적 탐구가 존재하며, 모든 시대에서 이러한 탐구는 그 문화의 더 높은 가치를 구현하는 장소로의 여행으로 표현되어 왔다'고 지적하였다. 즉 인간은 순례와 같은 여행을 통해 자신의 이상에 대한 가시적인 상징을 추구한다는 것이다. Morinis (1992)는 순례는 '가치 있는 이상을 구현한다고 믿는 장소나 상태를 찾아 떠나는 여행'으로 순례의 전통적인 개념의 경계를 확장시켰다. 오늘날 순례의 개념은 더 이상 종교적 관습의 영역에 국한할 필요가 없고 다양한 형태의 여행을 포괄할 수 있음을 의미한다. 박물관, 역사유적지, 조상의 고향, 문화행사, 작가나 유명인의 생가 및 묘지(Campo, 1998; Dubisch, 2004), 마추픽추, 델파이 같은 세계문화유산이나 히말라야의 장엄한 풍경(Arellano, 2007; Preston, 1992; Singh, 2005)도 순례의 대상이 될 수 있다는 것이다.

특정 목적지로 가는 것이 순례의 주요 목표라고 볼 수 있지만, 실제로 많은 순례자들에게 내면적인 변화를 촉진하는 것은 여행 행위 그 자체이며, 도착은 때로 기대에 미치지 못할 수도 있다(Frey, 1998). 자신에게 가치 있는 이상을 찾는 여행이 의미 있고 진정성 있게 느껴지려면 단순히 관찰하고 흡수하는 것만으로는 충분하지 않으며, 보다 진지하고 깊이 있는 경험이 필요하다. 이러한 경험을 만들기 위한 가장 중요한 요소는 무엇보다도 느림이라는 시간이다(Howard, 2012). 역사적인 관점에서 오늘날의 슬로우 투어리즘은 자신의 신을 찾는 느린 여행인 중세의 순례, 느린 교통수단을 활용해서 다양한 장소와 문화를 천천히 탐구했던 근대 유럽인의 그랜드 투어(Grand Tour),[9] 긴장을 해소하고 건강을 즐겼던 고대 로마인의 스파 관광 등과 '느림'이라는 공통점이 있다.

최근 들어 중세 순례길을 찾는 도보여행자가 급격하게 증가하고 있고, 순례가 슬로우 투어리즘의 전형적인 예시로 자리 잡고 있음에도 불구하고

9) 그랜드 투어는 17세기 중반부터 영국을 중심으로 유럽 상류층 자제들이 사회에 나가기 전에 프랑스나 이탈리아를 돌아보며 문물을 익히는 여행을 일컫는 말이다.

순례여행에 관한 실증적 연구는 그리 많지 않다. 더군다나 현대의 순례자를 이해하는 데 도움이 될 만한 연구는 흔하지 않다. 저자는 비아 프란치제나를 여행하면서 여러 유형의 순례자를 만나 이들과 순례여행에 대해 다양한 주제로 깊이 있는 대화를 나누었고 이들의 여행 방식과 행동을 가까이서 관찰할 수 있는 기회도 있었다. 이를 통해 알아낸 몇 가지 특징을 소개하면 다음과 같다.

비아 프란치제나 순례자는 목적지 로마까지 이어진 트레일(Trail)에서 벗어나지 않고 이동하는 장거리 도보여행자다.[10] 이들의 일과는 아침에 일어나 20~30Km 정도 떨어진 다음 숙소까지 걷고 식사하고 자는 것이 전부인 단순한 생활의 연속이다. 혼자 또는 둘이서 다니는 사람이 많았고, 20대부터 70대까지 다양한 연령대를 보였으며, 서유럽과 북미지역에서 온 사람들이 대부분이었다. 순례자들은 '순례자 여권'이라 불리는 크리덴셜(Credential)을 소지하고 방문하는 곳마다 방문 스탬프를 찍어 모으는 데 열심이었다.

순례자들은 여행사를 통하지 않고 본인이 직접 여행 계획을 세우고 준비하며, 장기 여행인 점을 감안해서 일정을 느슨하게 짜는 편이었다. 특별한 경우를 제외하고 호텔에 숙박하지 않으며, 성당이나 수도원, 순례자 숙소, B&B, 빌라, 팜스테드, 유스호스텔, 캠핑장 같은 곳에 머문다. 대부분 현지인이 운영하는 식당이나 소매점을 이용하고 간혹 기차나 시외버스를 이용하는 모습도 볼 수 있었다.

이들은 순례를 통해 무엇을 얻을 것인지 분명한 목적이 있었다. 순례길에 오른 이유에 대해 새로운 경험이나 생활의 변화, 도전정신, 성취감 등

---

10) Dickinson and Lumsdon(2010)은 이처럼 걷기가 목적인 휴가를 워킹 홀리데이(Walking Holiday)라 불렀고, 이들을 스루 워커(Thru-walkers) 또는 장거리 워커(Long-distance walker)로 칭하였다.

을 꼽는 사람들이 많았다. 자신의 삶에 과도기를 맞아 내면의 변화를 촉진하는 여행을 기대하고 온 사람도 있었다. 새로운 사람과 만남을 기대하고 왔다는 여성 순례자도 여럿 있었다. 길을 걸으면서 풍경을 즐기는 것이 주된 이유라고 말하는 순례자도 많았다.

순례자들은 국적에 상관없이 낯선 순례자들과 어울리며 함께 경치와 사진 촬영을 즐기고 문화유산을 둘러보는 등 격의 없이 지내는 편이다. 길에서 순례자들을 만나면 서로 안부를 묻고 여행정보를 전해주기도 하고 간식을 나누기도 한다. 낮시간 동안 각자 따로 이동하지만 하루 일정이 끝나면 함께 모여 식사를 하며 즐거운 시간을 보내기도 한다.[11] 저자가 만난 순례자 대부분은 장기 도보여행의 유경험자들이었고 일부는 정기적으로 도보여행을 떠난다고 했다.[12] 이들은 여행이 자신의 생활에서 중심을 차지하고 있으며, 순례여행에서 겪은 다채로운 체험은 그들의 삶 속에 소중하고 오래 지속되는 정신적 자산으로 여기고 있었다.

6. 결론

이 글은 중세길 비아 프란치제나를 우리나라에 소개하고 이 길을 여행하는 현대의 순례자들을 이해하는 데 도움을 주기 위해 마련되었다. 비아 프란치제나는 중세를 통틀어 교역과 군사 이동이 활발하게 이루어졌던 길이었고 특히 성 베드로의 무덤을 찾아 로마로 향하는 순례자들이 가장 빈

11) 대도시를 찾는 배낭 여행자들(Backpackers)이 주로 일행 위주로 어울리는 것과는 상당히 대조된다.

12) 이는 슬로우 투어리스트에게 여행단계의 종료는 회상이나 기억이 아니라 미래의 슬로우 투어리즘을 실천하는 출발점이라는 Dickson & Lumsdon(2010)의 주장이 실감나게 하는 대목이다.

번하게 왕래하던 길이었다. 근래 들어 서구권 도보여행자들의 발길이 늘어나면서 느린 속도의 관광과 진정성 있는 경험과 현지에서의 지속가능성을 강조하는 슬로우 투어리즘의 여정으로 다시 태어나게 되었다. 현대인들이 비아 프란치네나를 다시 걸을 수 있게 된 것은 영국 캔터베리 대성당의 주교 시게릭의 공이 컸다. 서기 990년 그가 로마여행을 마치고 남긴 기록은 베일에 가렸던 중세길의 퍼즐을 맞추는 데 결정적인 역할을 하였고, 이 때문에 비아 프란치제나를 '시게릭의 루트'라 칭하기도 한다.

비아 프란치제나 순례자들은 여행방식과 행동에서 몇 가지 특징을 보여주었다. 이들의 여행은 걷기가 주된 목적이다. 목적지에 도달하는 것이 여행의 목적이지만 실상은 길 위의 풍경 감상에 더 큰 의미를 두고 있었다. 이들은 일반 관광객과 달리 여행사를 이용하지 않으며, 여행 일정을 느슨하게 짜는 편이며, 호텔에 숙박하지 않고 주로 순례자 숙소나 공유숙박시설을 이용하였다. 여행의 동기로 새로운 경험이나 생활의 변화, 도전정신, 성취감 등을 꼽는 사람들이 많았다. 또한 새로운 사람과의 만남이나 내면의 변화를 기대하고 온 사람도 더러 보였다. 길에서 만난 낯선 여행자들과 함께 경치와 사진촬영을 즐기며 문화유산을 들러보는 등 친하게 지내는 모습을 볼 수 있었다. 순례여행의 유경험자들이 많았고 과거에 다녀온 여행에 대해 긍정적으로 평가하였다.

비아 프란치제나는 프랑스의 쥐라(Jura), 스위스의 알프스, 이탈리아의 아펜니노 등과 같은 험준한 산도 포함하고 있어, 끝까지 완주하는 데 육체적 도전이 요구되는 트레일이다. 현대인은 중세의 순례자에 비해 길 위에서 위험과 고난은 덜 마주치겠지만, 먼 길을 걸어가는 동안 각고의 노력을 기울여야 하는 것은 예전과 마찬가지다. 뿐만 아니라 목적지에 도착했을 때 얻는 성취감이나 만족감도 그때나 지금이나 별반 차이가 없을 것이다.

순례자는 다양한 경험을 할 수 있다. 내면의 성찰과 변화를 찾을 수 있으며, 길 위의 문화유산을 발견할 수 있으며, 중세의 순례자처럼 종교적 신앙심을 채울 수도 있다. 자연 경관이나 사람들이 사는 풍경을 감상할 수 있고 높은 산을 오르내리며 체력단련도 할 수도 있다. 다국적 순례자들과 어울리며 서로의 문화를 이해하고 우정을 나눌 수 있다.

영국과 프랑스, 스위스, 이탈리아 등 4개국을 차례로 지나면서 자연과 역사, 건축, 예술, 음식, 와인, 사람이 사는 풍경 등을 비교 감상하는 묘미를 맛볼 수 있다. 뿐만 아니라 중세풍의 거리나 건축물이 남아있는 이탈리아의 토스카나와 라지오에 있는 고도(古都)를 지날 때면 마치 시공간을 넘나드는 듯한 착각을 불러일으키게 해준다. 이는 다른 곳에서 느낄 수 없는 비아 프란치제나만이 주는 잔잔한 감동이 아닐까 생각한다. 가까운 장래에 우리나라 슬로우 투어리스트에게 인기 있는 여행 코스로 정착되기를 기대해 본다.

이케가미 쇼타 저, 이은수 역, 『중세 유럽의 문화』, 에이케이커뮤니케이션즈, 2018.

Anthony, I., *Verulamium*, UK: Wood Mitchell, 1973.

Arellano, A., *Religion, Pilgrimage, Mobility and Immobility Religious Tourism and Pilgrim Management: An International Perspective*, Wallingford: CABI, 2007.

Behara, D. K., "Pilgrimage: Some Theoretical Perspectives", *Pilgrimage: Concepts, Themes, Issues and Methodology*, M. Jha (eds), New Delhi: Inter-India Publications, 1995.

Caffyn, A., "The Slow Route to New Market", *Tourism Insights September 2009*, VisitBritain, London, 2009.

Caffyn, A., "Slow Tourism", *Special Interest Tourism: Concepts, Context and Cases*, Agarwal, Busby and Huang (eds), CAB International, 2018.

Campo, J. E., "American Pilgrimage Landscapes", *Annals of the American Academy of Political and Social Science* 558, 1998, pp. 40-56.

Casson, L., *Travel in the Ancient World*, London: Allen and Unwin, 1974.

Clancy, M., "Slow Tourism: Ethics, Aesthetics and Consumptive Values", *Managing Ethical Consumption in Tourism*, C. Weeden, and C. Boluk (eds), Abingdon: Routledge, 2014.

Dickinson, Hanet and Les Lumsdon, *Slow Travel and Tourism*, Earthscan, NY, 2010.

Dubisch, J., "Heartland of America: Memory, Motion and the Reconstruction of History on a Motorcycle Pilgrimage", *Reframing Pilgrimage: Cultures in Motion*, S. Coleman and J. Eade (eds), New York: Routledge, 2004.

Ferraris, Roberta, Luciano Callegari, Simone Frignani, *The Via Francigena, Terre di Mezzo*, 2018.

Frey, N., *Pilgrim Stories: On and Off the Road to Santiago*, London: University of California Press, 1998.

Gallard, Babette, *The LightFoot Companion to the Via Francigena*, Pilgrim

Publications, 2019.

Goeldner, Charles M. and J. R. Brent Ritchie, *Tourism: Principles, Practices, Philosophies, Eleventh Edition*, John Wiley & Sons, Inc., 2009.

Hodgkinson, T., "Introduction to Kieran D.", *The Idle Traveller*, AA Publishing, Basingstoke, UK, 2012.

Honore, C., *In Praise of Slowness, Challenging the Cult of Speed*, San Francisco, C.A: Harper, 2005.

Howard, Christopher, "Speeding Up and Slowing Down: Pilgrimage and Slow Travel Through Time", *Slow Tourism: Experiences and Mobilities*, Fullagar, Markwell and Wilson (eds), British Library Cataloguing in Publication Data, 2012.

Lowry, L. L. and R. M. Back, "Slow Food, Slow Tourism, and Sustainable Practices: Conceptual Model", *Sustainability, Social Responsibility, and Innovations in Hospitality Industry*, H. G. Parsa and V. Narapareddy (eds), Publisher: Apple Academic Press, 2015.

McGrath, Peter and Richard Sharpley, "Slow Travel and Tourism: New Concept or New lable?", *Slow Tourism, Food and Cities: Place and the Search for the Good Life*, Michael Clancy (ed), Routledge, 2018.

Morinis, A., *Sacred Journeys: The Anthropology of Pilgrimages*, Westport, CT: Greenwood Press, 1992.

Preston, J., "Spiritual Magnetism: An Organizing Principle for the Study of Pilgrimage", *Sacred Journeys: The Anthropology of Pilgrimage*, A. Morinis (ed), Westport, CT: Greenwood Press, 1992.

Rowling, M., *Everyday Life of Medieval Travellers*, London: B. T. Batsford, 1971.

Singh, S., "Secular Pilgrimages and Sacred Tourism in the Indian Himalayas", *GeoJournal* 64, 2005, pp. 215-223.

Wolfe, R. I., "Recreational Travel: The New Migration", *Geographical Bulletin*, Vol. 2, 1967, pp. 159-167.

건강관광과 독일의 쿠어오르트

정진성

건강과 관광을 접목시킨 건강관광(health tourism) 산업은 세계적으로 매우 활성화되어 있으며 국내에서도 웰니스 관광지를 선정하여 의료관광 유치기반뿐만 아니라 해양치유 관광산업 활성화를 위한 사업을 추진하고 있다. 유럽의 건강관광에 관한 개념 중에서 특히 독일어권에서 사용되는 용어인 '쿠어(Kur)'를 접목한 관광은 18/19세기를 거치면서 유럽 특유의 휴양 및 관광문화를 구축하는데 기여하였고, 현재까지 전 세계에 영향을 미치고 있다. 건강관광은 국내에서도 가능하며 실제 건강관광을 통해 질병예방과 건강증진 효과를 누릴 수 있기 때문에 공공보건시스템의 한 축으로 성장할 수 있는 잠재력이 있다. 최근 들어 충남 태안, 경북 울진, 전남 완도, 경남 고성 등 4개 지자체에 쿠어오르트 모델을 참고하여 해양치유센터를 설립하고 있다. 그러나 아직 국내에서는 쿠어오르트 자체에 관한 연구가 거의 없는 실정이며 관련 용어가 비교적 생소하며 통일된 개념이 없다 보니 건강관광, 헬스투어리즘, 헬스관광, 의료관광, 치유관광, 웰니스관광, 휴양관광 등으로 다양하게 사용되고 있다.

1. 건강관광

국제연합(UN)에서는 전 세계 관광산업의 현황분석과 통계자료 수집을 위해 관련 용어의 정의를 두고 있다. 이에 의하면, '여행(travel)'은 여행자의 활동을 의미하며, '여행자(traveler)'는 목적과 기간에 상관없이 지리적으로 다른 장소를 이동하는 사람을 말한다. '방문자(visitor)'는 사업, 레저 또는 기타 개인적인 목적으로 일상적인 환경에서 벗어난 목적지로 1년 미만의 기간 동안 여행을 떠나는 여행자를 말하며, 방문한 국가에 고용을 목적으로 한 이동은 제외된다. '관광(tourism)'은 이러한 방문자의 여행활동을 의미한다. 즉, 가장 광의의 개념은 여행이고, 관광은 여행의 일부분에 속하며, 방문자는 여행자의 일부분에 속하는 개념이라 볼 수 있다. 방문자는 다시 '관광객(tourist)'과 '당일 방문자(excursionist)'로 나누어지는데, 관광객은 1박 이상 체류하는 방문자, 당일 방문자는 24시간 이내 체류하는 방문자를 말한다.

이를 종합해 보면, 관광은 국내 혹은 해외에서 일반적으로 연속 1년 이하의 제한된 기간 동안 일상적인 환경을 떠나 외부 장소를 여행하고 목적지에 머무는 활동을 의미한다고 볼 수 있다. 또한 관광은 휴식, 휴양, 의료, 모험, 교육, 자연체험, 스포츠 및 문화적 체험을 목적으로 한 사람들의 개별적 혹은 단체적 활동의 의미로 사용되기도 한다. 이러한 기준에서 보면 건강관광은 건강을 목적으로 한 사람들의 개별적 혹은 단체적 활동으로 정의할 수도 있다.

건강관광은 '자신이 속한 환경과 사회의 일원으로서 자신의 욕구와 기능을 더욱 잘 만족시키는 능력을 증대시키기 위해, 의료와 웰니스에 기반한(wellness-based) 활동을 통해 신체적, 정신적, 영적건강에 기여하는 동기를 가진 관광유형을 포함하는 개념이며, 웰니스관광과 의료관광이 이에 속한다고 설명하고 있다. 즉, 건강관광은 웰니스관광과 의료관광을 모두 포함하는 개념임을 알 수 있다.

이 중, 웰니스관광은 인간의 신체적, 정신적, 정서적, 직업적, 지적, 영적 생활의 모든 영역을 개선하고 균형을 맞추는 것을 목적으로 하는 관광활동으로 정의하고, 웰니스 관광객의 주된 동기는 건강, 건강한 식사, 휴식, 편안함, 치유라고 설명하고 있다. 의료관광은 근거중심의학(evidence-based medical)에 기반한 의료자원과 서비스를 이용하는 관광활동으로, 진단, 처치, 치료, 예방과 재활서비스를 포함하는 개념으로 설명하고 있다.

이상의 개념을 종합하여 건강관광을 '신체적, 정신적, 사회적 안녕을 위하여 이용자가 의식적으로 특별한 목적지에서 능동적 또는 수동적으로 다양한 형태의 치유 지원을 통하여 질병예방과 치유, 건강의 회복을 누리고 차후관리를 통하여 기분전환을 목표로 하는 관계와 현상의 총체'라고 정의하기도 한다.

독일보양온천협회(DHV)와 독일여행협회(DTV)도 비슷한 견해를 가지고 있는데, 이들은 건강관광을 '상당한 기간 동안 개인이 익숙한 삶의 영역 밖의 장소로 이동하여 체류함으로써 체류지의 자연적 이점뿐만 아니라 스스로 선택한 활동과 의료 서비스의 이용을 통해 신체적, 정신적 또는 사회적 안녕을 유지, 증진 또는 회복시키기 위한 노력'이라고 정의하고 있다.

건강관광에서 여행자는 일상적이며 공무적인 환경에서 벗어난 장소에서 일시적으로 체류하면서 질병을 예방하고, 필요한 경우, 의료서비스를 통하여 개인에게 적합한 의료치료를 통하여 통증과 손상을 치유 받고, 더 나아가서 건강을 유지, 안정 또는 회복하는 것을 목적으로 한다. 이 체류기간 동안 여행자는 적극적으로 통합적인 의료 프로그램에 참여하고 제공된 시설을 이용할 의향을 가지고 있어야 한다.

이 외에도 독일에서는 휴양관광이라는 용어를 사용하고 있다. 독일관광협회와 독일보양온천협회에서는 '휴양(Erholung)'을 '일반적으로 과도하거나 불충분한 신체적 불균형 상태에서 몸과 마음이 스스로 회복되는 과정'으로 정의하고 있으며, 이는 생리학적으로 유기체의 자체 조절 능력에 기반한 저항 및 성능의 증가와 함께 진행되고, 회복 과정은 운동, 의식적인 영양 섭취 및 이완과 같은 표적 조치와 맞춤형 교육에 의하여 자연스럽게 긍정적인 영향을 받는다고 설명하고 있다.

즉 '휴양'이라는 단어 속에는 질병, 스트레스, 고민, 위기상황 등으로부터의 회복, 쉼, 사색, 재생, 재건, 기분전환 등이 강하게 포함되어 있다는 것을 알 수 있다. 휴양관광에서 여행자가 의료서비스를 제공받을 수도 있지만, 일반적으로 휴양관광의 주요 동기는 의학적 측면이 아니라 휴식과 기분전환으로 볼 수 있다.

휴양관광은 엄밀히 따지면 주거지를 떠나 먼 곳에서 기분전환과 스트레스 해소를 위하여 일터와 상관없는 곳으로의 이동 및 체류로 이해되지만, 당일 도심지 역사 및 문화투어, 쇼핑, 연극이나 영화 혹은 콘서트 관람 등도 휴양관광에 속한다. 종합적으로 휴양관광은 여가, 쉼, 재활, 오락을 목적으로 하므로 비즈니스관광과는 구별된다. 주거지에서의 여가활동, 즉 퇴근 후 집 앞 산책, 수영장 방문, 퇴근하여 보내는 자유시간, 식사, 수면 등도 휴양관광으로 볼 수 없다. 이런 측면에서 휴양관광은 의료관광이 아니라 웰니스관광의 영역에 속하는 특징을 가지고 있다.

2. 쿠어와 쿠어오르트

쿠어는 18세기에 등장한 용어로서, 돌봄, 보살핌, 관리라는 뜻을 가진

라틴어 'cura'에서 파생된 단어이다. 초기에는 토양, 물, 기후 등 자연자원을 이용하여 질병을 예방 및 치료하는 의미로 사용되었으며, 19세기 후반에 독일에서 사회복지제도가 구축되면서 예방과 재활을 담당하는 의료시스템을 뜻하는 단어로 사용되고 있다. 독일보양온천협회는 쿠어가 의료진이 주도하는 만성질환·통증 및 질병에 대한 관리 혹은 보살핌을 의미하고 이는 예방-치료-재활의 통합적 개념이며, 각 개인의 특성에 따라 장기적 건강 프로그램의 틀 안에서 다루어지며 장소 및 환경적 변화와도 연결이 된다고 설명하고 있다.

쿠어의 예방-치료-재활 과정에서는 '장소의 이동'이 매우 큰 비중을 차지하고 있다. 쿠어 이용자는 서비스의 이용을 위해 일상적인 사회적, 직업적 환경에서 벗어나 본인의 주거지로부터 떨어진 장소 또는 지역으로 이동하기 때문에 의료 전문가의 지원으로 회복 과정에만 전념할 수 있고 이로 인해 회복과정을 단축시킬 수 있다는 것이다.

이 때문에 쿠어를 '예방-치료-재활을 위해 건강의 회복을 목적으로 하는 사람들이 거주지에서 이동하는 여행을 통하여 발생하는 관계 및 현상의 총체'라고 정의하기도 한다. 쿠어를 통하여 원하는 결과를 이루기 위해서는 일반적으로 3~4주 동안 쿠어 서비스를 제공하는 장소에 머물면서 예방-치료-재활 서비스를 받기 때문에 넓은 의미에서 건강관광에 속한다고 볼 수 있다.

쿠어의 또 다른 관련 기능은 토양, 기후 및 바다의 자연 요법을 사용하는 것으로서 학제 간 및 전체론적 접근이 가능하고, 약물치료 외에 심리치료, 식이요법, 운동치료 등을 통하여 몸, 마음, 영혼의 상호작용에 영향을 미친다는 것이다. 또한 쿠어시설에는 민간, 고전 및 현대 치료법과 그 적용에 대해 잘 알고 있는 최소한 한 명의 쿠어 혹은 목욕의사(Kur-oder Badearzt)가 상주하여 쿠어 이용객을 치료기간 동안 지정한 장소에서 관리하고 감독해야 한다.

쿠어오르트는 '쿠어(Kur)'와 장소, 지역을 뜻하는 '오르트(Ort)'의 합성어로서, 인간의 질병을 치료, 완화 또는 예방하기 위한 특별한 자연 조건(토양, 바다 및 기후의 자연 요법)을 활용하여 다양한 치료종류를 실행하기에 적합한 지역으로 정의할 수 있다. 쿠어서비스를 받기 위해 이용자가 서비스제공 장소인 '쿠어오르트(Kurort)'로 이동한다는 점에서 쿠어관광은 건강관광을 특징을 가지고 있다.

독일에서 쿠어오르트의 품질기준과 시설인증은 독일관광협회와 독일보양온천협회가 담당하고 있다. 쿠어오르트 인정을 받기 위해서는 다음 4가지 요건 중 하나를 만족시켜야 한다. 첫째, 광천/온천 및 진흙요법이 가능해며, 해당 요법은 과학적으로 입증된 토양의 자연요법과 치료법이어야 한다. 광천/온천은 약용수 기준을 만족시켜야 하고, 진흙의 경우 퇴적물의 성분 기준을 만족시켜야 한다. 둘째, 치료적으로 적용 가능하고 입증된 생물학적 기후를 이용하는 기후요법이 가능해야 한다. 기후요법을 이용한 쿠어오르트는 일광욕 장소, 일광욕 잔디 또는 기후 치료시설과 함께 훈련된 기후요법 전문가를 보유하고 있어야 한다. 셋째, 해양보양욕 요법이 가능해야한다. 해양보양욕에는 해수치유욕장(Seeheilbäder)요법과 해수욕장(Seebaeder)요법이 포함되어 있다. 독일의 해변은 지리적으로 발트해와 북해 연안에 위치해있다. 해변지역이라 하더라도 쿠어오르트 인정을 받기 위해서는 해변에서 2km 이내에 위치해야 한다. 이 역시 해변의 기후와 해수의 의학적 기능이 증명되어야 하며, 해수욕을 위한 욕조 또는 공간 등 관련 시설이 기준에 부합되어야 하며, 전문직원이 상주해야 하고 숙박시설이 갖추어져야 한다. 넷째, 크나이프(Kneipp) 요법이 가능해야 한다. 크나이프 쿠어오르트로 인정받기 위해서는 물, 영양, 운동, 허브 및 삶의 질서 등 다섯 가지 요소의 상호작용에 기반한 치료가 가능해야 하며, 수치료사와 물리치료사 등이 상주해야 하고, 100개 이상의 침대가 있는 시설을 구비해야 한다.

상기 네 가지 기준의 만족 여부에 따라, 쿠어오르트는 보양온천(Heilbäder) 쿠어오르트, 기후요법 쿠어오르트, 해양치유 쿠어오르트, 크나이프 쿠어오르트 등으로 구분된다. 즉, 쿠어오르트는 리조트와 같은 건물을 지칭하는 단어도 아니고, 치료방법을 지칭하는 단어도 아니며, 치료방법, 치료지역, 치료시설을 모두 포함하는 매우 포괄적인 단어라는 것을 알 수 있다.

쿠어오르트는 각 이용객에게 방문목적에 맞는 서비스를 제공하기 위해 필요한 쿠어 공원과 쿠어 의료서비스센터와 숙박시설, 혼란스럽지 않은 교통체계, 친환경적 교통수단, 채식주의와 비건(vegan)들을 위한 특정한 식당과 여가 공간 등으로 구성되어 있으며, 국가적으로 공식인정을 받기 위한 다양한 품질기준이 충족되어야 한다.

독일에서 2000년부터 익숙한 쿠어 혹은 쿠어오르트라는 단어 대신에 '예방적/재활적 의료서비스'라는 사용하기가 불편한 용어가 사회적으로 뿌리를 못 내리고 있을 무렵, 미국에서는 웰니스라는 용어가 건강관광과 결합되면서 전 세계의 건강시장에 새로운 활력소를 제공하였다. 이후 독일에서도 웰니스에 관심이 높아지고 웰니스관광이라는 용어가 확산되었다.

웰니스(wellness)라는 용어는 미국에서 유래했으며, 모든 개인의 웰빙(well-being)은 신체적, 정신적, 영적 건강이 달성할 수 있는 이상적인 상태를 의미하며, 이 상태에 도달하기 위해서는 육체적인 측면뿐만 아니라 정신적, 영적, 사회적 요소들을 개선시키기 위해 노력해야 한다고 강조하고 있다. 따라서 웰니스는 개인이 할 수 있는 잠재력을 최대화시키는 통합적 기능과 방법으로 자신이 속한 환경 내에서 안정적인 균형을 잡으며 목적 있는 방향성을 유지할 것을 요구한다. 또한 몸과 마음과 영혼이 조화를 이루는 건강한 상태에 도달하기 위해서는 건강에 대한 개인의 자각,

건강 및 개인 관리, 건강한 영양, 휴식, 정신적 활동, 교육, 사회적 관계 및 환경까지 고려해야 한다고 주장하고 있다.

웰니스는 최적의 건강상태를 추구하고 있기 때문에 앞서 언급한 바와 같이 건강관광의 영역에 속한다. 웰니스관광에는 건강을 유지하거나 증진하는 주요 동기를 가진 사람들의 여행과 체류를 포함하며 각 개인에게 적합한 요소로 구성된 종합적인 서비스 패키지가 제공된다. 주요 서비스에는 피트니스, 바디 케어, 건강한 식생활, 휴식, 지적 및 영적 활동, 건강지식에 관한 교육 등이 포함되어 있다. 이러한 서비스들은 임상실험을 통한 과학적 근거에 의해 그 효과가 증명된 것이기 때문에 의료관광의 성격도 어느 정도 가지고 있다고 볼 수 있다.

독일 웰니스협회(DWV)의 보고서에 의하면 의료와 웰니스 중 어느 하나를 단독으로 사용하는 것보다, 이 두 가지를 통합적으로 사용하는 것이 더 많은 효과를 가져 올 수 있다고 한다. 이에 기반 한 '의료 웰니스관광'이라는 용어도 사용되고 있는데, 의료 전문지식을 기반으로 삶의 질을 향상시키고, 능동적이고 즐거운 건강한 생활 방식을 통해 자신의 건강을 증진시키고, 이미 존재하는 질병이 발견될 때는 의료전문가의 의료적 조치도 제공하는 관광을 의미를 담고 있다.

비록 UN에서는 건강관광을 의료관광과 웰니스관광으로 구분하고 있지만, 현실에서 이 두 가지가 혼용되어 있는 경우가 많기 때문에 완전히 구분하기란 힘들다. 그 대표적인 경우가 바로 독일의 쿠어라고 할 수 있다. 앞서 살펴보았듯이, 쿠어는 UN의 건강관광에 대한 정의가 있기 이전부터 의료관광과 웰니스관광에서 제공하는 서비스를 모두 제공하고 있었다.

독일에서 일반적으로 사용되는 쿠어라는 용어 안에는 수백 년 동안 전통적으로 내려오는 품질표준, 체계화된 법률 및 규정, 분류 등이 포함되어 있기 때문에 영어나 한국어로 번역되는 스파나 건강리조트와는 개념적으로 차이가 있다. 또한 의료서비스가 제공되기 때문에 웰니스와 휴양관광과도 차이가 있다. 즉, 독일의 쿠어오르트에서 제공하는 쿠어서비스는 의료와 웰니스의 의미를 모두 포함하고 있으며, 나아가 국가에서 보장하는 공공보건체계에도 속하는 매우 특이한 개념이다.

3. 쿠어오르트의 발전과 특성

건강에 긍정적인 영향을 주는 자연자원이 있는 장소로 이동하여 질병을 치료하는 방식은 오래 전부터 존재해왔다. 특히 물을 치료제로 활용하는 목욕요법은 고대 그리스와 로마시대부터 시작되었다. 당시의 질병은 신체와 영혼의 불균형으로 간주되어 증상뿐만 아니라 질병의 원인까지 치료의 대상이 되었다. 사람들은 물 뿐만 아니라 흙과 바다 그리고 기후의 치유력에 대하여 이미 알고 있었으며, 이들은 건강증진을 위해 광천수, 진흙팩, 냉온수를 번갈아가며 사용하는 치료법과 마사지를 활용하였다.

히포크라테스(460~370BC)와 갈레누스(129~200BC) 같은 의사들은 흙과 물을 이용한 물리치료, 도수 치료기법이나 마사지 효과와 적용분야에 대한 과학적 근거를 마련하였다. 고대 그리스에서는 신체활동을 통한 치료에 주목했는데, 신체수련을 뜻하는 '체조(Gymnastik)'가 치료법으로 등장하여 건강을 유지하는 데 중요한 역할을 하였다.

로마인들 역시 신체의 중요성을 강조하며 '건강한 정신은 건전한 신체에 깃든다(mens sana in corpore sano)'는 표현을 사용하기도 하였다. 고대 로마의 목욕시설은 물을 통한 다양한 치료법을 활용하는 장소뿐만 아니라 종교적, 영적 측면에서 중요한 역할을 하였는데, 예배와 만남의 장소로서의 기능도 담당하였다. 로마제국에서는 대중 목욕시설에 중점을 두었는데, 목욕탕은 사회적 측면에서 사람들의 정치적 그리고 상업적인 만남의 장소로 사용되었다. 목욕산업은 당시 로마제국에 매우 확장이 되었으며, '목욕온천탕(Heilbad)'는 수(水)치료법에 사용될 수 있는 성분이 발견되는 곳마다 세워졌다.

중세시대에는 여행이 시간이 많이 걸리고 불편하고 위험한 것으로 여겨져 일반적인 여행과 목욕 횟수가 감소했다. 아울러 물과의 접촉은 해로운 것으로 간주되어 목욕 문화의 쇠퇴를 초래하였다. 18세기에 들어서면서 기술의 발전과 교통 인프라의 확장으로 인해 여행산업이 다시 번성하기 시작하였다. 신문의 등장과 함께 광천수의 치유력과 쿠어오르트의 다양한 치료법의 성공경험이 전국으로 확산됨에 따라 쿠어오르트의 중요성이 부각되었다. 그러나 목욕 시설을 방문하는 것은 비용과 시간이 많이 소요되기 때문에 그 당시에는 대부분 귀족과 같은 소수의 부유층만이 쿠어오르트에서 목욕여행을 즐겼다.

18세기 후반에는 쿠어의 효능에 대한 연구가 시작되었고 최초로 수(水)의사들이 해수욕장에 정착하였다. 19세기의 귀족출신 상류층은 패션, 독창성 및 아늑함과 호화로움에 점점 더 많은 가치를 부여했다. 수많은 쿠어오르트는 고급스러운 시설로 재설계 되었으며, 쿠어오르트 시설을 경험하는 자체가 사회적 지위와 높은 문화수준을 대변하기도 하였다. 이 시기에 상류층 여행객들은 쿠어오르트에서의 다양한 치료법을 이용하기보다는 오히려 사회적으로 누릴 수 있는 오락거리를 제공받는 것을 더 중요시 여겼는데, 19세기에 가장 인기를 누린 카지노와 콘서트 홀이 쿠어오르트에 있었던 것이 그 예다.

쿠어오르트 이용자는 귀족출신 상류층에서 서서히 부르주아의 상류층으로 확장되었으며 19세기 후반 독일제국(1871~1918) 전역에 확장된 철도 네트워크와 지역 전체를 아우르는 교통체계의 개발로 인하여 쿠어오르트를 찾는 방문객들의 수는 증가하였다. 이러한 사회적인 진보와 번영은 쿠어오르트가 부르주아 중산층의 여행 목적지로 각광을 받는데 일조를 하였다. 19세기의 격변하는 사회적인 상황—부르주아화, 산업화, 국제화—은 쿠어도시를 새로운 형태의 공존의 실험장소로 만들었다. 이러한 실험적인 형태는 때로는 쿠어오르트를 방문하는 다양한 이용객들이 소통하는 사교장으로, 때로는 공적공간과 사적공간을 넘나드는 형태로, 때로는 각 계층들이 어울리면서 만든 질서와 관용 속에서 나타났다.

쿠어오르트의 이용자가 귀족출신 상류층에서 서서히 부르주아의 상류층과 평민계층까지 확장되었으나, 19세기 중반에 '쿠어 세금'이 도입되면서 방문객 수가 급격히 줄어들었다. 쿠어 세금은 표면적으로는 쿠어도시의 시설을 더욱 더 확장하고 호화스럽게 단장하는데 사용되었으나, 다른 한편으로는 상류층에 속하지 않거나 비용을 감당하기 힘든 쿠어 이용객들을 배제시키는 결과를 낳았다.

19세기에 들어서면서 해수욕장이 등장하였다. 해수욕장의 역사는 18세기 초 영국에서 시작되었다. 1730년, 영국의 의사 리처드 러셀(Richard Russel)이 바닷물로 음용 및 목욕치료를 시행하였으며, 치료효과가 소문이 나면서 북 요크셔 주의 휴양도시 스카버러에 해수욕장이 개장되었다,

독일에서는 1793년 독일의 첫 해수욕장이 발트해 하일리겐담에 개장하였으며 4년 뒤 노데나이(Norderney)섬에 최초의 북해 해수욕장이 문을 열었다.

독일의 쿠어오르트는 해수욕장은 20세기로의 전환기에 관광의 중요한 부분을 차지하고 있었으며, 점점 더 많은 계층의 사람들이 사용하게 되었다. 당시 쿠어오르트는 단기 휴가 및 당일 여행자의 목적지로도 인기가 있었다. 1883년 법정 건강보험제도가 도입되면서 하급공무원들과 교사들, 즉 스스로를 중산층이라고 여기는 소시민들이 쿠어오르트를 이용할 수 있었다.

그러나 제1차 세계 대전으로 쿠어산업은 멈췄고 쿠어오르트는 부상당한 군인을 치료하기 병원으로 그 역할이 변경되었다. 1918년에 사회적 쿠어(Sozialkur) 개념이 확립되어 쿠어오르트를 이용할 때 공적의료보험 혜택을 받을 수 있게 되었다. 이로써 모든 계층에 속한 사람들에게 쿠어오르트가 개방되면서 상류층의 특권으로서의 쿠어시대는 막을 내렸다.

나치사회주의 시대에는 당시의 이데올로기에 적합한 쿠어방식이 도입되어 아리아 혈통의 독일인만이 쿠어오르트를 방문할 수 있었다. 제2차 세계 대전 중에는 쿠어오르트가 주로 병원지역으로 개조되었거나 나치 공직자들을 위한 휴양지로 사용되었다. 1950년대에는 쿠어치료가 법정건강보험 기관에서 제공하는 보험기금 중 표준혜택으로 고정됨으로 인하여 쿠어시스템은 건강정책의 중요한 부분이 되었고 공중보건 시스템의 일부가 되었다. 그러나 인구의 기대수명 증가와 이에 따른 의료비용의 급증으로 인해 독일 의료시스템은 수차례에 걸쳐 의료혜택을 줄이는 개혁을 단행하였고, 이는 쿠어정책에도 영향을 미쳤다.

1989년의 '건강개혁법(GRG)'과 1993년의 '건강구조법(GSG)'은 두 가지 근본적인 변화를 가져왔는데, 특히 외래 환자를 위한 쿠어 분야에서 과감한 비용 절감 조치가 취해졌다. 쿠어에 대한 법정 보조금은 감소한 반면 법정 자기부담금이 인상되었고, 그 결과 같은 해에 외래 쿠어 부문에서 최대 50%의 수요가 감소했으며, 반면에 혜택을 받을 수 있는 입원 쿠어 신청은 증가하였다.

1990년 말에 의료보험 개혁으로 발생한 쿠어제도의 위기는 오랜 기간 동안 전통으로 내려온 쿠어오르트에게는 새로운 기회가 되었다. 많은 쿠어시설들이 질병치료와 재활에 중점을 두었던 기존의 전략에서 벗어나 일상생활을 건강하게 유지하는 데 도움이 되는 예방적 형태의 쿠어서비스 프로그램을 개발하면서 새로운 시장을 창출하고 있다.

특히 2020년 발생한 코로나로 인하여 정상적인 일상생활이 무너지면서 수많은 어린이들과 청소년들을 보호하는 어른들마저 새로운 도전을 맞이하였다. 의료보험청에서는 고립과 우울감에 시달리는 부모와 자식들의 상황을 인지하여 "무터-킨드 즉 엄마-아이 쿠어체류를 공식적으로 제공하였다. 쿠어오르트에서 아이들과 부모들은 자연에서의 신체적 활동 및 사회적 상호교류를 얻을 수가 있었으며 바다의 자연과 해양환경을 배경으로 해양치유를 받을 수 있었다. 2023년 8월 KBS 부산은 해항도시 부산이 의료와 해양자원으로 어떠한 해양치유 융합프로그램을 개발할 수 있는지 그 해답을 독일 발트해 뤼겐섬에서 찾아 나섰다.

2023 기준으로 독일에서는 350여 개의 쿠어오르트에서 약 400,000명의 고용을 창출하고 있으며, 매년 300만 명 이상이 방문하고 있는 것으로 나타났다. 또한 독일 관광 부문에 종사하고 있는 약 290만 직원 중 약 14%가 쿠어오르트 산업에 종사하고 있을 정도로 쿠어오르트는 여전히 독일의 건강관광에서 매우 큰 비중을 차지하고 있다.

독일의 쿠어시스템은 고대부터 건강을 유지하고 회복하려는 사람들에게 다양한 분야에서 중요한 역할을 하였다. 쿠어는 오늘날 우리 사회가 건강증진, 사전 및 사후관리 또는 예방 및 재활이라고 부르는 의료서비스 개념으로 뿌리를 내렸다. 역사적으로 쿠어는 일반인들 사이에 건강 예방-치유-재활을 반영하면서 다양한 시대의 사회문화적의 역동적인 변화에 영향을 받았다. 19세기부터 독일 건강보험의 혜택을 받게 되면서 모든 일반인들이 쿠어오르트를 이용할 수 있었다. 그러나 1990년도 이후 변화된 의료정책으로 인해 독일의 전통적인 쿠어시스템은 도전에 직면하였고, 무한경쟁의 건강관광 시장에서 살아남기 위해 전문성과 다양성을 갖추기 위해 노력하였다. 그 결과 쿠어오르트는 지금까지 전 세계에서 벤치마킹하는 건강관광의 성공사례로 남아 있다.

독일의 쿠어오르트를 참고하여 한국에도 해양치유센터가 만들어졌지만, 아직은 초기단계여서 해결해야 할 과제가 많다.

한국 해양수산부가 추진 중인 4개 지자체의 '해양치유센터' 구축사업은 2017년 시작되어 완도에서는 이미 해양치유 사업을 시작하고 있다. 다른 지자체도 2025년에서 2027년 사이에 센터 준공을 앞두고 있다. 사업유치 단계부터 각 지자체들은 독일의 쿠어오르트를 해양치유센터, 해양치유전문병원 등으로 표현하면서 의료와 해양치유를 융합한 프로그램을 개발하는데 적극 참고하였다. 하지만 아직 국내에서는 의료분야 외의 자연자원을 활용한 치유산업은 초기단계에 있으며, 유용성과 효과 등에 대한 인식도 부족한 상황이어서 대중적 인지도가 낮은 편이다.

독일의 쿠어오르트는 수백 년의 역사를 거쳐 자생적으로 생겨났고, 국가소유와 민간소유가 혼합되어 있으며, 시설인증과 관리는 1892년 설립된 독일보양온천협회와 독일관광협회가 공동으로 담당하고 있다. 비록 지금은 혜택범위가 줄어들었지만 여전히 공적의료시스템의 일부로 인정받고 있으며 보험혜택도 받을 수 있다.

한국의 해양치유센터의 경우, 주관부서는 해양수산부이고, 사업주체는 지자체이기 때문에 행정안전부 소관이기도 하다. 치유라는 개념이 아직 정식 의료행위로 인정받은 것도 아니고, 치유센터 이용이 보험에서 보장되는 것도 아니다. 치유센터 선정의 기준도 모호하고, 4개 치유센터가 개발하고 있는 프로그램의 인증의 관리주체 문제도 남아 있다. 이러한 문제를 해결하기 위해서는 앞으로도 지속적으로 독일의 관련 사례를 비롯한 다양한 국외사례 연구를 통해 한국의 장점을 살릴 수 있는 방안을 모색할 필요가 있다.

〈그림 1〉 쿠어오르트 바드 엠스

〈그림 2〉 쿠어오르트 바드 퓌싱

〈그림 3〉 바덴 바덴 1869 바덴바덴의 드링크홀(Trinkhalle)에서

〈그림 4〉 발트해 뤼겐섬의 해양치유 어머니-아이 쿠어 병원
2023년 8월 KBS 해양치유 다큐팀과 한국해양대학교 국제해양문제연구소 해양치유 연구팀

참고문헌

한국문화관광연구원, 「코로나19에 따른 국내여행 행태변화(2020-2021)」, 『국내관광인사이트』 제2021-4호, 2021.

해양수산부, 『해양치유산업 활성화 계획』, 2020.

장구스코용선·차경자, 「독일의 해양치유제도에 관한 연구」, 『해항도시문화교섭학』 26, 2022.

정진성, 「독일의 건강관광산업에 대한 고찰: 쿠어오르트를 중심으로(Health Tourism in Germany: focusing on Kurort)」, 『세계해양발전연구』 제31권, 세계해양발전연구소, 2022.

정태홍·정진성, 「19세기 유럽의 쿠어 도시 형성과 사회적 특성(Formation and Sopcial Characteristics of Kurstaedte in Europe in the 19th Century)」, 『해항도시문화교섭학』 제26호, 2022.

정태홍·정진성, 「해수에 대한 과학적 발견과 19세기 독일 제바데오르트(Seebadeort)의 활성화」, 『해항도시문화교섭학』 제28호, 2023.

Berg, Waldemar, *Gesundheitstourismus und Wellnesstourismus*, 1. Auflage, Oldenbourg Verlag, München, 2008.

Deutscher Heilbäderverband/Deutscher Toruismusverband, *Qualitätsnormen für die komplexe Anwendung von Kur-und Heilmitteln in den anerkannten Heilbädern und Kurorten*. Bonn, 2005.

Deutscher Heilbäderverband e.V., *Jahresbericht 2020*, Deutscher Heilbäderverband e.V. (DHV), Berlin, 2021.

European Travel Commission, *Exploring Health Tourism- Executive Summary*, 2018.

Freyer, Walter, *Tourismus, Einführung in die Fremdenverkehrsökonomie*, 10. Auflage, Oldenbourg Wissenschaftsverlag, München, 2011.

Hans Jürgen Kagelmann, Walter Kiefl, *Gesundheitstourismus und Gesundheitsreisen Grundlagen und Lexikon*, München, 2016.

Höffert, Hans-Wolfgang, "Kurwesen," In: Hahn, Heinz/Kagelmann, Hans, Jürgen

[Hrsg.]: *Tourismuspsychologie und Tourismussoziologie: ein Handbuch zur Tourismuswissenschaft*. München, 1993.

Illing Kai-Torsten, *Gesundheitstourismus und Spa-Management*, 1. Auflage, Oldenbourg Verlag, München, 2009.

Kaspar, Claude, "Gesundheitstourismus im Trend," in: *Institut für Tourismus und Ver- kehrswirtschaft* (Hrsg.), 1996.

Lanz Kaufmann, Eveline, *Wellness-Tourismus: Entscheidungsgrundlagen für Investitionen und Qualitätsverbesserungen*, 1. Auflage, Forschungsinstitut für Freizeit und Touris- mus der Universität Bern, 2002.

Mundt, Jörn, *Tourismus*, 3 Auflag, München, 2006.

Rulle, Monika, *Der Gesundheitstourismus in Europa: Entwicklungstendenzen und Diversifikationsstrategien*, 2. Auflage, Profil Verlag GmbH, München, Wien, 2008.

Rulle, Monika; Hoffmann, Wolfgang; Kraft, Karin, *Erfolgsstrategien im Gesundheitstourismus*, 1. Auflage, Erich Schmidt Verlag, Berlin, 2010.

Schröder, Christian, *Gesundheitstourismus: Kur-Heilbad-Wellness*, 1. Auflage, FernAkademie Touristik, Münster, 2005.

Schürle, Steffen C., *Die Kur als touristische Erscheinungsform unter besonderer Berücksichtigung der Mineralheilbäder Baden-Württembergs*, Band 29 von Südwestdeutsche Schriften, Institut für Landeskunde und Regionalforschung der Universität Mannheim, 2001.

Sonnenschein, *Meike Medical Wellness & Co. Der Gesundheitsvorsorgetourismus in Deutschland, Angebot und Nachfrage im Wandel*, 1. Auflage, Pro Business GmbH, Berlin, 2009.

Statisticsches Bundesamt(Destatis), 2020.

UCI School of Medicine, EBM Guidebook, 2011.

UNCTAD, Handbook of Statistics-Trade in Services by Category, 2021.

UNWTO·European Travel Commission, Exploring Health Tourism, 2018.

Weber, Marga, *Antike Badekultur*, 1. Auflage, C.H. Beck Verlag, München, 1996.

제2부

바다와 항해의 이야기와 그 유산

밴쿠버와 브로튼의 세계 일주 항해기와 그 번역*

홍옥숙

근대 초기 유럽인들의 신대륙 발견을 위한 대양항해는 전지구의 역사를 바꾸어놓은 큰 사건이었다. 남아메리카에서 채굴한 은을 기반으로 강국이 된 스페인의 사례에서 알 수 있듯이 신대륙에서 식민지와 교역지를 확보함으로써 유럽 국가들의 성장은 가속화되었다. 이후 과학의 발달과 함께 기상 조건의 이해와 항해술의 진보가 이루어지면서 몇 년에 걸쳐 세계를 일주하는 장거리 항해가 더욱 빈번해졌고, '발견'의 항해로 지구상의 대부분 지역이 서구인들에게 알려진 상황에서 식민지 개척의 후발주자였던 영국과 프랑스는 경쟁적으로 세계 일주 항해를 국가적 차원에서 기획하여 아직까지 유럽인의 발길이 미치지 않은 지역을 탐사하고 지도화하는 작업을 추진하였다. 조지 밴쿠버(George Vancouver, 1757~1798) 함장과 그의 일행은 1791년부터 1795년까지 4년의 기간에 걸쳐 세계 일주를 하면서, 오늘날 미국과 캐나다의 서부에 해당하는 북태평양 연안을 탐사하고 새로운 지명을 부여하여 이 지역에 크나큰 족적을 남겼을 뿐만 아니라, 영

* 이 글은 조지 밴쿠버·윌리엄 로버트 브로튼, 『밴쿠버와 브로튼의 북태평양 항해기 1791-1795』, 김낙현·노종진·류미림·이성화·홍옥숙 옮김(경문사, 2021)의 해설 「밴쿠버와 브로튼의 북태평양 탐사의 의미」를 바탕으로 확장, 보완하였다.

국의 영향력이 북아메리카에 확고하게 뿌리 내리게 하는 데 큰 역할을 하였다.

옮긴이들이 『북태평양과 세계로의 발견의 항해 이야기 혹은 일기(*A Narrative or Journal of a Voyage of Discovery to the North Pacific Ocean and round the World*)』(1802)에 관심을 갖게 된 첫 번째 이유는 항해자의 한 사람으로 기재된 윌리엄 로버트 브로튼(William Robert Broughton, 1762~1821)이 1797년 조선을 최초로 방문한 영국인이라는 사실 때문이었다. 조지 밴쿠버 함장이 총지휘관으로 디스커버리호(Discovery)를 지휘했던 항해에서 브로튼은 중위로 보조선인 채텀호(Chatham)를 맡아 밴쿠버를 보좌했지만, 항해 도중에 영국으로 귀환했기 때문에 항해를 완수하지는 못했다. 그런데도 밴쿠버의 항해를 기록한 항해기 중에서 유일하게 이 텍스트만이 브로튼의 이름을 표지에 언급하고 있다는 점에서 옮긴이들의 눈길을 끌었다. 물론 이 항해가 밴쿠버의 이름을 북미대륙에 각인한 중요한 사건이었고, 밴쿠버가 주도적 역할을 맡았다는 사실은 변함이 없다.

이 글에서는 우선 영국 해군의 세계 해양 탐사 계보를 살펴보면서 조지 밴쿠버의 북태평양 탐사 항해의 의미를 짚어보고, 이들이 남긴 기록인 항해기의 구성을 설명한 후, 원본 텍스트의 번역 과정을 돌이켜볼 것이다.

1. 쿡—밴쿠버—브로튼으로 이어지는 18세기 후반 영국 해군의 탐사항해

영국은 발견의 항해와 식민지의 확보에 있어 다른 유럽 국가보다 후발주자였다. 1588년 스페인의 무적함대를 물리친 성과가 있었고 프랜시스 드레이크(Francis Drake)처럼 세계 일주를 한 항해자들도 있었지만, 17세

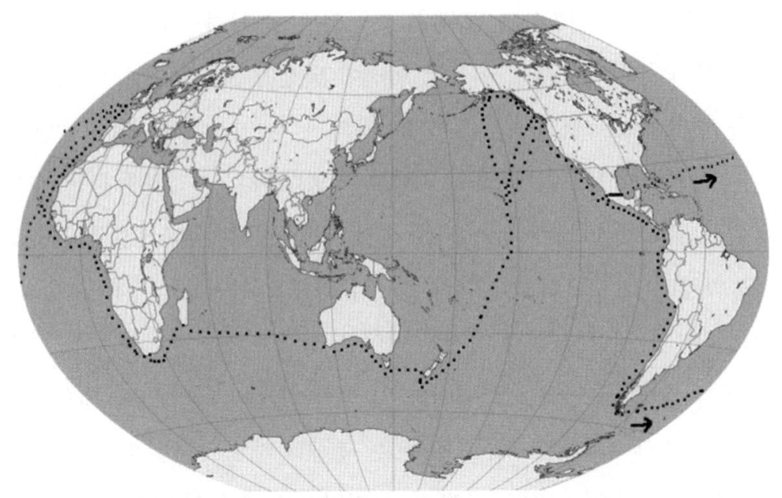

밴쿠버와 브로튼의 세계 일주(1791~1795) 항로
(출처: 『밴쿠버와 브로튼의 북태평양 항해기 1791-1795』, p.12)

기 초에야 영국인들은 카리브해의 섬이나 북아메리카 동부 대서양 연안으로 이주하여 식민지를 건설하기 시작하였다. 종교 갈등으로 인한 내란을 겪었던 영국은 17세기 후반에 들어 대서양과 접한 북미 연안에 본격적으로 식민지를 건설하였고 대서양을 가로질러 아프리카와 카리브제도를 비롯한 아메리카 지역을 잇는 노예무역으로 막대한 부를 축적하기 시작했다. 인디아 외에는 아시아 지역에서 별다른 지배권을 행사하지 못했던 영국은 중상주의를 추진하면서 자국 산업을 위한 원료 공급지 겸 상품의 판매지를 확보하려는 차원에서 아시아로 향하는 새로운 항로를 찾게 되었다. 이미 일본 등지에서 독점적인 교역권을 갖고 있던 네덜란드나 유럽 내에서부터 경쟁국이던 프랑스보다 우위에 서기 위해 영국은 대서양과 태평양 사이를 연결하여 아시아로 향하는 새로운 길을 열어줄 북서항로(the Northwest Passage)를 찾는 일에 집중하였다.

18세기 후반에 추진된 영국의 탐사 항해는 국가적 단위의 프로젝트였고, 해군이 주도적 역할을 담당했다. 해군의 탐사 항해는 북서항로를 찾기 위한 시도가 주목적이었고, 아울러 이전에 발견된 오스트레일리아나 뉴질랜드를 추가적으로 탐사하고 북아메리카의 서부 연안에서 새로운 식민지의 가능성을 타진해보는 목적을 지니고 있었다. 해군은 18세기 전반기에 완성된 크로노미터(chronometer)를 세계 일주 항해에 적극 활용하여, 항해자들의 안전을 도모하고 정확한 경도와 좌표를 기입하는 성과를 올리기도 하였다. 몇 년간에 걸쳐 미지의 바다를 항해하면서 발견과 탐사, 측량을 수행할 수 있는 인력을 키워내는 일 또한 해군의 몫이었다. 배의 구조와 원거리 항해에 관한 지식을 갖추고, 측량과 해도 작성 기술을 연마하고, 원주민과의 교섭 능력과 함께 탐사 지역의 사회를 연구하여 이를 보고서로 작성해 내는 일은 오랜 기간이 소요되었다. 미래의 항해자들은 어린 나이에 해군에 입대하여 장교 후보생(midshipman)으로 훈련을 받았고, 장교로 임관되면서 탐사선의 지휘를 맡았다.

이 시기의 가장 주목할 만한 항해자는 제임스 쿡(James Cook, 1728~1779)이다. 그가 마지막 항해에서 목숨을 잃기는 했지만, 3차에 걸친 항해는 대단한 위업이었다. 제임스 쿡은 석탄 운반선의 선원으로 일하다 뒤늦게 27세가 되던 1755년에 해군에 입대하였다. 1768년에서 1771년까지 4년에 걸친 1차 항해의 목적은 1769년 금성이 태양의 자오선을 지나가는 것을 남태평양에서 관측하는 것과 남반구에 있다고 알려진 미지의 땅인 테라 오스트랄리스(Terra Australis)를 발견하는 것이었지만, 이 항해에서 쿡이 맡았던 역할은 그리 크지 않았다. 해군 제독 존 바이런(John Byron)이 지휘한 탐사대는 모두 세 척의 배로 이루어져 있었고, 쿡은 제일 작은 인데버호(Endeavour)의 지휘를 맡았다. 하지만 2차 항해(1772~1775)와 3차 항해(1776~1779)에서 쿡 함장은 총지휘관을 맡으면서, 레절루션호(Resolution)와 그다음에는 디스커버리호(Discovery)의 함장을 겸했다. 늦은 나이에 해군에 들어와 탐사 기술과 측량, 해도 작성법을 배운 쿡 함장은 18세기 후반 영국 해군의 성장을 실증하는 인물이다. 그가 세 번의 항해를 성공적으로 완수한 전설적 인물로 거듭난 데에는 영국인들의 해양 대국에의 염원이 그 배경으로 자리하고 있었다고 보아야 한다. 농부의 아들에서 석탄운반선의 선원으로 일하면서 두각을 나타내고 해군에서 세계 일주 항해의 위업을 이룬 쿡을 영국인들은 영국이 나아가야 할 바를 몸소 보여준 사람으로 간주하고 국가적 영웅으로 만들었다고 할 수 있다. 이 항해기의 주인공이라 할 조지 밴쿠버와 윌리엄 로버트 브로튼의 경우 해군에서 뼈가 굵은 사람들이며 쿡 함장으로부터 탐사 항해의 지식과 모험정신을 물려받은 충실한 계승자였다.

조지 밴쿠버는 13세에 해군에 입대하였는데, 당시에는 어린 나이에 장교 후보생으로 배를 타는 것이 해군에서는 드문 일은 아니었다. 레절루션호를 타고 쿡 함장의 2차 항해에 참여했을 때 밴쿠버는 겨우 14세였다. 1775년 3년에 걸친 항해를 마치고 돌아와, 바로 이듬해인 1776년 다시 쿡 함장의 디스커버리호를 타고 3차 항해에 동행하였고, 하와이에서 지휘자를 잃는 아픔을 겪었지만, 4년 만에 무사히 영국으로 귀환하였다. 두 차례의 세계 일주 항해를 거치면서 밴쿠버는 배의 운항에 관한 지식뿐만 아니라 오지를 측량한 결과를 해도에 담는 과정을 배웠다. 1790년 쿡 함장과 같이 탔던 디스커버리호의 함장으로 임명되어 북아메리카로 가게 되었을 때, 밴쿠버는 자신이 체득한 모든 경험을 탐사 항해에 활용하였다. 그뿐 아니라 쿡 함장이 완수하지 못했던 북서항로를 발견하기 위해 1794년 알래스카까지 가는 수고를 마다하지 않았다.

밴쿠버의 탐사에 동행했던 채텀호의 지휘관 브로튼 역시 12세에 해군에 입대하여 16세에 장교 후보생이 되었던 것으로 보아, 영국 해군에서는 어린 나이에 입대하여 평생을 복무하는 것이 프랑스 혁명 이후 프랑스와 전쟁을 치르는 동안 관례화된 듯하다. 밴쿠버와 브로튼이 디스커버리호와 채텀호의 지휘관이 된 것이 각각 33세, 29세였다. 세계 일주 항해의 지휘자로서는 젊은 나이로 보이지만 해군에서 어릴 때부터 오랜 훈련을 통해 충분한 역량을 쌓았다고 할 수 있고, 영국 해군으로서도 이런 탐사 항해의 전문 인력을 키워냄으로써 19세기에 막강한 힘을 가진 대국으로 성장할 수 있는 기틀을 마련한 셈이다.

브로튼은 밴쿠버와 북아메리카 대륙 연안을 탐사하면서 탐사에 필요한 장비를 다루고 측량하는 법을 익혔으며, 1793년 밴쿠버 탐사대에서 영국으로 귀환하라는 지시에 따라 멕시코를 횡단하였다. 영국에 돌아온 그는 바로 이어 프로비던스호(Providence)를 지휘하여 밴쿠버를 지원하라는 명령을 받았지만, 1795년 북아메리카의 누트카(Nootka)에 도착했을 때, 이미 본국으로 귀환 길에 오른 밴쿠버를 만나지 못하게 되자 단독으로 탐사를 수행하기로 결정하였다. 그때까지 미답의 지역으로 남아있던 북태평양의 아시아해역을 측량하고 북서항로를 찾아보겠다는 생각이었다. 그는 좌초한 프로비던스호 대신 보조선 프린스 윌리엄 헨리호(Prince William Henry)로 일본과 사할린을 탐사했고, 1797년 11월 조선의 용당포에 기항함으로써 조선을 방문한 최초의 영국인이 되었다.

2. 누트카 회담

항해기의 모두에서 저자는 밴쿠버의 항해가 국왕의 명령으로 이루어졌으며, 당시 북아메리카 지역을 탐사하던 모든 항해자가 공통의 목표로 삼았던 북태평양과 북대서양을 잇는 북서항로의 발견과 함께, 영국과 스페인 간의 식민지 점유에 관한 분쟁을 해결한다는 특별한 목적이 있었음을 밝힌다. 누트카 사운드를 둘러싼 스페인과의 외교 분쟁을 해결하려는 것임을 밝히고 있다. 세계의 다른 지역과 마찬가지로 북태평양의 아메리카 연안에서도 이 지역을 선점한 스페인과 새롭게 원주민과 교역을 시도하려는 영국 사이에 갈등이 있었던 것이다. 누트카 사운드는 현재 캐나다의 브리티시컬럼비아(British Columbia)의 태평양 연안으로 쿡 함장이 2차 항해에서 이곳의 누차눌스(Nuu-chah-nulth) 원주민의 언어를 채록하는 등의 활동을 했던 지역이었기 때문에 이 항해에 함께 하여 누트카 지역을 잘 알고 있던 밴쿠버가 스페인과의 회담에 적임자로 선정되었을 가능성이 높다.

누트카 사운드 지역에는 이미 모피 무역에 종사하던 영국인 존 미어스(John Meares)가 1788년 5월 원주민으로부터 약간의 땅을 사들여 집을 짓고 교역소로 쓰려고 했지만, 겨울 추위를 피해 하와이로 옮겨간 사이에 스페인 해군의 에스테반 호세 마르티네즈(Esteban José Martínez Fernández)가 이곳을 점령하고 스페인군의 요새를 세웠다. 그뿐만 아니라 스페인군이 영국의 상선 아고노트호(Argonaut)와 프린세스 로열호(Princess Royal)를 나포함으로써 누트카에 위기가 조성되었다. 1790년 영국 정부는 미어스가 사들였다고 하는 땅과 집을 스페인이 돌려준다는 약속을 얻어냈지만, 실제로 그곳에 가서 스페인으로부터 문제의 땅과 건물을 넘겨받을 사람이 필요했던 것이 밴쿠버 일행이 파견된 상황이었다.

회담의 스페인 측 대표인 콰드라(Quadra) 사령관은 마르티네즈가 누트카에 왔을 때 미어스의 집은 없었고, 나포된 영국 배에도 호의적으로 대했다는 진술을 언급하면서, 스페인은 아무런 배상의 책임이 없다고 주장하였다. 하지만 양국의 평화를 위해 스페인군이 만든 집과 사무실, 정원을 영국에 이양하겠다는 의사를 밝혔다. 밴쿠버는 국왕의 지시와는 맞지 않는 협정이라 생각하고 해군성 위원회의 결정을 기대하며, 그간 있었던 회담의 내용과 측량 자료, 항해일지를 본국으로 보냈다. 회담이 결렬된 와중에도 밴쿠버는 항해의 또 다른 목적인 북아메리카 해안 탐사를 계속하였고, 뉴앨비언(New Albion)[1]에 위치한 스페인의 선교시설을 둘러보기도 하였다. 1794년 초 누트카 분쟁은 영국과 스페인 양국이 공식적으로 누트카에서 철수하고, 문제의 건물을 허물기로 결의함으로써 일단락되었다.[2]

3. 북서아메리카 연안 탐사

오늘날 밴쿠버 일행의 항해가 주목받는 이유는 이들이 북아메리카의 태평양 연안을 탐사하고 지도화했기 때문이다. 갓 독립한 미국이 프랑스로부터 루이지애나 지역을 사들인 것이 1803년이었으므로, 아직 캘리포니아를 비롯한 태평양 연안은 미국이 관심을 가질 만한 지역이 아니었다. 남아메리카를 장악하고 북쪽으로 진출을 시도하고 있던 스페인과 중국에 수출할 모피를 구하기 위해 이 지역의 원주민과 교역을 시도한 영국이나 미국 상인들의 이해관계가 충돌하던 와중에도, 영국은 해도 제작을 위해 이 지역에서 본격적인 측량과 탐사를 시도하였다. 밴쿠버 일행이 탐사한 곳은 뉴앨비언으로 알려졌던 캘리포니아 북부로 현재 미국 워싱턴주에 해당하는 지역과 퓨젯 사운드(Puget Sound)와 밴쿠버섬을 중심으로 한 현재 캐나다의 브리티시컬럼비아, 그리고 알래스카로 나누어 볼 수 있다. 북서

---

1) 멕시코 이북의 아메리카로 프랜시스 드레이크가 1579년 아메리카 서해안에 상륙했을 때, 영국의 옛이름을 따서 뉴앨비언으로 명명되었다. 현재의 캘리포니아에 해당한다.

2) 누트카 협정의 정치적 의미는 누트카 위기를 스페인이 주장해온 폐쇄해 담론과 영국의 자유해 담론과 실효적 지배에 의한 소유권 주장의 충돌로 읽은 다음 논문을 참조. 정문수, 「바다 공간에 대한 담론과 태평양 탐사: 토르데시야스 조약(1494)에서 누트카 협정(1794)까지」, *Journal of Global and Area Studies*, 6.2 (2022), pp. 33-59.

아메리카 지역을 계속 탐사하고 지도를 제작한 것 자체가 지역에 대한 영국의 소유권을 공고히 하는 일로 간주되었기 때문에 이후 이 지역에서 스페인이나 러시아의 영향력은 배제되었다. 밴쿠버 일행이 탐사한 지역의 일부는 브리티시컬럼비아로 오랫동안 영국령으로 남아있었고, 이들이 붙인 지명은 오늘날까지 그 이름을 대부분 유지해오고 있다. 『밴쿠버와 브로튼 항해기』에서 이 지역의 탐사 과정이 가장 많은 분량을 차지하는 것을 보더라도 밴쿠버 일행이 이 지역에 얼마나 많은 공을 들였는지 짐작할 수 있다. 쿡 함장의 세 번째 세계 일주 항해는 북서항로를 찾는 것이 주목적이었다. 쿡은 1778년 8월 하와이를 출발하여 북아메리카를 따라 북쪽으로 항해하여 북위 70° 44′에 있는 웨인라이트(Wainwright, 오늘날의 알래스카주 노스 슬로프버러에 있는 도시)까지 올라가서 베링해협에 이르렀지만 얼음에 가로막혀 탐사를 중단했다. 쿡의 사망 이후 제임스 킹(James King) 함장의 지휘하에 레절루션호는 같은 항로를 다시 항해했지만 역시 베링해협에서 멈추었다. 이 배에 동승했던 밴쿠버로서는 자신이 지휘하는 탐사 항해에서 반드시 북서항로를 찾아내겠다는 결심을 했을 것이다. 실제로 현재 브리티시컬럼비아로 알려진 캐나다의 서쪽 지역에서 그는 컬럼비아강 유역을 샅샅이 조사하면서 연결통로의 가능성을 탐색하였고, 알래스카까지 올라가서 북서항로가 없음을 확인하고 그의 탐사를 종결지었다.

4. 태평양 원주민과의 교류

항해기에서 흥미를 끄는 부분은 태평양에 위치한 여러 섬의 원주민들과의 교류이다. 당시 유럽인의 세계 일주 항해기에는 원주민과의 조우에 대한 에피소드뿐만 아니라 원주민을 어떻게 대해야 하는지, 외모에 대한 골

상학적 진단부터 사회의 구조와 문화와 관습 등, 새로운 동식물의 종을 발견하듯 원주민 개인과 사회의 어떤 것들을 관찰해야 하는지와 어떤 정보를 얻어야 하는지에 대한 상세한 지침이 같이 실려 있기도 했다. 앞으로 그 섬을 방문하게 될 항해자들에게 정보를 제공하는 것 외에도, 과학적 관심에 덧붙여 새로운 인종에 대한 호기심으로 심지어는 표본을 채집하듯이 항해자들이 원주민을 배에 태워 유럽으로 데려오는 일도 종종 있었다고 알려져 있다. 항해기에서 이런 이국적인 원주민과 문화를 소개하는 부분은 당대의 학자들과 일반 독자 모두에게 흥미를 자아냈을 것이지만, 다른 한 편으로는 총기와 대포를 소유한 유럽인들의 우세를 확인하는 계기를 제공하기도 했다.

오랜 기간 바다에서 지내는 대양항해에서 섬에 상륙하여 물과 식량을 조달하는 일은 필수이고, 이들의 항로 가까이 위치한 태평양의 몇몇 섬에서 오래전부터 유럽인들과 원주민 사이에 단순한 생필품 교역 이상의 교류가 이루어지고 있었음을 이 항해기에서도 확인할 수 있다. 쿡 함장을 수행했던 이전의 항해에서 만난 적이 있던 오타헤이트(타히티)의 지도자들을 밴쿠버가 다시 만나 기뻐하는 장면이나 지도자 중 한 사람인 마호우의 장례식에 참여하는 모습은 밴쿠버 일행이 원주민 지배계층과 상당한 친분을 쌓았음을 보여준다.

특히 밴쿠버 일행은 이 항해에서 당시 샌드위치제도로 알려진 하와이를 세 번이나 방문하였다. 그리고 다른 항해자들이 원주민들이 원하는 총기를 교역의 대상 품목으로 제공한 결과, 원주민 사회 내에서 또는 유럽인들과의 불화가 일어났다는 사실을 언급하면서, 밴쿠버 함장이 차라리 총을 교역에 내놓지 않겠다는 의지를 표명하는 것은 그의 성품을 짐작하게 해주는 대목이다. 하지만 유럽인과의 접촉을 통해 원주민 사회가 변화를 겪게 되었으며, 항해자들이 이런 변화의 과정에 직접 관여했음이 항해기의 기록에 나오기도 한다. 일례로 하와이에서 경쟁 관계에 있던 두 족장 티안나와 타마아마(카메하메하로 더 잘 알려져 있다)의 대립과 타마아마가 왕으로 세력을 키워가는 과정에서 한시적이기는 하지만 타마아마가 영국 국왕에게 하와이를 양도하는 장면도 항해기에 등장한다. 하와이인들의 정치적 변모가 쿡 함장의 세계 일주 항해 시절부터 지켜본 밴쿠버의 관점에서 서술되어 있어 흥미를 더한다.

호전적인 원주민과의 접촉에서 불상사가 일어날 가능성은 매우 높았다. 물론 마셜 살린스(Marshall Sahlins)같은 문화인류학자가 원주민의 입장에서 바라본 다른 해석을 내놓기는 했지만, 쿡 함장이 하와이에서 원주민들에게 살해되었던 사건은 가장 고전적인 사례이다. 누트카에 도착한 보급선 디덜러스호(Daedalus)로부터 하와이에서 배의 지휘관인 허게스트(Hergest)를 비롯한 승무원들이 원주민에게 살해당했다는 소식을 듣고 밴쿠버 함장은 범죄자들을 응징하겠다는 생각으로 다시 하와이로 향한다. 증인을 확보하고 사건을 재확인한 후, 원주민들과 협의를 거쳐 밴쿠버의 손이 아니라 원주민의 손에 의해 범죄자들이 처형되는 것으로 사건은 마무리되며, 두 번째 샌드위치제도 방문의 주된 사건은 바로 원주민의 처형에 관한 내용이다. 재판에 직접 참여하지 않지만, 밴쿠버가 공식적으로 항의를 하고 장차 이런 일이 재발하지 않도록 원주민 지도자들의 긴밀한 협조를 구하는 대목은 그의 외교적 수완을 보여준다고 하겠다.

5. 항해기의 번역

영국 해군의 장거리 탐사 항해가 끝나면 그동안 축적된 모든 자료와 기록은 해군성에 넘겨져 보관되고, 해도와 항해안내서로 작성되는 것이 관

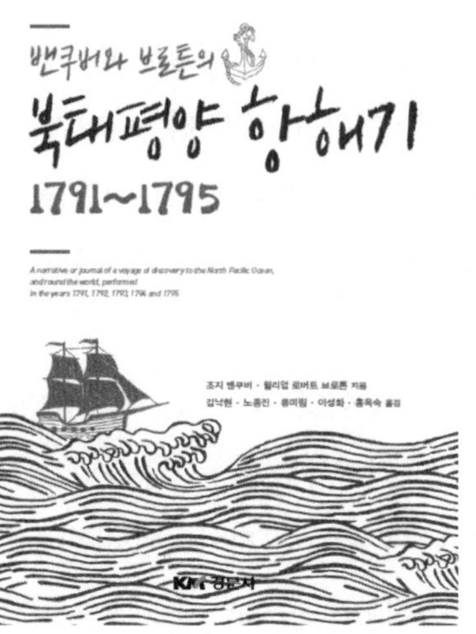

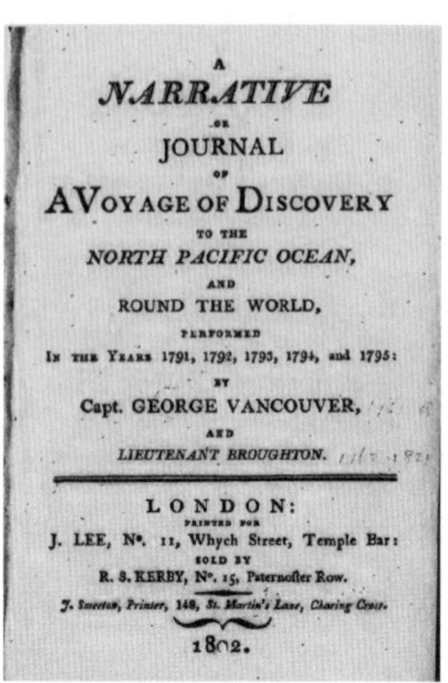

A
NARRATIVE
OR
JOURNAL
OF
A VOYAGE OF DISCOVERY
TO THE
NORTH PACIFIC OCEAN,
AND
ROUND THE WORLD,
PERFORMED
IN THE YEARS 1791, 1792, 1793, 1794, and 1795:
BY
Capt. GEORGE VANCOUVER,
AND
LIEUTENANT BROUGHTON.

LONDON:
PRINTED FOR
J. LEE, N°. 11, Whych Street, Temple Bar:
SOLD BY
R. S. KERBY, N°. 15, Paternoster Row.
J. Smeeton, Printer, 148, St. Martin's Lane, Charing Cross.
1802.

좌: 『밴쿠버와 브로튼의 북태평양 항해기 1791-1795』 번역본 표지
우: 원 텍스트 『북태평양과 세계로의 발견의 항해 이야기 혹은 일기』 (1802) 표지
(출처: https://archive.org/details/cihm_18642/page/n7/mode/2up)

례였다. 하지만 항해기는 출판이 되어 일반인들도 항해의 내용을 알 수 있었다. 영국에서는 16세기 말부터 항해기나 여행기 등 발견의 기록이 꾸준히 출판되었고 엄청난 인기를 누렸다. 쿡이나 밴쿠버의 항해기처럼 세계 일주 항해의 기록은 가보지 못한 곳에 대한 대중의 호기심을 충족시켜 주는 기회가 될뿐더러, 앞으로 그 지역에 가려는 사람들에게는 일종의 길잡이 역할을 하기 때문이었다. 『밴쿠버의 북태평양과 세계로의 발견의 항해, 1790-1795(*A Voyage of Discovery to the North Pacific Ocean and round the World*)』는 밴쿠버가 임무를 완수하고 영국으로 귀환하고 3년 후인 1798년에 세 권의 책으로 출간이 되었다. 그러나 밴쿠버가 영국으로 돌아온 이후 병을 앓고 있던 까닭에, 그가 준비하고 있던 항해기의 출판이 지연되다가 결국 밴쿠버의 사후에 빛을 보게 되었다는 사정이 있었다. 1801년에 여섯 권으로 보완된 항해기가 다시 출판된 것을 보면, 북아메리

카의 새로운 땅에 대해 일반 독자의 관심과 호응이 컸음을 알 수 있다.

옮긴이들이 선택한 원문은 1802년에 출판된 『북태평양과 세계로의 발견의 항해 이야기 혹은 일기』라는 제목의 한 권으로 된 책이다. 원 항해기의 인기에 힘입어 더 많은 독자가 손쉽게 항해의 전모를 파악할 수 있도록 세 권 혹은 여섯 권으로 된 원래의 항해기를 요약, 편집한 책이라 할 수 있다. 그러므로 원작과 분량에서 상당한 차이가 난다. 또한, 원래 항해기에서는 밴쿠버 자신이 직접 일인칭 서술자로 등장하지만, 『북태평양과 세계로의 발견의 항해 이야기 혹은 일기』는 밴쿠버와 브로튼을 비롯한 항해자들을 삼인칭으로 객관화하여 서술한 것이 특징이다. 하지만 이들을 '우리 항해자(our navigator)' 혹은 '우리 항해자들(our navigators)'로 친근하게 부름으로써 식민지 개척 사업에 대한 영국민의 관심을 표명하고, 이런 국가적 사업에 앞장선 밴쿠버 일행에게 애정을 드러냈다고 볼 수 있다. 편집자가 원 항해기를 읽고 필요한 부분을 선별했기 때문에, 1798년 판이나 1801년 판에 비해 정통성은 부족하다고 할 수 있고 오류도 제법 보인다. 하지만 16세기에 리처드 해클룻(Richard Hakluyt)이나 새뮤얼 퍼차스(Samuel Purchas) 등이 다양한 항해기와 여행기를 엮어 출판한 책이 큰 인기를 누린 이래 영국에서는 많은 항해기가 다른 판본으로 출판되는 전통이 있었다. 이런 맥락에서 본다면 편집자가 엮은 밴쿠버와 브로튼의 항해기는 새롭거나 색다른 시도가 아니었다. 원전의 인기를 반영한다는 차원에서 편집본은 항해기 출판 사례로 연구할 가치가 있다. 이에 덧붙여 옮긴이들이 조선을 최초로 방문한 브로튼에게 관심을 가진 점과 방대한 원 항해기의 내용을 빠짐없이 한국어로 옮길 필요가 있는가의 문제를 고려할 때, 1802년 판의 편집본도 밴쿠버와 브로튼의 항해를 소개한다는 차원에서는 손색이 없다는 결론에 이르렀다. 다만 1802년 판에서 여러 인명이나 지명이 정확하게 표기되지 않아 초래된 혼란이나, 분량을 줄이기 위해 생략되어 의미가 정확하게 전달되지 않는 구절은 1798년의 초판을 참조하여 다듬었다.

처음부터 끝까지 장으로 나누지 않고 서술한 1802년 편집본의 기술 방식 대신, 옮긴이들은 장과 절로 본문을 구분하고 제목을 붙임으로써 독자들이 내용을 일목요연하게 훑어볼 수 있도록 배치하였다. 항해의 날짜 또한 1798년 판을 대조하여 추가하였다. 당시에 출판된 대부분의 항해기가 이런 장, 절의 구분 방식을 택하고 일기 형식으로 날짜를 병기하고 있기 때문에, 원 항해기의 느낌을 살리려 한 것이다. 1798년 판과 1801년 판에 실린 삽화를 가져와 수록함으로써 현장감을 불러일으키려고 하였다. 많은 세계 일주 항해에는 의사나 생물학자, 천문학자가 동승하여 과학의 발전을 도모한 것은 잘 알려진 사실이지만, 화가도 참여하여 이국적 풍경과 원주민을 스케치했고 본국에 돌아온 다음 스케치에 가필하거나 채색을 하여

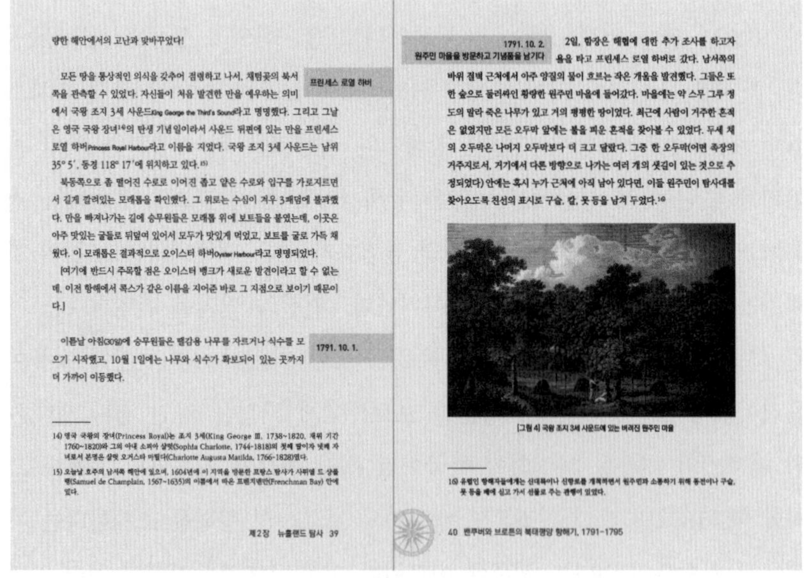

랑한 해안에서의 고난과 맞바꾸었다!

프린세스 로열 하버

모든 땅을 통상적인 의식을 갖추어 점령하고 나서, 채텀곶의 북서쪽을 관측할 수 있었다. 자신들이 처음 발견한 만을 예우하는 의미에서 국왕 조지 3세 사운드King George the Third's Sound라고 명명했다. 그리고 그날은 영국 국왕 장녀[14]의 탄생 기념일이라서 사운드 뒤편에 있는 만을 프린세스 로열 하버Princess Royal Harbour라고 이름을 지었다. 국왕 조지 3세 사운드는 남위 35° 5′, 동경 118° 17′에 위치하고 있다.[15]

북동쪽으로 좀 떨어진 수로로 이어진 좁고 얕은 수로와 입구를 가로지르면서 길게 깔려있는 모래톱을 확인했다. 그 위로는 수심이 겨우 3패덤에 불과했다. 만을 빠져나가는 길에 승무원들은 모래톱 위에 보트들을 붙였는데, 이곳은 아주 맛있는 굴들로 뒤덮여 있어서 모두가 맛있게 먹었고, 보트를 굴로 가득 채웠다. 이 모래톱은 결과적으로 오이스터 하버Oyster Harbour라고 명명되었다.

[여기에 반드시 주목할 점은 오이스터 뱅크가 새로운 발견이라고 할 수 없는데, 이전 항해에서 콕스가 같은 이름을 지어준 바로 그 지점으로 보이기 때문이다.]

1791. 10. 1.

이튿날 아침(30일)에 승무원들은 땔감용 나무를 자르거나 식수를 모으기 시작했고, 10월 1일에는 나무와 식수가 확보되어 있는 곳까지 더 가까이 이동했다.

14) 영국 국왕의 장녀(Princess Royal)는 조지 3세(King George Ⅲ, 1738~1820, 재위 기간 1760~1820)와 그의 아내 소피아 샬럿(Sophia Charlotte, 1744~1818)의 첫째 딸이자 넷째 자녀로서 본명은 샬럿 오거스타 마틸다(Charlotte Augusta Matilda, 1766~1828)였다.

15) 오늘날 호주의 남서쪽 해안에 있으며, 1604년에 이 지역을 방문한 프랑스 탐사가 사뮈엘 드 샹플랭(Samuel de Champlain, 1567~1635)의 이름에서 따온 프렌치맨만(Frenchman Bay) 안에 있다.

제2장 뉴홀랜드 탐사 39

1791. 10. 2.
원주민 마을을 방문하고 기념품을 남기다

2일, 함장은 해협에 대한 추가 조사를 하고자 욜을 타고 프린세스 로열 하버로 갔다. 남서쪽의 바위 절벽 근처에서 아주 양질의 물이 흐르는 작은 개울을 발견했다. 그들은 또한 숲으로 둘러싸인 황량한 원주민 마을에 들어갔다. 마을에는 약 스무 그루 정도의 말라 죽은 나무가 있고 거의 평평한 땅이었다. 최근에 사람이 거주한 흔적은 없었지만 모든 오두막 앞에는 불을 피운 흔적을 찾아볼 수 있었다. 두세 채의 오두막은 나머지 오두막보다 더 크고 달랐다. 그중 한 오두막(어떤 족장의 거주지로서, 거기에서 다른 방향으로 나가는 여러 개의 샛길이 있는 것으로 추정되었다) 안에는 혹시 누가 근처에 아직 남아 있다면, 이들 원주민이 탐사대를 찾아오도록 친선의 표시로 구슬, 칼, 못 등을 남겨 두었다.[16]

[그림 4] 국왕 조지 3세 사운드에 있는 버려진 원주민 마을

16) 유럽인 항해자들에게는 신대륙이나 신항로를 개척하면서 원주민과 소통하기 위해 동전이나 구슬, 못 등을 배에 싣고 가서 선물로 주는 관행이 있었다.

40 밴쿠버와 브로튼의 북태평양 항해기, 1791-1795

번역본의 구성: 날짜와 제목과 함께 삽화를 삽입했다
(출처: 『밴쿠버와 브로튼의 북태평양 항해기 1791-1795』, pp.39-40)

삽화로 항해기와 함께 출판하는 것도 관례였다. 밴쿠버의 항해에는 전문 화가가 동반하지는 않았지만, 디스커버리호의 승무원 중에 그림 솜씨가 있는 사람들이 풍경이나 탐사한 장소를 스케치한 것으로 알려져 있고, 이를 바탕으로 삽화가 그려졌다. 북아메리카 원주민 마을이나 디스커버리호의 모습을 확인할 수 있는 좋은 자료이다. 또한 탐사의 결과를 확인할 수 있도록 디스커버리호의 항로와 발견지의 지명을 수록하여 탐사대가 이룬 세계 일주의 위업을 조금이나마 짐작할 수 있도록 도왔다.

옮긴이들이 번역 과정에서 주목했던 것은 밴쿠버와 브로튼이 탐사했던 지역인 현재의 미국과 캐나다에 남긴 수많은 지명이었다. 당시 뉴홀랜드라 불리던 오스트레일리아와 뉴질랜드와 함께, 현재 미국 북부의 태평양 연안 지역과 캐나다 서부가 밴쿠버와 브로튼이 방문한 지역이었고, 이곳에는 밴쿠버섬을 비롯하여 퓨젯 사운드(Puget Sound), 레이니어산(Mt. Rainier) 등 영국 왕실의 일원, 해군의 주요 인물, 탐사대원들의 이름이 지도에 새겨졌다. 물론 인명 외에 지형의 특징을 반영하는 이름도 붙여졌지만, 원주민이 간직하고 부르던 이름 대신, 영어 지명은 먼저 들어온 스페인 항해자가 붙인 이름과 경쟁하며 결국은 이들이 탐험한 곳은 거의 모두 새로운 영어 이름으로 정착되어 오늘날까지 통용되고 있다. 우리가 익히 알고 있는 수많은 장소가 밴쿠버 탐사대에 의해 명명되었다는 사실은 놀라웠지만, 항해기에서 매 페이지마다 이름 붙이기가 반복된다는 것도 충격적이었다. 발견지에 이름을 붙일 때, '통상적인 의식을 갖추어' 땅을 '점령'했다는 구절도 여러 번 등장하는데,—위의 번역본 왼쪽 페이지에서도 확인할 수 있다—특히 현재 미국 워싱턴주의 시애틀 근처에 해당하는 '뉴조지아'의 점령은 상당히 자세하게 기술되었다.

1792년 6월 6일, 국왕 폐하의 탄신 기념일에 승무원들은 최근에 탐사한 모든 지역을 영국 국왕, 후계자, 계승자의 이름으로, 그들을 위하여 예의 형식을 갖추어 점령했다. 이 지역, 즉 북위 39° 20′, 동경 236° 26′에 위치한 그 지역으로부터 후안 데 푸카해협으로 생각되는 작은 만의 입구까지는, 북쪽과 남쪽의 해안과 함께 전술한 해협 안의 모든 해안과 섬과 마찬가지로 뉴앨비언의 해안이 될 것이다. 조지아만이라는 명예로운 이름을 붙인 내해와 전술한 만을 감싸면서 북위 45°까지 남쪽으로 뻗어있는 본토는 국왕 폐하를 기념하여 뉴조지아로 명명했다(『밴쿠버와 브로튼의 북태평양 항해기 1791-1795』, pp. 89-90).

발견지는 점령 의례를 통해 공식적으로 영국왕의 소유로 선포되었다. 새로운 지명을 붙이는 것 외에도 점령의 내용을 적은 판을 묻거나 국기를 게양하고 표지판을 세우는 절차는 발견의 항해가 시작된 이후 기독교가 전파되지 않은 새로운 땅을 유럽인들이 소유하는 방식이었다.[3] 이 '발견의 원칙(the Doctrine of Discovery)'은 이후 미국인이 서부를 개척할 때, 영국인과 프랑스인이 캐나다를 개척하면서 원주민들의 땅을 차지할 때도 적용되었다(Canadian Museum of Human Rights, "The Doctrine of Discovery"). 하지만 더 자주 점령 의례는 새로운 땅을 찾아 경쟁하던 유럽의 다른 국가를 염두에 두고 행해졌다. 이름이란 그 이름을 지닌 존재의 정체성을 규정한다. 영어 지명은 밴쿠버를 비롯한 영국인이 그 장소에 있었음을 확정하면서, 탐사 이후에 일어난 이 지역의 변화를 예견하게 한다.

『라페루즈의 세계 일주 항해기』가 일찍이 프랑스어에서 한국어로 번역된 적이 있지만, 『밴쿠버와 브로튼의 북태평양 항해기 1791-1795』는 영문

---

3) 라페루즈는 원주민들로부터 섬을 구매하라는 제안을 받고 물건으로 값을 지불하고 "통상적인 절차와 함께" 섬을 점유한 다음, "바위 밑에 이 소유에 관한 사항을 적은 종이가 담긴 유리병을 묻게 했고, 그 옆에다가 우리가 출항하기 전 프랑스에서 주조된 동으로 된 메달들 중 한 개를 놓아두었다"고 적고 있다.(『라페루즈의 세계 일주 항해기』 1권, p.364.)

항해기로는 최초로 번역되었다. 하멜의 표류기는 항해보다는 조선에서의 체류에 초점을 맞추어 조선을 유럽에 소개하는 역할에 치중했기 때문에 제대로 된 항해기로 보기는 어렵다. 그리고 조선을 방문했던 유럽인 항해자들의 기록은 조선 관련 기록만을 중심으로 단편적으로 번역, 소개되었을 뿐이다. 조선 근해를 방문했던 많은 항해자의 기록은 본격적으로 번역될 필요가 있다. 국내 자료에만 의존하던 이양선의 방문과 외세의 침략을 더 확장된 차원에서 연구가 가능하게 할 뿐만 아니라 독자들에게 새로운 유형의 논픽션을 소개한다는 점에서, 이 책이 앞으로 이루어질 많은 항해기 번역에 하나의 이정표를 제시하는 역할을 할 것으로 기대한다.

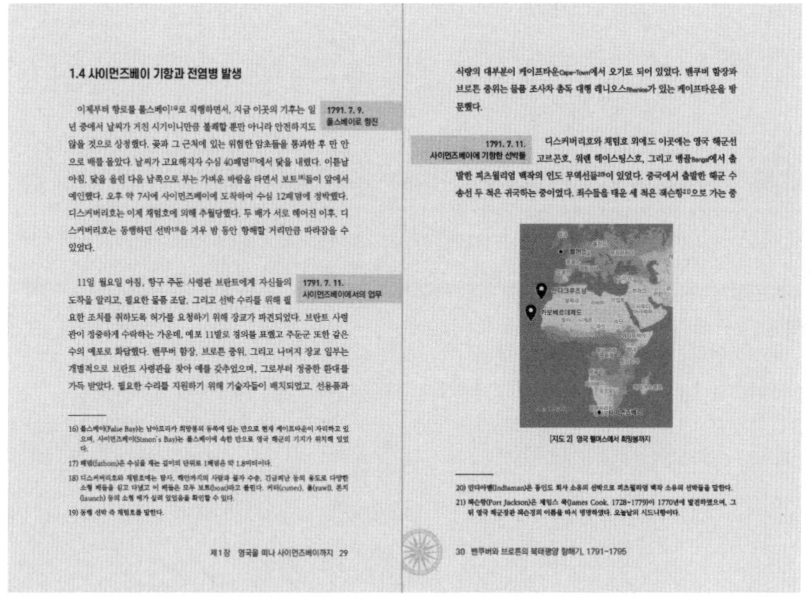

1.4 사이먼즈베이 기항과 전염병 발생

1791. 7. 9.
폴스베이로 항진

이제부터 항로를 폴스베이[16]로 직행하면서, 지금 이곳의 기후는 일 년 중에서 날씨가 거친 시기이니만큼 불쾌할 뿐만 아니라 안전하지도 않을 것으로 상정했다. 곶과 그 근처에 있는 위험한 암초들을 통과한 후 만 안으로 배를 몰았다. 날씨가 고요해지자 수심 40패덤[17]에서 닻을 내렸다. 이튿날 아침, 닻을 올린 다음 남쪽으로 부는 가벼운 바람을 타면서 보트[18]들이 앞에서 예인했다. 오후 약 7시에 사이먼즈베이에 도착하여 수심 12패덤에 정박했다. 디스커버리호는 이제 채텀호에 의해 추월당했다. 두 배가 서로 헤어진 이후, 디스커버리호는 동행하던 선박[19]을 겨우 밤 동안 항해할 거리만큼 따라잡을 수 있었다.

1791. 7. 11.
사이먼즈베이에서의 업무

11일 월요일 아침, 항구 주둔 사령관 브란트에게 자신들의 도착을 알리고, 필요한 물품 조달, 그리고 선박 수리를 위해 필요한 조치를 취하도록 허가를 요청하기 위해 장교가 파견되었다. 브란트 사령관이 정중하게 수락하는 가운데, 예포 11발로 경의를 표했고 주둔군 또한 같은 수의 예포로 화답했다. 밴쿠버 함장, 브로튼 중위, 그리고 나머지 장교 일부는 개별적으로 브란트 사령관을 찾아 예를 갖추었으며, 그로부터 정중한 환대를 가득 받았다. 필요한 수리를 지원하기 위해 기술자들이 배치되었고, 선용품과

16) 폴스베이(False Bay)는 남아프리카 희망봉의 동쪽에 있는 만으로 현재 케이프타운이 자리하고 있으며, 사이먼즈베이(Simon's Bay)는 폴스베이에 속한 만으로 영국 해군의 기지가 위치해 있었다.

17) 패덤(fathom)은 수심을 재는 길이의 단위로 1패덤은 약 1.8미터이다.

18) 디스커버리호와 채텀호에는 탐사, 해안까지의 사람과 물자 수송, 긴급피난 등의 용도로 다양한 소형 배들을 싣고 다녔고 이 배들은 모두 보트(boat)라고 불린다. 커터(cutter), 욜(yawl), 론치(launch) 등의 소형 배가 실려 있었음을 확인할 수 있다.

19) 동행 선박 즉 채텀호를 말한다.

제1장 영국을 떠나 사이먼즈베이까지 29

식량의 대부분이 케이프타운Cape-Town에서 오기로 되어 있었다. 밴쿠버 함장과 브로튼 중위는 물품 조사차 총독 대행 레니오스Rhenios가 있는 케이프타운을 방문했다.

1791. 7. 11.
사이먼즈베이에 기항한 선박들

디스커버리호와 채텀호 외에도 이곳에는 영국 해군선 고르곤호, 워렌 헤이스팅스호, 그리고 벵골Bengal에서 출발한 피츠윌리엄 백작의 인도 무역선들[20]이 있었다. 중국에서 출발한 해군 수송선 두 척은 귀국하는 중이었다. 죄수들을 태운 세 척은 잭슨항[21]으로 가는 중

[지도 2] 영국 팰머스에서 희망봉까지

20) 인디아맨(Indiaman)은 동인도 회사 소유의 선박으로 피츠윌리엄 백작 소유의 선박들을 말한다.

21) 잭슨항(Port Jackson)은 제임스 쿡(James Cook, 1728~1779)이 1770년에 발견하였으며, 그 뒤 영국 해군장관 잭슨경의 이름을 따서 명명하였다. 오늘날의 시드니항이다.

30 밴쿠버와 브로튼의 북태평양 항해기, 1791-1795

(출처: 『밴쿠버와 브로튼의 북태평양 항해기 1791-1795』, pp.29-30)

1812년 전쟁의 모토 "자유무역 그리고 선원들의 권리"

『데이비드 포터의 남태평양 항해기 1812-1814』에 대한 비판적 고찰

류미림

미국의 역사는 바다와 관련된 역사이다.

C. M. 맥브라이드(2014)

1. 서론

1812년 전쟁(1812.6.18~1815.2.17)은 미국이 독립전쟁(1775~1783)에 이어 영국과 치른 두 번째 전쟁이고, 독립국이 된 후 치른 최초의 전쟁이다. 불행하게도 이 전쟁은 미국의 초기 역사에서 주요한 정치·경제·사회적 의미가 있음에도 불구하고 독립전쟁의 그늘에 가려 연구가 미진하고 일반인들에게 많이 알려지지 않았다(Daughan, 2013; Deeben, 2012; Gilje, 2013). 1812년 전쟁의 한복판에는 건국 초기부터 19세기 말까지 미국의 정치·경제·사회적 이슈가 된 "자유무역 그리고 선원들의 권리(Free trade and sailors' rights)"라는 모토가 있다. 철저하게 정치적 모토였던 이 문구는

19세기 초에 매디슨의 정치 캠페인과 반매디슨주의자(Anti-Madisonian)의 정치비판의 도구로 사용되었고, 신문, 잡지, 만화 등 다양한 매체에 등장한다.

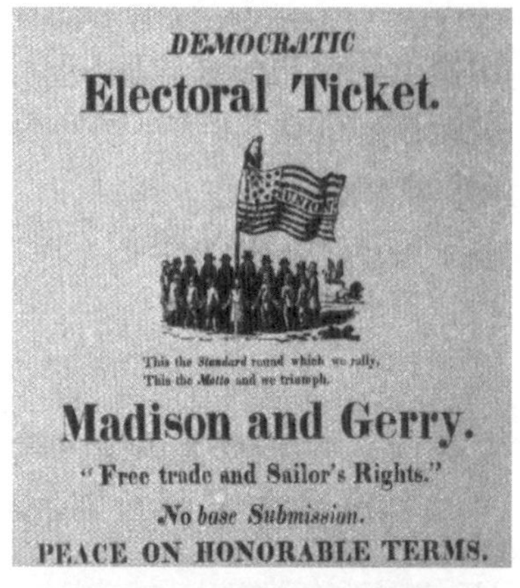

(출처: Indiana University Bloomington[1] 웹사이트: http://purl.dlib.indiana.edu/iudl/images/VAD5457/VAD5457-1066496)

(출처: Teachushistory.com[2] 웹사이트: https://www.teachushistory.org/node/397)

---

1) 1812년 전쟁을 선포한 미국 제3대 대통령 제임스 매디슨이 대통령 선거 후보자로서 "자유무역 그리고 선원들의 권리"를 정치 모토로 사용한 당시 선거 캠페인 포스터이다.

2) 1813년 정치만평으로 그려진 만화로 제목은 Huzza for "Free Trade and Sailor's Rights" : John Bull stung to agony by the Wasp and Hornet이다. John Bull은 대영제국을 상징하는 이름이고 Wasp와 Hornet은 1812년 전쟁 초기에 영국군에 승리한 배들이다.

역사가 Deeben(2012), Gilje(2013) 그리고 Wheelan(2003)은 1812년 전쟁의 원인을 영국 정부가 미국 식민지에 부과한 관세와 무역 제재 그리고 미국 선원의 징집에서 찾고, 모토가 시대정신을 드러낸다고 주장한다. 그러나 다수의 역사학자는 이 모토를 미국 정부의 땅에 대한 욕심과 미국의 확장을 방해하는 인디언 부족을 토벌하려는 욕망[3]에 대한 가림막 정도로 간주하면서 전쟁의 주요 원인은 미국 정부의 제국주의 야심이라 주장한다(Sheppard, 2013).

1812년 전쟁을 이해하기 위해서는 두 가지 질문에 대한 답을 찾는 것이 중요하다. 1783년 파리조약으로 독립전쟁을 공식적으로 종식하면서 최초의 영국 식민지 주였던 버지니아를 포함한 13개 주는 미국(United States)이라는 독립 국가를 탄생시킨다. 그리고 1803년, 프랑스 나폴레옹으로부터 루이지애나를 사드려 영토를 두 배로 확장하고 확고한 독립 국가의 위상을 갖추어 간다. 이 시점에 미국이 왜 영국과 전쟁을 다시 치렀어야 했는지와 1812년 전쟁에서 미국은 왜 "자유무역 그리고 선원들의 권리"를 내세웠는지가 그 두 가지이다.

1812년 전쟁을 논할 때 빠지지 않는 인물이 미국 해군함장 데이비드 포터(D. Porter)이다. 포터 함장은 7월 2일 뉴욕항에서 그리고 10월 델라웨어항에서 출정하면서 그의 전함 에식스호(USS Essex)에 "자유무역 그리고 선원들의 권리"가 새겨진 깃발을 내걸었다. 이후 1812년 전쟁을 연구하는 일부 역사학자들은 1812년 전쟁 = "자유무역 그리고 선원들의 권리" = 포터라는 공식을 만든다(e.g., Gilje, 2013). 포터 함장이 이 모토를 내걸고 출정한 것은 당시 미국 정부가 대외적으로 천명한 전쟁의 이념이었기 때문일 것이다. 저자는 "자유무역 그리고 선원들의 권리"라는 모토를 정치

3) 당시 영국 정부는 영토를 확장해 가는 미국의 세력을 저지하기 위해 미국의 서부 진출을 막았다.

엘리트나 언론이 아니라 현직 군인이 사용했다는 사실에 주목한다. 군인인 포터는 미국 정부의 생각을 대표할 것이다. 그래서 이 글은 포터가 2년의 항해 동안 경험한 해상전투와 다양한 사건의 내용을 기록한 『데이비드 포터의 남태평양 항해기 1812-1814』[4](이하 『항해기』)에서 전쟁 이념을 어떻게 드러내는지를 살펴본다. 즉, 그가 내건 "자유무역 그리고 선원들의 권리"라는 이념을 항해 동안 보여준 그의 태도나 행동에 비추어 분석한다.

따라서 이 글은 포터 함장이 미국 정부의 부름을 받고 전쟁에 참여할 즈음 미국의 정치·경제 상황과 유럽 국가들과의 외교 정세를 살펴보고, 포터가 에식스호에 내걸고 출정한 "자유무역 그리고 선원들의 권리"가 가지는 의미를 그의 『항해기』 분석을 통해 비판적으로 고찰하고자 한다. 번역된 『항해기』를 중심으로 이 글의 내용을 정리하겠지만 더 자세한 설명이 필요할 경우는 항해기의 여러 버전 중 최초로 출판된 1815년 책도 참고한다.

2. 18세기 말에서 19세기 초의 영국과 미국을 둘러싼 국제 정세

영국과 프랑스의 중상주의 정책과 자유무역

18세기 북미에는 영국인 이주민들이 주류를 형성하고 있었다. 당시 북미는 영국 식민지였지만 이들은 자신을 영국인이라고 생각했기 때문에 영

---

[4] 원제는 『Journal of a Cruise Made to the Pacific Ocean in the Years 1812, 1813, and 1814』로서 2권으로 1815년에 처음 출판되었다. 이후 좀 더 대중적 책의 형태로 간소화된 버전들이 출판되었는데 『데이비드 포터의 남태평양 항해기 1812-1814』(김낙현 외, 출간 예정)는 1823년의 『A Voyage in the South Seas, in the Years 1812, 1813, and 1814』를 번역한 것이다.

국 정부가 인지세나 홍차세 등 과세를 부과하고 다른 국가들과의 무역을 금지하는 데 불만을 품었다. 아프리카나 아시아의 식민지국들과는 달리 미국은 아직 국가의 형태가 아니었고 이들 스스로는 같은 영국인으로 단지 새로운 땅(The New World)에 이주해 와서 살뿐이라고 생각했다. 미국 독립전쟁은 이런 불만의 분출이었다. 즉, 영국이 강한 해군력과 발달한 항해술을 이용하여 배를 타고 나가 식민지를 개척하고, 그 식민지를 대상으로 중상주의 정책을 펼치자, 영국에서 새로운 땅에 온 사람들이 연합하여 스스로 식민지를 개척할 힘을 가지는 국가를 만들자는 의지로 미국 독립전쟁을 일으켰다(Gould, 2014).

영국으로부터 독립에 성공한 미국은 쟁취한 자유를 지켜야 한다는 생각이 확고했다. 독립을 위해 싸웠던 많은 미국인은 국가 간 무역이 관세나 무역 제한에서 자유로운 새로운 시대, 그야말로 완전한 자유무역 시대를 열어야 한다고 생각했다(Gilje, 2013). 이런 관점에서 Gilje(2013)는 "자유무역 그리고 선원들의 권리"는 1812년 전쟁을 미국 독립전쟁의 정신과 연결하게 하는 고리라고 주장한다.

1812년 전쟁이 발발하기 전까지 영국과 프랑스는 20년 가까이 전쟁 중이었다. 교전 중인 두 나라는 적대국에 식량을 포함한 공급품이 제공되지 않게 하려고 모든 교역을 차단했다. 중립국의 국기를 내걸고 적과 물건을 거래하던 상인들은 정해진 전쟁 규칙에 따라 교전 중인 군인들에 의해 희생되었다. 미국의 선박과 화물도 두 나라에 의해 가로막혔다. 영국과 교역이 많았던 미국으로서는 경제적 타격이 컸으며, 교역의 제재는 독립 국가의 자유에 대한 침해라고 생각했다.

특히 영국이 대서양과 남미 해안[5]에서 미국 상선의 교역 활동을 제재

---

5) 당시 스페인의 식민지가 대부분이었던 남미에는 영국이 스페인으로부터 승인받아 남미 해안에서 미국 상선을 감시했다.

하고 선원들을 징집해 가서 미국 상선들은 큰 타격을 입었고 자연스럽게 영국해군에 대한 반발심이 강하게 일었다. 이런 상황에서 미국 상인들은 자유무역을 외쳤고, 값싼 화물 운임, 경험 있는 선원들,[6] 그리고 영국인들의 항로를 이용하여 아시아, 특히 중국을 왕래하며 무역하였으며 밀수를 공공연하게 했다(Van, 2017)[7]. 자유무역이 바람직한 경제체제라는 생각은 18세기 후반 영국에서 이미 대두되었다. 애덤 스미스(A. Smith)는 자유무역을 이론화시켰고, 19세기 초에는 영국 의회에서도 미국 상인들의 자유무역에 관한 청문회가 열렸다(Van, 2017). 데이비드 리카도(David Ricardo)는 1817년에 비교생산비설(comparative advantage theory)[8]에서 자유무역으로 모든 나라가 이익을 얻을 수 있다고 주장했다. 다시 말해서, 영국에서는 자유무역이 논의와 고찰을 통해 이론화되고, 미국에서는 현실에서 실현을 위한 몸부림이 있었다. 그런데 미국에서의 몸부림은 독립선언서에서 천명한 만인의 양도할 수 없는 생명, 자유, 행복 추구권의 정신을 실천한다는 명분을 앞세웠지만, 실상은 상선의 선주들과 정치 엘리트들이, 계산법은 달랐겠지만, 자기들의 이익 추구를 위한 행동이었다(Van, 2017). 여기서 영국과 프랑스의 무역 제재에 반발하여 자유무역을 주장한 미국인들의 자유가 누구를 위한 어떤 종류의 자유였는지는 논쟁의 여지가 있어 보인다.

그것이 어떤 의도와 목적이었든, 미국 상선의 자유무역에 관한 외침은 미국인들 사이에 반향을 일으켰다. 어떤 사람들은 영국, 프랑스, 스페인, 포르투칼 등의 강대국들을 중심으로 퍼져있던 중상주의 정책이 폐지되고 모든 나라들과 평화롭게 무역하는 넓은 의미로, 다른 사람들은 전쟁 중인

---

6) 다음 장에서 서술되겠지만, 당시 미국 선박에는 영국 선원들이 많이 타고 있었다.

7) Van(2017)은 당시 미국 정부가 밀수를 용인했다고 기술한다.

8) 나라마다 비교우위를 점하는 물건(재화)을 집중적으로 생산해 다른 나라와 거래하면 양국 모두 이익을 볼 수 있다는 이론이다.

국가들과 무역할 수 있는 중립국의 권리가 보장되어야 한다는 좁은 의미로 받아들였지만, 어느 쪽의 견해를 가졌든, 미국이 국제 관계의 변화에 앞장서고 있다는 믿음이 초기 공화국에 널리 퍼졌다(Gilje, 2013).

영국과 프랑스의 교역 금지 이외에도 당시 미국 경제에 큰 타격을 입힌 중요한 사건이 있었다. 다음 장에서 설명될 1807년의 체서피크-레오파드 사건(Chesapeake - Leopard affair)이 계기가 되어 제정된 1807년 통상금지법(Embargo Act of 1807)이 그것이다. 제퍼슨 대통령의 요청으로 제정된 이 법은 영국과 프랑스의 미국 선원 징집과 무역 제재에 대항하기 위한 것이었다. 내용은 미국의 영해에 있는 모든 선박이 통상을 금지하는, 즉 수출을 위한 어떤 내·외국 선박도 미국 항에 정박할 수 없고 영국으로부터의 수입을 금지하는 조치였다. 한마디로 미국식의 보호무역주의였다. 제퍼슨은 통상의 금지는 영국에 타격을 줄 것이라 계산했다. 그러나 면화의 유럽 수출에 의존했던 미국 남부 경제가 침체하면서 결과적으로 미국 경제에 피해를 줘 1809년에 영국과 프랑스를 제외한 다른 모든 나라에 대해서는 금지령을 폐지했다.

그래서 Deeben(2012)은, 1812년 전쟁의 원인은 영국 정부가 미국 상인의 교역을 통제하고 선원을 징집했기 때문이라기보다는 영국과 프랑스의 통상제재와 미국의 통상금지법 시행에 따른 경제 침체였다고 주장한다. Van(2017)은 미국에서 주장한 자유무역이란 정식 허가증 없이도 전 세계 어느 항구에도 자유롭게 입항(access)할 수 있는 자유였다고 서술한다. 당시 유럽 강대국들은 거대 상단을 중심으로 한 독점무역 정책을 취했고, 특히 영국이 거대 시장인 중국과 독점 교역을 하면서 중국 항구에 미국 상선의 입항을 금지하여 미국 무역상들에게는 경제적 손실이 너무 컸다. 따라서 미국 상인들에게 필요한 것은 자유롭게 입항할 수 있는 자유였다(Van, 2017).

아이러니하게도 당시 미국이 내세운 세계의 모든 나라와 평화로운 자유 교역은 전쟁을 일으키는 촉매로 작용했다.

영국해군의 미국 선원 징집

영국해군의 선원 징집은 오랜 전통을 가진다. 이미 고대 앵글로-색슨족 시대에 시작되어 16세기 엘리자베스 여왕 시대를 거쳐 올리버 크롬웰의 영연방시대에 이르기까지 계속되었다(Deeben, 2012). 그리고 1790년대와 1800년대, 영국은 프랑스와의 전쟁으로 해군의 규모를 확대하면서 징집이 다시 중요해졌다. 영국 의회는 1793년에서 1812년 사이 해군 전함을 135척에서 584척으로, 선원을 36,000명에서 114,000명으로 늘리기로 했다(Deeben, 2012). 엄청난 수의 선원을 확충하기 위해 해군은 강제 징집의 방법을 동원했다. 선원의 징집은 영국 본토뿐만 아니라 바다에서 만나는 외국 선박들에서도 일어났다.

영국해군이 당면한 또 하나의 문제는 탈영병의 급증이었다. 당시 오랜 전쟁으로 영국은 재정이 열악하여 해군을 충분히 지원할 수 없는 처지였다. 낡은 군함과 엄격한 군기하에서 선원들의 생활은 비참하여 탈영병들이 속출했다. 이들은 대개 해군 함선보다는 임금과 환경을 포함하여 모든 면에서 나은 일반상선으로 전향했으나 상선에서도 차츰 군에서 사용하는 명령체계와 문화를 받아들여 고단한 생활은 유사해졌다. 탈영병 중에는 미국 해군함이나 상선에 승선하는 경우도 많았다. 19세기 초, 새롭게 독립국으로 자리매김하고 있던 미국은 해상력의 중요성을 인지하고 해군력 강화를 시도했다. 그 결과로 임금이나 배의 환경은 미국 함선이 영국 함선보다 훨씬 나았고(Daughan, 2013), 당시 경험 있는 선원이 많지 않았던 미국해군의 경우, 영국 함선에 승선했던 영국 선원들을 받아들여 승무원의 35~40%가 영국 선원이었다(Deeben, 2012).

영국은 미국 선박에서 영국 탈영병을 데려올 권리가 있다고 주장하면서 강제 징집을 단행했다. 강제 징집을 막기 위해 미국 정부는 미국 선원 증명서를 발급하여 미국인임을 입증할 수 있게 했지만 영국군은 이를 무시하는 경우가 많았으며, 심지어 문화와 언어가 유사하여 미국인과 영국인을 쉽게 구분할 수 없어 미국인을 징집하는 경우도 허다했다.

영국의 미국 선원 징집은 독립선언서에 기초하여 막 태동한 미국 정부의 이념과 충돌했다. 징집은 공해에서 가지는 중립국의 권리에 대한 미국의 이해와도 직접적으로 배치되었으며, 선원들의 의지에 반하여 외국 정부를 위해 봉사하도록 하는 행위는 개인의 자유를 침해하는 명백한 위법 행위였다. 미국 정치인이, 해군이, 포터 함장이 선원들의 권리를 주장한

Howard Pyle의 그림
(출처: Library of Congress.[9]
웹 사이트: https://www.loc.gov/item/2002697680/)

---

9) 영국 장교들이 미국 선원을 징집하기 위해 심사하고 있다.

것은 독립선언서에 담긴 "모든 사람은 평등하게 태어났다"(all men are created equally)는 정신이 타르(Tar or Jack Tar)[10]라 불린 선원들에게도 확장되는 것이었다.

초기 공화국의 선원들은 일반적으로 소란스럽고, 통제할 수 없는 무책임한 사람이라는 사회적 낙인을 가지고 있었다. 그런 그들의 권리를 선주들과 정치 엘리트들이 외쳤다. 이들의 외침은 선원뿐만 아니라 일반 미국인들의 마음을 울렸다. 미국 혁명에서 역할을 한 선원들이 영국해군에 강제 징집되어 복무하는 비참한 운명에서 영국군의 잔인함을 보여주고 이와 비교하여 그들 자신의 도덕적 우월성을 미국인들에게 강조했기 때문이다. 미국 선원들과 일반인들에게 강제 징집은 선원 개인의 인권과 독립국에 대한 모욕으로 여겨졌으며 1796년 미국 의회는 징집의 위협에 대응하는 법을 통과시켜 전쟁을 합법화시킬 수 있는 근거를 마련하였다.

탈영병으로 병력이 약해진 영국해군은 탈영병을 단속하고 동시에 탈영병을 색출하기 위해 미국 동부 해안을 순찰하면서 정찰했다. 그러던 중 1807년 6월 22일에 영국 함선 레오파드호(HMS Leopard)가 미국 프리깃 체서피크호(USS Chesapeake)를 버지니아주 노퍽 해안에서 마주하게 되어 교전이 일어난다. 미국 승무원 중에 많은 사상자가 발생하고 4명의 승무원이 끌려가는 비참한 결과를 미국해군에 안겼다. 끌려간 4명은 모두 영국해군에서 복무한 경험이 있지만, 3명은 미국에서 태어난 미국 시민이었고 1명은 원래 영국 출신이었지만 미국 시민권을 획득한 상태였다. 군사재판으로 영국 출신은 교수형에 처해졌고, 미국인 3명은 나중에 풀려나는데 이것이 1807년의 체서피크-레오파드 사건(Chesapeake-Leopard affair)

---

10) 대영제국 시대에 선원들은 배나 배 물건의 방수를 위해 타르를 사용했고, 타르를 입힌 방수복을 입었다. 그래서 선원들을 타르라고 불렀고 이후에도 선원을 지칭하는 용어로 널리 사용되었다.

이다. 이 사건으로 미국의 여론이 들끓으면서 의회에서 전쟁 찬성파들이 힘을 얻었지만, 아직은 미국이 대영제국과 전쟁을 치를 만큼 강하지 않다는 주장에 밀려 미국 정부는 경제 전쟁을 선택한다. 앞서 설명된 1807년 통상금지법이 바로 그것이다.

통상금지법의 시행이 미국 경제를 살기기보다는 오히려 약화시키는 결과를 초래[11]하자 영국에 대한 전쟁 찬성파의 주장이 다시 힘을 받게 된다. 매디슨 대통령은 전쟁 찬성파의 손을 들어 주며 "자유무역 그리고 선원들의 권리"를 내세워 1812년 전쟁을 단행한다. 매디슨의 관심은 영국이 저지하는 미국 서부에로의 확장과 캐나다를 장악하는 데에 있었다(Gilje, 2013). 따라서 미국 정부와 시민은 각기 다른 생각을 가지고 같은 모토 아래에 모인 셈이었다.

그런데 흥미롭게도 미국해군도 영국 선원들을 징집했다(Deeben, 2012). Deeben은 그 한 사례가 1811년 11월 12일에 미국함정 컨스티투션호(USS Constitution)[12]에서 탈주한 전 영국 선원 찰스 데이비스(Charles Davis)라 주장한다. 미국해군의 영국 선원 징집 사례는 미국의 전쟁 명분을 약화시킨다는 점에서 관심을 끈다. 실증적 자료에 근거한 Deeben의 주장 등이 1812년 전쟁의 원인에 관한 연구가 여전히 미진하다는 것을 입증한다.

---

11) 북부 제조업은 어느 정도 경제적 활기를 띠었지만, 면화 수출에 의존한 남부는 심한 타격을 받았다.

12) 프리깃 전함으로 1812년 전쟁에서 다섯 척의 영국 군함을 패퇴시키고 많은 영국 상선을 나포하는 성과를 거두었다.

3. 데이비드 포터와 "자유무역 그리고 선원들의 권리"

David Porter, portrait by Charles Willson Peale, 1818–19

독립국립역사공원 컬렉션, 필라델피아

데이비드 포터(1780~1843)는 미국 보스턴에서 태어나 볼티모어와 서인도제도를 오가는 선박을 소유했던 아버지와 어려서부터 배를 탔다. 18세에 장교 후보생으로 프랑스와의 콰시전쟁(Quasi-War)에, 다음 해 중위로 진급되어 트리폴리(Tripoli) 전쟁에 참전하였고, 1806년에 마스터가 된다. 1812년에는 함장으로 임명되면서 미국 군함 에식스호(USS Essex)의 지휘관이 되어 1812년 전쟁에 출정한다. Gilje(2013)는 포터가 국가에 대한 헌신과 명예를 중시한 인물이라 주장한다. 반면 포터가 쓴 『항해기』를 바탕으로 포터 함장과 에식스호를 새롭게 쓴 *The Shining Sea: David Porter and the Epic Voyage of the U.S.S.*

USS Essex

(출처: National Museum of the U.S. Navy
웹사이트: https://www.history.navy.mil/content/history/museums/nmusn/explore/photography/ships-us/ships-usn-e/uss-essex-frigate.html)

Essex during the War of 1812(2013)에서 Daughan은 포터를 명성과 부를 추구한 인물로 묘사한다.

포터는 미국해군 총독의 명령으로 1812년 전쟁에 참전하기 위해 1812년 7월 2일 뉴욕항에서 출항한다. 앞서 언급되었듯이, 1812년 전쟁은 해상에 만연해 있던 영국군의 미국인 무역 활동에 대한 제재와 선원들의 징집에 대항하여 자유로운 무역과 선원의 인권 보장의 기치를 내걸고 미국이 영국에 선전포고하면서 시작된 전쟁이다. 포터는 "자유무역 그리고 선원들의 권리"라는 깃발을 내걸고 출항하여 70일의 항해 중, 1812년 8월 13일 영국 해군함정 얼럿호(HMS Alert)를 만나 교전하여 승리한다. 이 전투는 미국해군이 영국함정과 싸워 얻은 최초의 승리로 기록된다.

그리고 10월 28일, 에식스호는 델라웨어 항에서 같은 모토를 내걸고 출항하여 남대서양을 항해하던 도중 1813년 1월에 남태평양에서 미국 선박을 보호하고 영국 고래잡이 어장을 교란시킬 목적으로 그곳으로 향한다. 에식스호가 남태평양으로 향한다는 사실을 선원들은 나중에 알게 되고, 포터는 영국 포경선을 나포하여 돈을 더 많이 벌고 여자를 만날 수 있다고[13] 그들을 달랜다(Daughan, 2013). 이 항해로 에식스호는 케이프 혼(Cape Horn)을 돌아 태평양에 진출한 최초의 미국 전함이라는 명성을 얻게 된다. 앞서 Daughan이 지적한 포터 함장의 야심을 보여주는 대목이다.

항해 중 포터는 칠레 해안과 갈라파고스 주변의 어장에서 여러 척의 영국과 페루 고래잡이배를 나포하는 승전고를 울리며 그의 위세를 더 높인다. 포터는 영국 고래잡이배를 나포한 후 포로들과 함께 항해하면서 들은

---

13) 포터는 선원을 달래는 방법으로 원주민 여성을 이용했다. 이 행위는 그가 말하는 문명사회에서는 용납되지 않았다. 당시 남태평양의 마르키즈제도에서는 여성들을 이용하여 백인들로부터 물건들을 얻었다. 제임스 쿡은 몇 차례의 세계 항해에서 섬의 원주민들을 만나면서 그 문화의 변화 과정을 지켜본 후, 문명화된 기독교인들이 원주민에게 전파한 부끄러운 것은 욕망(desires)과 질병(diseases)이라고 지적한다(Hirano, 2007).

영국 탈영병에 관해 이야기를 『항해기』에서 서술한다. 그들은 영국 전함에 만연한 학대 때문에 아주 비참한 상태의 상선이라 할지라도 영국 국기를 달고 항해하는 것을 보면 탈영하려 한다고 했다. 당시 영국 탈영병 증가의 심각성을 보여주는 대목이다. 그리고 자기의 포로로 항해하는 동안에는 먹을 것과 개인적 자유가 보장되어 누구도 도주하려는 시도를 보이지 않았다고 적는데, 영국해군보다 미국해군의 우월적 환경(도덕성)을 과시하고자 한 것으로 보인다.

그러나 안타깝게도 포터의 『항해기』에는 선원들에 관한 내용은 거의 없다. 선원들이 약 2년 동안 집을 떠나 선상에서 생활하면서 추위는 어떻게 견뎠는지, 외로움은 어떻게 달랬는지, 쥐와 함께 어떻게 생활했는지[14]에 대한 어떤 설명도 없다. 『항해기』에 선원들의 내용이 없다는 사실은 포터의 관심 안에 그들이 없었다는 의미로 해석된다. 그가 내걸었던 "선원들의 권리"는 선원들의 인간다운 삶을 위한 권리가 아니라 오직 영국해군에 잡혀가지 않을 권리였던 것으로 해석된다. 미국 선주들이 선원 걱정 없이 사업을 하고 미국 경제를 뒷받침하는 힘이 되어 주는 권리였다.

포터가 여러 척의 고래잡이배를 나포한 즈음에 영국 정부가 포터를 붙잡기 위해 전함을 보냈다는 소식을 접하고 배의 재정비를 위해 워싱턴제도[15]에서 가장 큰 섬인 누쿠히바(Nuku Hiva)에 미국 국기를 달고 10월 25일에 입항한다. 항해 도중 정체를 숨기기 위해 자주 영국 국기를 사용했던 포터가 미국 국기를 달았다는 것은 섬에 유럽인이 없다는 사실을 알고 있었다는 의미이다. 도착한 후 포터는 섬을 본국의 대통령에게 바친다는 의미로 매디슨 섬이라 이름 붙였다. 그리고 11월 19일에 섬을 미국의

---

14) 누쿠히바 섬에 정박한 포터의 일행은 배 안에 연기를 피워 쥐를 소탕하는 작업을 하는데 쥐구멍에서 죽어 찾지 못한 것을 제외하고도 1,500마리 이상을 잡았다.

15) 『항해기』에서 포터는 오늘날 누쿠히바 섬이 있는 마르케사스제도를 워싱턴제도라 이름한다.

소유로 취한다. 약 30년 후에, 멜빌(Herman Melville)은 『타이피』에서 동일한 섬이 프랑스 전함에 의해 프랑스 소유가 된 것을 목격하고 서구 세력의 정치적 야심이라고 서술하고 제국주의를 비판했는데, 그는 포터에도 같은 견해를 가졌다(Hirano, 2007). Rowe(2000)는, 포터가 누쿠히바섬을 미국에 귀속시킨 방식은 문화나 사람을 대상으로 한 것이 아닌, 당시 미국 정치권에서 보인 상업적 제국주의라고 주장한다.

자유무역과 상업적 제국주의라는 관점에서, 포터의 『항해기』에서 주목되어지는 단어 중 하나는 프렌드쉽(friendship)[16]이다. 이 단어는 포터가 1815년에 최초로 출판한 2권의 항해기에 총 8차례 등장한다. 포터 일행이 페루의 북부 연안에 있는 툼베스(Tumbez)에서 그곳 사령관을 만난 후 툼베스의 상황을 언급하면서 한 번 그리고 누쿠히바 섬에서 여러 부족과 관계를 맺는 과정에서 나머지가 사용되었다. <표 1>은 코퍼스 분석 도구인 Antconc을 돌려 얻은 프렌드쉽이 사용된 문장(concordance lines)이다.

문맥에서 프렌드쉽이 가지는 의미를 살펴보기 위해 이 단어와 함께 사용되는 단어(collocate)를 Antconc을 사용하여 추출했다. <표 2>는 프렌드쉽과 함께 사용된 단어 중에서 문법어를 제외한 의미어만을 나열한 것이다.

---

16) Friendship은 한국어로 '우정' 혹은 '친선'이라고 일반적으로 번역되는데, 포터가 이 단어를 사용할 때는, 사용 문맥상 단어가 가지는 의미 중 "동맹국 간의 상호 신뢰와 원조(a state of mutual trust and support between allied nations)"를 의미하여, '우정'이나 '친선'으로 번역하면 의미가 충분히 전달되지 않아 여기서는 한국어로 번역하지 않고 프렌드쉽이라 표기한다.

〈표 1〉 Concordance Lines of Friendship

Left	Hit	Right
required to know why they should desire	friendship	with us, or why they should bring us
valley until they had come to terms of	friendship	with us. The messenger, on his return,
preferred war; I had proffered them my	friendship,	and they had spurned at it. That ther
taught all the natives was a token of	friendship,	his fears seemed to subside. I learnt
for, notwithstanding their professions of	friendship,	I had reason to doubt their sincerity,
to sacrifice the whole to purchase my	friendship	if I should conquer them. Seeing that
they would be willing to purchase my	friendship	on any terms. He informed me that a
was Tavee. I gave him assurances of my	friendship,	requested him to return and allay the

〈표 2〉 Collocates of Friendship

Collocate	Rank	Freq(Scaled)	FreqLR	FreqL	FreqR	Likelihood
purchase	1	50	2	2	0	19.063
terms	3	100	2	1	1	16.263
professions	5	10	1	1	0	11.411
proffered	5	10	1	1	0	11.411
conquer	5	10	1	0	1	11.411
spurned	5	10	1	0	1	11.411

<표 2>에서 보듯이, 프렌드쉽과 사용 가능성(likelihood)이 가장 높은 단어는 '사다(purchase)'이다. 이 단어의 문맥상 의미를 다른 콜로케이트와의 관계 속에서 분석하면, 포터가 제안하는(proffered) 프렌드쉽을 섬의 부족들이 일정한 조건(terms)으로 사는 것이다. 거절(spurned)하면 정복당한다(conquer). 즉, 포터에게 프렌드쉽은 부족과 외교관계를 맺고 교역(포터의 말로는 물물교환)을 하는 것인데, 여기에 응하지 않으면 무력으로 관계를 맺게 한다. 결국 포터의 프렌드쉽은 경제·외교적 표현이다. 살펴봐야 할 부분은 그의 프렌드쉽이 자유무역에서 전제되어야 할 평등하고 공정한 경제외교였는가이다.

프렌드쉽이라는 단어는 포터의 『항해기』 13, 14, 그리고 15장에 대부분 등장한다. 이 장들은 매디슨 섬에 도착하여 현지 부족들과 전쟁(처음에는 하파족과 다음에는 섬에서 가장 강한 타이피족과 전쟁)을 치르면서 프렌드쉽을 확장해 가는 내용이다. 프렌드쉽을 맺으면 부족이 포터에게 식량을 보내야 한다. 섬에 도착한 포터는 먼저 몇몇 부족들과 프렌드쉽의 표시로 선물을 교환하자고 제안하고,[17] 선물교환을 한 부족은 "우호적인 인디언(friendly Indians)"이라 불렀는데, 이 용어는 선물교환을 하지 않은 부족민과 구분하는 방식으로 사용되었다. 외교 용어로 바꾸어 표현하면 프렌드쉽을 맺은 부족은 동맹관계가 되고 그렇지 않은 부족은 적이 된다.

부족들이 가져온 선물은 주로 먹을거리였다. 선물을 어떤 방식으로 보내왔는지 포터는 상세하게 기술한다.

> 선물을 준비할 때는 가타네와가 소작인들에게 돼지, 코코넛, 바나나, 또는 빵나무 열매 등을 자신의 몫으로 가져오도록 요구한다. 다른 지주들은 그의 본보기를 따르고, 소작인은 두 개 이상의 코코넛, 바나나 한 다발, 빵나무 열매 한두 개, 돼지 한 마리, 사탕수수 한 줄기, 또는 타라 한 뿌리를 가지고 그의 집 앞에 모인다. 모든 것이 모이면, 그의 아들 또는 손자 가타네와가 앞장을 서고 캠프를 향해 이삼백 명이 한 줄로 서서 행진한다. 같은 방식으로 우리는 다른 모든 부족에게서 선물을 받았다.(김낙현 외, 출판 예정, p.95)[18]

그런데 선물을 가지고 오지 않는 부족들이 있었다. 선물을 보내는 부족

---

17) 포터는 부족들과 선물(presents)을 교환했다고 적었다. 선물로 부족민들은 돼지, 바나나, 코코넛 등을 그에게 가져왔지만 대응하여 그는 그들에게 무엇을 주었는지는 분명하게 기록하지 않는다. 당시 포터의 일행은 400명 정도 되었으며 선물은 일행이 섬에서 한 달 보름 정도 머무는 동안 지속해서 보내져 왔다. 당시 열악했을 섬의 실정을 생각해 보면 포터 일행을 먹이기 위해 섬사람들이 어떤 생활을 했을지 짐작할 수 있다.

18) 『항해기』가 아직 출판되지 않아 본문에서 사용하는 페이지는 변동될 수 있다.

쪽에서 보면, 보내지 않는 부족의 몫까지 자신들이 포터 일행의 식량을 내주어야 하니 보내지 않는 부족에게 (포터 도착 이전에도 관계가 좋지 않았지만) 불만이 많았다. 그래서 포터가 그들과 싸워 그들을 처벌해 달라고 끈질기게 요청한다. 포터는 그들로부터 계속해서 선물을 받아야 했고, 잘못하면 그와 일행의 안전이 위험해질 수 있어서 불만을 잠재워야 했다. 이 부분에서 관심을 끈 구절은 본국과의 이해관계[19)]가 잘못될 것에 대한 포터의 걱정이었다. 즉, 포터의 프렌드쉽은 앞으로 맺을 미국 정부와 섬의 관계를 염두에 둔 것이었다. 불만을 해소하는 방법은 선물을 보내지 않는 부족들(하파족과 타이피족)과 싸워 그들과 강압적으로라도 프렌드쉽을 맺는 것이었다.

전쟁에서 승리한 포터는 타이피족에게 돼지 400마리를 요구하여 받는데, 이 수는 선원을 포함한 그의 일행 모두를 합한 수와 맞먹었다.

12월 9일, 섬을 떠나면서 포터는 다음과 같이 쓴다.

> 누아히바섬 친구들의 호의로 식량, 나무, 그리고 물을 충분하게 배에 실었고, 갑판에는 돼지와 코코넛과 바나나가 가득했다. 그들은 또한 우리가 바다에서 먹기 편리하도록 말린 코코넛을 준비해 주었는데, 3~4개월 치의 물량이었다.(김낙현 외, 출판 예정, p.111)

그리고 그는 저장할 소금의 부족을 걱정한다. 선물교환으로 프렌드쉽을 맺자는 포터의 제안이 낳은 결과이다. 이것이 그가 원했던 프렌드쉽이었다. 결국 프렌드쉽은 위장된 약탈(plundering)이었다(Hirano, 2007). "자유무역 그리고 선원들의 권리" 깃발을 내걸었던 포터는 섬의 원주민들을

---

19) "교전의 재개가 늦어지기라도 하면 우리 정부의 이해관계뿐만 아니라 부하들의 안전이 위태로워질 것으로 생각했다"(p.113).

독립선언서에서 말하는 "모든 사람"으로 보지 않았고, 따라서 동등하게 교역할 대상이 아니었다. 그곳은 곧 미국에 귀속될 섬이었다. 그러나 미국 의회는 그의 주장을 받아들이지 않았고, 1842년에 프랑스 해군에 의해 점령되었다가 1870년에 프랑스령 폴리네시아에 귀속된다.

4. 결론

건국 초기에 일어난 1812년 전쟁은 미국이 치른 전쟁 중 상대적으로 연구가 미진하다. 왜 전쟁이 일어났는지에 대한 여전히 모호하고 논란의 여지가 있는 주장들이 미진한 연구의 방증이라 할 수 있다. 독립혁명에 이어 영국으로부터의 '두 번째 독립(Second War of Independence)'이라고 불리는 이 전쟁의 응집된 외침은 포터함장이 에식스호에 매단 깃발에 새겨진 "자유무역 그리고 선원들의 권리"였다. Gilje(2010)에 의하면, 이 구호는 19세기 초 미국인들 사이에 엄청난 정신적 공명을 불러일으켰으며, 구호가 가진 의미는 1812년 전쟁을 이해하는 결정적인 요소이다. 정치적 모토이기도 하였던 이 구호는 건국 초기 미국의 정치문화와 종종 정치 엘리트와 일반 미국인 간의 양립하는 시각에 대한 탐구 자료가 되기도 한다. 즉, 미국 정부가 서부로 확장이나 캐나다를 장악하는 데에 관심이 있었다면, 영국해군에 위협당하고 영국의 무역정책이 자기의 돈벌이를 제약하는 현실에서 선원들은 진정한 애국심에서 미국기 아래에 모였다(Gilje, 2013).

"자유무역 그리고 선원들의 권리"를 걸고 출정한 포터는 1814년 3월 28일에 영국함정 피비호(HMS Phoebe)와 채럽호(HMS Cherub)에 패하여 본국으로 이송되었음에도, 태평양까지 나아가 무적함이라 생각한 영국함정을 무찌르고 상선들을 나포한 성과로 미국해군사에 큰 발자취를 남겼다.

그러나 Daughan(2013)은 포터 함장의 야망 때문에 승무원들이 치른 엄청난 희생은 그의 빛나는 성공에 가려졌음을 지적한다. 그는 남태평양을 항해하면서 선원들이 선상에서 어떤 생활을 하고, 어떤 희생을 치렀는지에 관한 기록은 남기지 않았다. 프렌드쉽을 내세워 누쿠히바섬에서 부족민들에게 보인 그의 태도와 행동은 대포와 총을 가진 강자에게는 자유무역이고 약자에게는 약탈이었다. 포터의 『항해기』는 1812년 전쟁의 모토였던 "자유무역 그리고 선원들의 권리"가 미국의 경제적 이익을 위한 자유무역, 애국심에 기댄 제국주의 세력 확장을 위한 선원들의 권리 주장으로 해석될 여지를 남긴다.

참고문헌

김낙현·노종진·류미림·홍옥숙, 『데이비드 포터의 남태평양 항해기 1812-1814』, 출판 예정.

Deeben. John P. "The War of 1812: Stoking the Fires." *Prologue*, vol. 44, n. 2, Summer 2012.
https://www.google.com/search?q=Impressment+of+Seaman+Charles+Davis+by+the+U.S.+Navy.&oq=Impressment+of+Seaman+Charles+Davis+by+the+U.S.+Navy.&aqs=chrome..69i57.1329j0j7&sourceid=chrome&ie=UTF-8

Daughan, George C. *The Shining Sea: David Porter and the Epic Voyage of the U.S.S. Essex during the War of 1812.* Basic Books, 2013.

Gilje, Paul. A. "Free Trade and Sailors' Rights" The Rhetoric of the War of 1812, *Journal of the Early Republic*, vol. 30, 2010, pp. 1-23.

Gilje, Paul A. *Free Trade and Sailors' Rights in the War of 1812.* Cambridge University Press, 2013.

Gould, Eliga H. *Among the Powers of the Earth: The American Revolution and the Making of a New World Empire.* Cambridge University Press, 2014.

Hirano, Harumi. Captain David Porter and Melville's Anti-colonialism. *Human Science Research*, vol.3, 2007, pp.117-165.

Naval Museum of US Navy. "War of 1812: The Water War." *Naval History and Heritage Command 2012 Exhibits*, 2 Jun. 2021. https://www.history.navy.mil/content/history/museums/nmusn/explore/prior-exhibits/2012/war-1812-water-war/causes-of-the-war.html

Porter, David. *Journal of a cruise made to the Pacific Ocean in the years 1812, 1813, and 1814.* https://www.gutenberg.org/

Rowe, John C. *Literary Culture and U.S. Imperialism.* Oxford University Press, 2000.

Sheppard, Thomas. Review of Gilje, Paul A., Free Trade and Sailors' Rights in the War of 1812. *H-Net Reviews*, August, 2013. URL:http://www.h-net.org/reviews/showrev.php?id=39006

Van, Rachel Tamar. "Cents and Sensibilities: Fairness and Free Trade in the Early Nineteenth Century." *Diplomatic History*, vol.42, n.1, 2017, pp. 72-89.

Wheelan, Joseph. *Jefferson's War: America's First War on Terror, 1801-1805.* Carroll & Graf Publishers, 2003.

부산학과 해양 모더니티

구모룡

1. 부산학의 개념과 방법

부산학(Busan Studies, Busanology)이란 무엇인가? 막스 베버는 "다양한 학문의 범위를 정하는 것은 '사물들'의 '현실적' 상호관계가 아니라 문제들의 개념적 상호관계이다"라고 하였다. 새로운 학문은 새로운 질문을 새로운 방법으로 제기할 때 출현한다는 의미이다. 부산학도 이와 같아서 새로운 질문과 방법을 요청하고 있다. 하지만 아직 부산학에 관한 자명한 개념과 방법은 부족한 형편이다. 토론과정에 있다고 하겠는데 먼저 부산학이 어떠한 경로를 거쳐 구성되고 있는가를 알아보고, 그동안 부산학의 이름으로 연구되어온 성과를 제시하며, 도출되는 과제와 전망을 말하고자 한다. 특히 부산학을 해양 모더니티(maritime modernity)와 연관하여 설명하려 하는데 이는 다소 잠정적이고 가설적인 주제일 뿐만 아니라 향후 부산학의 가장 중요한 문제틀이라 생각한다.

지역학과 지역연구(Area Studies)를 구분해야 한다. 지역연구는 타자의 삶을 연구하는 학문으로 주로 세계단위에서 이루어져 왔다. 이는 에드워드 사이드가 "추악한 신조어"라고 비판한 바 있듯이, 제국주의 국가의 정책학적인 측면이 크다. 지역학은 연구 주체가 포함된 지역에 대한 학적 접근이다. 따라서 자기 지역의 특수성 규명을 주된 목표로 한다. 지리학의 네 가지 스케일—local, nation, region, global—을 따를 때 부산학은 로컬학(local studies)이 된다. 국가 중심 스케일이 아닌 로컬 스케일이 로컬학의 토대이다. 각자 자기가 사는 고장이 로컬이다. 가령 영도에 사는 사람에게 영도가 로컬이듯이 강남에 사는 사람에게 강남은 로컬이다. 모든 로컬의 총합이 국가(nation)이며 로컬은 이러한 국가와 지역(region)과 세계(global)의 영향을 받는다. 그래서 부산학은 로컬학이면서 국가와 지역과 세계와의 연관관계를 규명해야 하는데 해항(seaport)이라는 점에서 해역세계를 포함한다. 지역학인 부산학은 부산이라는 자기의 눈으로 자기를 연구하는 학문이자 방법이다.

부산학은 부산의 문화적 경험을 해석하면서 부산의 현재와 미래를 조망할 수 있는 방식을 만드는 일과 다르지 않다. 이는 21세기 부산학이라는 문제의식에 상응한다. 20세기 말에 진행된 세계화 혹은 전지구적 자본주의는 제국과 식민, 국민국가 내의 중앙과 지방 등 이항 대립을 넘어 보다 큰 틀에서 지역과 도시를 바라볼 것을 요구한다. 이러한 점에서 식민지 수탈론과 지역불균등 발전론은 일방의 편향을 지닌 경향으로 보인다. 부산이라는 로컬 공간이 형성되고 발전하는 과정에는 국가적, 지역적(regional) 문제가 중첩적으로 개입한다. 그래서 부산학은 기원의 식민도시(colonial city)에서 근대 도시(modern city)로 성장하는 경로들을 추적해야 하고 식민적 근대화와 국가 주도의 근대화에 의해 형성되고 발전해 온 과정을 서술해야 한다. 또한 근대 도시를 넘어서려는 21세기 현재의 시점에서 정치, 경제, 문화의 층위가 상호 연동한 부산의 도시적 성격을 따져야 한다. 특히 문화와 공간은 21세기 새로운 탈근대 도시(postmodern city)를 창안하는 일에 가장 중요한 개념들이다.

〈부산의 변화 양상〉

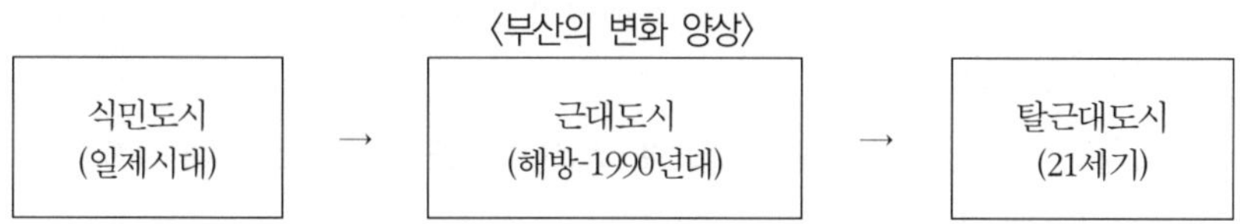

부산학은 ①문화인류학의 자국인류학으로의 전회(도시민속학, 민족지적 방법의 지역연구) ②문화연구의 통합적(학제적) 경향 ③도시 연구의 진전 ④세계체계론의 지역문화론 ⑤해항도시 네트워크론 등을 수용한다. 이러한 방법들을 통하여 부산학은 오늘의 시점에서 역사적으로 형성되고 변화되어온 부산의 의미를 다층적으로 규명하면서 내일의 도시로 나아가는 전망을 제시하여야 한다. 부산의 미래상은 과거와 현재와 단절을 의미하지 않는다. 이는 공간에 새겨진 과거의 기억들과 살아온 사람들의 경험을 새롭게 재해석하는 과정에서 그려질 수밖에 없다.

2. 부산학의 형성과 전개

넓은 의미에서의 부산 연구가 학문적 위상을 지닌 부산학으로 자리매김한 일은 그리 오래되지 않다. '부산학'이라는 용어가 지역 학계에 출현한 것은 1990년대 초반(김성국, 1993)이나 본격적으로 학문적인 가능성이 검토되고 관심이 증대한 시기는 2000년대 이후이다. 물론 1990년대의 전사를 간과할 수는 없다. 지자제 시작과 더불어 지역의 정체성을 찾고 지역의 가능성을 모색하는 학문적 시도들이 많아졌기 때문이다. 1990년대 이후의 경향은 크게 네 가지 흐름을 보인다.

① 1980년대 말부터 진전된 "지역사회연구"라는 맥락.
② 신라대학교와 부산연구원의 부산학센터의 사업.
③ 비평전문계간지 《오늘의 문예비평》이 2000년대 중반 주도한 공간의 문화정치학.
④ 부산대 한국민족문화연구소의 로컬리티 연구와 한국해양대의 해항도시문화교섭학 연구.

①에 의하여 '지역학으로서의 부산학'이라는 문제설정이 제기되는데, 김성국은 부산학을 "부산의 역사적 형성과정과 현재적 과제를 분석하여, 부산의 특성과 정체성을 발굴하며, 나아가 미래의 부산 발전의 방향을 제시함으로써 부산이 당면한 시대적 상황에 대처할 수 있는 이론적·실천적 논리를 공급하는 학문"이라 규정하면서 부산학의 필요성을 역설한다. 그런데 이러한 문제 제기는 구체적인 성과로 발전하지 못하고 다시 2000년에 이르러 좀 더 진전된 형태의 문제 제기로 반복된다. 특히 김석준이 2000년 학술 세미나에서 제안한 '부산학 연구센터'가 신라대학교와 부산연구원에 설립되면서 보다 체계적이고 활발한 연구사업들이 진행되고 있다. ②신라대학교 부산학 연구센터는 부산의 정체성 발굴과 확립, 부산학 연구의 거점화, 지역학의 활성화를 목표로 부산학총서를 출간하고 연구저널 부산연구를 발간하며 학술심포지엄과 콜로퀴엄을 개최하여 부산연구의 저변을 확대해 왔다. 부산연구원의 부산학센터는 "부산학의 연구를 통하여 부산의 정체성을 확립하는 데 기틀을 마련하고 부산 사람으로서의 자긍심과 애향심을 고취시키며 궁극적으로 부산시민들의 삶의 질 향상에 기여하고 나아가 지금의 부산에 대한 심화된 성찰을 통해 보다 나은 부산의 미래를 만들어 나가는 데" 목적을 두고 있다. 이러한 목적을 수행하기 위해 부산연구원의 부산학센터는 지역학 연구 방법론 구축, 부산학 연구 발간 사업, 부산학 연구 조성사업, 부산학 연구 지원 사업, 부산학 정보자료실 운영,

학제간 협력 네트워크 구축사업, 부산문화정책연구, 지역향토문화의 창달과 예술진흥, 부산학 대시민 홍보 사업 등의 일들을 전개하고 부산학 교양총서, 부산학 연구논총, 부산학 기획연구 등의 형태로 연구 결과물들을 축적해 오고 있다.

부산학 연구센터가 신라대학교와 부산발전연구원에 설립된 이후 부산학에 대한 관심과 연구 활동이 고조되고 있는 것이 사실이다. 부산의 시간과 공간 연구를 통하여 지역 정체성을 찾으려는 노력이 이들 센터 안팎에서 꾸준하게 이어지고 있다. 여기서 주목되는 것은 부산학이 사회과학과 정책과학의 한계를 넘어 문화연구의 경향을 보이는 현상이다. 지역적 삶의 일상성을 해부하거나 지역의 이미지를 서술하고 지역의 대중문화를 기술하며 지역공간의 문화정치학을 시도하는 사례가 늘고 있다. 일상의 사회학과 민족지학 그리고 문화주의의 방법론들이 부산학 안으로 심도 있게 진입하고 있음을 알게 된다. 따라서 사회과학이 지니는 한계를 사회학적 상상력으로 극복하자는 김석준의 제안을 넘어 이제 부산학은 '문화론적 전회'라는 새 단계로 진입하고 있다.

③『오늘의 문예비평』이 전개한 공간의 문화정치학은 지역의 공간과 표상에 주목하면서 근대적 공간생산의 모순에 대한 비판에 집중한다. 부산은 식민적 근대화와 국가 주도의 근대화 과정에서 자본과 권력에 의하여 공간이 재편되었다. 『오늘의 문예비평』은 부산의 공간생산에 개입한 이데올로기를 분석하면서 국민국가를 표상하는 기념비와 동상 등이 배치되는 과정을 고찰한다. 어떤 의미에서 『오늘의 문예비평』의 비평 활동을 통하여 부산학의 공간적 전회가 시동되었다고 할 수 있다. 이는 그동안 부산학이 시간의 측면 즉 역사연구에 치중되었던 것과 차이를 만든다. 부산학이라고 뚜렷하게 명시하지는 않았지만 부경역사연구소와 대학의 역사학자들이 전개한 지역사 연구는 부산학이라는 넓은 범주를 벗어나지 않는다.

이 가운데 ④한국민족문화연구소는 2000년대 중반부터 로컬의 시점으로 장소와 공간을 이해하고 이를 통해 우리 삶을 해석하는 이론틀을 모색하고 있다. 세계체계의 반주변부에 위치한 한국의 반주변부인 부산의 입장에서 적합한 시야를 확보한 것으로 평가할 수 있다. 국민국가 중심의 근대적인 시각에서 탈피하되 부산이라는 장소와 공간의 구체성으로부터 삶의 무늬를 그리려 했다는 점에서 한국민족문화연구소의 로컬리티 인문학은 21세기 부산학의 중요한 모색으로 받아들여져도 좋겠다. 아울러 한국해양대학교의 해항도시문화교섭학은 해항도시 부산 연구에 새로운 방법과 이론을 구축하였다.

지역학이 곧 문화연구는 아니다. 지역학은 인문학, 역사학, 지리학, 문화인류학, 사회학, 경제학, 정치학 그리고 자연과학에 이르는 많은 분과학문을 포함하면서 독자적인 개념과 이론을 지닌 학문이다. 지역학의 본연은 어디까지나 지역의 삶에 대한 이해에 있다는 사실을 간과할 수 없다. 따라서 현상으로 분리된 경제나 정치 그리고 사회의 분석—지역조사연구가 지역학의 주요 대상이 될 수 없다. 이보다 이들 모두가 상호 관련되는 양상을 배경으로 지역을 이해하는 것이 지역학이라 할 때 이것은 자연스럽게 현대의 문화연구 주제와 만나게 된다. 아울러 구체적인 장소와 공간을 대상으로 한다는 점에서 공간과 도시 연구, 국민국가에 한정된 시야를 극복하는 이론의 도입이 필요하다. 무엇보다 우리가 사는 지역에 대한 인식과 이해를 제대로 하자는 뜻에서 출발한 학문이 지역학으로서의 부산학이다. 1980년대 후반 민주화의 열기와 더불어 지역의 불균등 발전에 대한 비판적 입장에 선 일군의 사회학자들에 의해 촉발된 부산학은 이제 한 세대의 역사를 지니게 되었다. 민간의 독립 연구자와 대학 소속 연구자가 지닌 부산학에 대한 관심과 열의는 여전히 높은 편이다. 시민의 부산 이해력을 더하고 도시재생이나 마을만들기 등에 정책적인 활용도도 높여왔다. 무엇보다 도시정책에 부산학의 성과를 반영하는 일이 많아지고 있음을 주목하게 된다. 16개 구군에서도 이런저런 규모의 부산학을 다채롭게 진행하고 있는 것으로 안다. 이쯤이면 이제 부산학이 어느 정도 제 자리를 잡았다고 생각한다. 이러한 지점에서 부산학의 도약을 위한 토론이 필요하다.

바다가 나온다고 모두 해양문학이 아니듯이 부산을 말한다고 무조건 부산학이 되진 않는다. 적어도 그에 상응하는 이론과 방법이 있어야 한다. 역사학, 문학, 민속학, 사회학 등의 분과학문이 부산에 관한 사실을 연구의 대상으로 삼을 수 있다. 그렇지만 각 분과의 고증과 발견이 부산학이라고 하긴 미흡하다. 적어도 과거를 말하면서 현재를 진단하고 미래를 구상하는 방법이 되어야 한다. 그동안 과거를 소환하는 일에 매달린 느낌이 크다. 다시 말해서 기억에 치우쳤다고 할 수 있다. 이러한 과거 지향에는 어떤 상실감과 미래에 대한 두려움이 개입하는 경우가 많다. 다분히 심정적인 편향이 있을 수 있는데 이는 오히려 부산의 실체를 이해하는 데 방해 요인으로 작용하기도 한다. 의도하지 않게 부산학의 시야를 좁히고 그 처지를 애처롭게 만든다. 현금의 부산에 대한 구체적이고 객관적인 접근이 먼저인데 현재를 상실의 감각으로 대하다 보니 기원에 대한 노스탤지어만 비대하다. 부산학이 연약한 기억에 매달리는 데서 벗어나야 할 때가 되었다. 과거와 현재, 기억과 상실, 가능성과 불가능성, 내부와 외부의 이분법이 아니라 이들 사이를 횡단하는 힘을 길러야 한다. 훼손되기 이전의 원형이라는 관념은 현실에서 쓸모가 없다. 지금-여기의 짜증스럽고 비루하며 거친 국면조차 껴안아야 할 과제이다. 부정적인 양상으로 보이는 현상조차 부산학의 대상이 되어야 한다. 다시 말해서 '남은 게 별로 없어, 가치 있는 장소가 거의 사라졌어, 더 이상 희망이 보이지 않아'라고 말하면서 부산학을 위장하지 않아야 한다는 말이다. 그러니까 가능성과 불가능성을 모두 포함하는 변증법적 생성으로서의 부산학이 필요한 시점이다. 부산사람의 좋고 뒤틀린 심사와 욕망은 물론, 날로 망가지는 공간도 부산학의 대상이라 하겠다.

본디 있었던 장소나 사실에 대한 그동안의 편향은 어쩌면 현재를 직시하고 미래를 전망하려는 의지의 회피와 연관될 수 있다. 상실과 향수 사이에서 요동하는 부산학은 이제 접어두어야 할 때가 되었다. 가령 피란수도에 대한 과도한 집착을 상기하면 비록 임시로 부여된 지위이지만 '수도'라는 중심성의 상실이라는 의식이 자리하고 있음을 알게 한다. 이처럼 동질적이나 공허한 여백이 있다. 부산 정신에 대한 논의나 정체성에 대한 동어반복도 마찬가지다. 마치 부산 정신이 어디엔가 있는 것처럼 호도하는데 사실 그와 같은 게 있을 수 없다. 기억의 누적과 축적, 틈과 주름으로 가득한 형국이 부산의 실상이다. 그러니 정체성을 애써 찾을 필요가 없다. 이는 우리 안의 또 다른 중심주의를 만들 공산이 크다. 서울 중심의 일극 체제를 비판하면서 역내 중심을 세우려는 모순된 의식 말이다. 하나이면서 여럿인 부산은 다층적이며 역동적이다. 이를 혼란으로 바라보는 이들이 정신과 정체성으로 획일화하려 한다. 기억상실증 환자쯤으로 취급하면서 기억이 필요하다고 강박한다. 부산학의 적이 된 부산학은 끊임없이 기억을 소환하고 유일한 관념을 구축하려 한다. 부산을 하나의 전체로 상상하는 것도 문제이지만 형태가 없는 무질서로 보는 것도 문제이다. 우리 안의 중심주의를 해체하면서 부산을 여러 겹으로 인식하는 방법적 접근을 경주해야 하겠다. 이럴 때 부산학은 국가 중심 시야를 넘어설 수 있고, 기장학, 서면학, 동래학, 영도학, 낙동강 유역학 등과 같은 단위들의 포괄도 가능하다.

3. 부산학의 방향과 내용

부산이라는 토포스

기원 담론은 신화가 되어 현재의 삶에 영향을 끼친다. 그런데 과거의 역사는 대개 현재의 욕망에 투영된 의미라 할 수 있다. 부산의 기원 담론 또한 과거를 통하여 현재를 말하려는 다양한 욕망의 산물이자 의미들의 생산이다. 어원학은 자주 기원의 신화를 만드는 데 기여한다. 증산(甑山)과 부산의 관련성을 말함으로써 애써 부산이 일제가 만든 식민도시라는 사실을 회피하려는 경향은 자주 목도되는 현상이다. 하지만 어원이 식민도시라는 공간 생산의 실제를 대신하지는 않는다. 공간적 차원에서 식민도시를 우회하려는 시도는 대부분 동래기원론과 동래해체론으로 집약된다. 동래가 부산의 기원이라고 말하거나 일제가 동래를 해체하기 위해 부산을 건설하였다고 함으로써 식민도시적 유산을 거부하고 민족적 주체를 획득하려 한다. 그러나 이러한 담론이 지니는 이데올로기적 한계 또한 분명하다. 부산이라는 도시는 일제에 의해 건설된 식민도시에서 출발한 것이 엄연한 사실이기 때문이다.

근대 이전에 '부산'은 존재하지 않는다. 다만 부산포라는 포구가 있었을 뿐이다. 이 지역의 중심은 단연 동래이다. 이와 함께 군사적 요충지이기도 한 기장과 수영과 다대포가 배치되어 있었다. 그렇지만 부산의 기원이 동래인 것은 아니다. 그러함에도 부산의 기원을 동래라고 말하거나 그렇게 믿으려 하는 경향이 적지 않다. 이는 조일7년전쟁(임진왜란)의 아픈 역사와도 연관된다. 이러한 역사적 기억과 주장에 민족주의 이데올로기의 틈입은 피할 수 없다. 여기서 '왜관'의 존재를 동래와 함께 부산의 전사를 살피는 과정에 기입하는 일이 요긴하다. 물론 왜관을 부산의 기원이라 규정하기보다 부산의 전사라는 맥락에서 이해하려는 것인데, 왜관을 부산의 전사로 보려는 것은 세 가지 차원에서 의미를 가진다. 먼저 부산의 탄생을 '일본전관거류지'에서 발전한 식민도시에 한정하는 데서 탈피할 수 있고 다음으로 민족주의가 투영된 동래기원설의 편향을 넘어설 수 있다. 아울러 부산의 미래도시 비전을 재구성하는 방법으로 이를 활용할 수 있다. 이를 통해 제국과 식민의 이분법으로 부산을 이해하는 관점을 벗어나는 한편 21세기 세계로 열린 도시 개념을 창안하는 계기를 만들 수 있다. 아시아의 여러 해항도시—광저우, 나가사키, 마드라스 등이 17세기 이래 아시아 해양경제의 주역이 되어 활동해온 반면, 조선은 왜관의 활동을 제외하고 이러한 경제활동에 참여하고 있는 해항도시(seaport city)를 갖지 못했다. 그나마 왜관의 중요성이 부각되는 까닭이 여기에 있으며 개항 이후 식민지 해항도시 부산과 왜관을 상관적으로 바라보는 시야가 요청된다. 개항에 대한 시각 또한 긍정/부정을 넘어서 '동아시아 역내의 상호관계로부터 보는 지역적(regional) 시야'가 요긴한데 식민도시를 일반화하기 어렵다 하더라도 외부의 권력에 의한 지배라는 변수가 도입되어 이종적이고 다원적인 문화 혼종화 경향이 나타난 지역임을 알 수 있다. 그런데 이러한 문화적 연구가 지나치게 탈맥락화하는 것은 경계해야 한다. 정치·경제사 중심의 협소한 일국사적 담론을 넘어서기 위해서 문화연구를 도입하는 것은 필수적이지만 그렇다 하더라도 식민지 해항도시가 지니는 '복합성'을 견지하는 일이 필요하다.

끓는 가마솥

그 기원에서 부산은 식민도시로 출발하였다고 볼 수 있다. 그러나 조금 더 거슬러 올라가 왜관의 존재방식을 생각하면 식민도시론은 상당 부분 보충될 내용을 가진다. 왜관이 전근대 동아시아 교역의 장이었다는 점에서 부산은 벌써 동아시아 지역적 네트워크의 한 결절점(nodal point)임에 틀림이 없다. 이러한 역사적 경험은 식민경험에 대한 과도한 부정에 기반하여 제기되는 동래 기원설의 한계를 뒷받침한다. 현재 부산에서 일제시대 문화유산 가운데 기념비적인 것은 거의 사라지고 없다. 부산부 건물인 구 부산시청이 롯데로 넘어가 해체될 때 시민사회의 저항은 거의 없었던 것으로 기억된다. 문민정부가 역사바로잡기 차원에서 총독부 건물인 중앙청을 허문 것의 지방 복사판이라 할 수 있다. 식민 유산 또한 부산을 채우는 내용이다. 그것은 해체되어야 할 잔재가 아니라 보존하면서 활용해야 할 유산이다. 확실히 부산은 식민 기억에 대한 완강한 거부 의식을 보여왔다. 지역정부가 일본인 거리 조성에 대한 계획을 발표하였다 곤욕을 치르고 철회한 적이 있다. 시민들의 비판이 거세었기 때문이다. 일찌감치 조성된 '상해 거리'나 후일 조성된 '텍사스 스트리트'와도 비교된다. 민중의 이야기가 서려 있는 영도다리가 보존되는 한편 동래읍성이 복원되는 등 과거의 기억에 대한 부산시민의 양가적 태도는 여전하다. 이 대목에서 조선후기 260년 동안 유지되어온 왜관을 떠올리는 것이 하나의 방법이다. 일본인 마을을 허용한 바 있는 과거와 일본인 거리조차 만들 수 없는 현실의 거리는 무엇일까? 아울러 이러한 거리를 극복할 수 있는 길은 없을까?

식민지 도시의 유산을 마땅히 청산해야 할 잔재라고 규정하는 민족주의는 그 당위성에도 불구하고 21세기 부산의 미래 구성에 활력이 되지 못한다. 식민도시 이래 근대화 과정에서 기형적으로 팽창을 거듭한 부산을 재정비하면서 내발적인 에너지를 지닌 동아시아 네트워크 도시로 이끄는 일이 긴요하다. 이중도시의 불균등 발전 구조가 온존하거나 확대 재생산된 국면은 수정되어야 하지만 식민도시 이래 여러 계기에 의해 진행된 문화 혼종화는 부산을 다문화 네트워크 도시로 만드는 바탕이 된다. 식민 시기의 범월과 이산, 해방공간과 한국전쟁기의 귀환과 피난, 근대화 시기의 이촌 향도 등의 내외국 이민의 다양한 역사적 경험은 부산을 동아시아의 문화적 허브이자 세계로 열린 해항 도시의 위상을 품게 한다. 이러한 점에서 '제2 도시 이데올로기'나 '세계도시' 등 부산의 도시 목표와 연관된 다양한 이념들이 재검토되어야 한다. 중심부 서울에 비친 일국적 시각과 세계체제 중심부의 관점이 투영된 개념들은 타자 지향적이어서 주체적인 부산 창생이라는 과제와 어긋난다. 부산을 통하여 부산을 보고 있지 못한다. 부산을 한마디로 요약하는 일은 어렵다. 하지만 부산의 유래와 역사를 되새겨 볼 때 한국사회의 끓는 가마솥(melting pot)임에 틀림이 없다. 정부가 우리 사회를 다문화사회로 규정한 것은 최근이다. 그런데 다른 지역에 비하여 부산은 일찍이 다문화사회였다. 화교와 일본인 그리고 러시아인이 거주하거나 왕래하고 있으며 지금은 많은 아시아인이 거주하고 있다. 교역과 상업의 도시, 인종과 문화가 교류하고 융합하는 네트워크 도시이다.

동아시아 지중해의 결절지

아시아 여러 해항도시와 차별되는 위상 탓에 부산의 역사에서 가능성을 찾는 일이 쉽지 않다. 식민 상황이지만 문화교섭의 다양한 양상을 추적하여 오늘의 관점에서 그 의미를 새롭게 하는 방법적 노력이 필요하다. 이는 변전의 공간, 접촉지대, 번역지대인 해항도시를 민족지학적으로 접근하는 입장과 연관된다. 해항도시가 형성되고 산업구조가 재편되면서 재생되는 일련의 역사적 과정을 민족지학적으로 서술하는 일의 중요성을 지적하는데 민족지학이 '지구적 변동의 국지적 결과들'을 면밀하게 연구하는 데 유익하다. 식민도시에서 근대도시로 나아가 탈근대 네트워크 도시로 변화하려는 도정에 있는 부산의 처지에서 그 기원에 내재한 지역성과 세계성, 식민성과 근대성을 함께 읽어내는 일이 가지는 의의가 적지 않다.

조지 린치는 일본 고베에서 모스크바로 이어지는 긴 여정의 첫 관문에서 부산을 만난다. 마침 북빈 매축공사가 막 시작되는 시점인데, 항로와 철로를 잇는 부산항의 미래를 인식한다. 그는 철도를 '제국의 통로'라고 규정한다. 철도는 먼저 제국과 식민의 시공간을 통합한다. 그렇기에 철도를 둘러싼 제국의 각축은 심각하다. 조지 린치는 먼저 동아시아에서 철도부설권을 차지하려는 일본과 러시아의 경쟁에 주목한다. 여기서 먼저 시베리아 철도의 세계사적 의의를 생각할 필요가 있다. 당시 세계의 제해권은 영국이 장악하고 있었고 유럽에서 아시아에 이르는 해상교통은 영국해군의 수중에 있었다. 이러한 상황에서 러시아가 유일하게 육로를 통해 유럽과 아시아에 이르는 가능성을 가지고 있어서 영국 주도의 국제정치에 도전할 수 있는 잠재적인 조건을 갖추게 된다. 이는 영국이 중국에서 보유해 온 통상적 권익이나 외교적 우위성을 위협할 뿐만 아니라 국경을 인접한 중국과 일본에 심대한 위협이 되었다. 일본은 러시아가 위협의 대상이지만 시베리아 철도가 만들어짐과 더불어 일본이 해역과 육역의 결절지가 되는 구상을 한다. 이래서 조선 반도를 가운데 두고 러시아와 일본의 대결이라는 피할 수 없는 상황이 연출된다. 조지 린치가 본 것 또한 이러한 상황이며 일본인 거주지를 중심으로 도시를 만들어가는 과정을 보면서 일본의 지배를 간파해낸다. 그의 눈에 부산은 일본의 대륙 침략의 기지이다. 청일 전쟁의 승리 이후 전통적인 중화체제를 뒤집은 일본은 조선에 대한 법적, 제도적 지배를 강화하는 한편 자국민을 조선에 이주시킴으로써 보호국으로 만드는 과정을 착실히 진행시킨다. 조지 린치는 러시아와 일본이 경쟁하는 장소(topos)로서의 부산을 설명한다. 부산이라는 국지적 영역(local)을 동아시아 지역과 세계체계와 연관시키는 다층적인 스케일을 통해 부산을 인식한다.

조지 린치가 바라본 부산은 오늘의 시점에서도 중요한 의미를 지닌다. 열강의 침략기지가 아니라 동아시아의 교역과 교류의 결절지라는 적극적인 해석이 가능하다. '네트워크 도시'는 하마시타 다케시가 홍콩을 규정한 개념이다. 부산은 일본과 러시아와 중국을 잇는 네트워크임에 틀림이 없다. 따라서 부산으로 스며드는 동아시아를 받아들이고 동아시아 문화가 다양한 장소와 공간에서 자리 잡을 수 있도록 해야 한다. 이러한 점에서 차이나타운의 건립은 물론 러시아 등 외국인 이주자들이 활동할 수 있는 다문화공간을 구성하고 나아가 한일 간의 교역의 상징인 왜관을 복원하는 일도 가능한 일이다. 부산에는 벌써 여러 가지 양상으로 다문화 공간이 형성되어 있다. 부산역 앞이 대표적인데 가게의 간판이나 거리에 있는 미디어들이 외국 국적 사람의 활동을 반영하고 있다. 중국, 일본, 러시아 그리고 동남아 여러 나라들에서 온 이주자들의 독자적인 생활세계는 지역적 삶의 변동을 가져오고 있으며 미디어를 통하여 지역에 회로를 형성함으로써 우리가 사는 도시를 변용한다. 이들의 시야는 몸은 로컬 영역인 부산에 있지만 그들의 국가와 지역을 향한 더 넓은 세계와 네트워크가 이루어진다.

교역과 상업

도시주의와 식민주의는 필연적인 연관성을 지닌다. 통제와 잉여 추출의 기능을 수행하고 시장, 소비의 중심, 축적의 무대로 식민지가 존재한다는 점에서 식민주의는 도시적 성격을 지닌다. 식민주의의 현시 방식은 도시적이라는 앤소니 킹의 지적처럼 식민주의가 식민지 국가의 공간조직과 도시체계에 미친 영향은 전 세계적이다. 이러한 점에서 일본전관거류지가 도시로 바뀌는 것은 제국 일본의 형성과 맞물리게 된다. 실제 일본 정부는 개항초부터 일본 거류민 증가를 예상하여 도로망을 계획하고 가옥의 구조를 규제함으로써 식민도시를 형성해 갔다. 왜관이 전관거류지로 바뀌자 돌벽과 성문 등을 헐어버리고 영사관 건물을 중심에 두는 한편 그 둘

레에 경찰서, 상공장려관, 전신국, 은행, 병원 등 공공건물을 차례로 배치하여 일본화된 시가지를 만들어 간 것이다. 이리하여 외국인이 보는 부산이란 일본인 거주지를 의미하게 되었다.

엔소니 킹에 의하면 식민주의가 식민지에 건설한 도시의 유형은 크게 두 가지이다. 첫째는 외부지향형 항구도시로 이 도시들을 통해 상품이 중심부로 수출되었고 식민주의의 후기단계에서는 제조품이 주변부로 수입되었다. 둘째는 식민사회의 도시계층의 재조직화와 식민수도를 포함한 정치, 행정, 군사 중심지의 구축이다. 식민도시 부산은 단연 첫째 유형을 대표한다. 부산은 일본과 대륙을 잇는 관문이다. 철도와 철도 연락선으로 일본열도와 대륙을 통합하는 구상의 결절지로서 중심부 대도시와 주변부 조선의 노동 분업을 가능하게 하는 항구도시로 대단히 중요한 위치에 놓이게 된다. 따라서 일제는 근대화된 일본의 위용을 드러내기에 족한 건축물들을 부산에 세워 도시 스펙터클을 형성함으로써 식민지민들을 압도한다.

청일전쟁이 동아시아 구질서의 몰락을 의미한다면 러일전쟁은 새로운 질서의 형성을 뜻한다. 러일전쟁 이후 일본거류민의 활동은 더욱 활발해진다. 중화적 동아시아 지역질서의 붕괴는 한편으로 서양의 조약체제의 도전에 의한 것이기도 하지만 이보다 먼저 중국의 중심성을 부정해온 일본에 의해 추진되어온 측면이 크다. 물론 일본의 근대화도 결코 순탄한 것만은 아니다. 일일이 이를 예거하긴 어려우나 무엇보다 일본이 세계사적 행운을 거머쥔 것은 분명하다. 영국 패권이 쇠퇴하는 과정에 유럽에 보불전쟁이 일어나고 미국이 근대 자본주의 국가로 재편되는 과정에서 내전을 겪게 됨으로써 시간의 경쟁에서 일본은 기회를 얻었다 할 수 있기 때문이다. 이러한 기회를 적극적으로 활용해 세계자본주의 체제의 반주변부에서 중심부로 도약을 시작한 것이다. 실제 아편전쟁과 청일전쟁이 일본인에게 끼친 영향은 페리 내항만큼이나 컸다고 할 수 있다. 페리 내항 이후 전술적 전환이 빨랐다면 청일전쟁 이후 새 질서의 주역이 되려는 의지가 확고해지게 되는 것이다.

서구 열강을 모방하고 있던 일본이 조선에 개항을 요구하여 1876년 부산을 시발로 1879년 원산, 1883년 인천 등이 차례로 개항한다. 하지만 1882년 임오군란이 일어나고 1884년에는 갑신정변이 실패로 끝나는 등 격동의 시기가 계속되면서 조선과의 교역은 크게 확대되지 않는다. 1876년 개항과 더불어 일본 정부는 나가사키, 고토(五島), 쓰시마, 부산을 잇는 항로 개설을 지원하고 조선 도항과 무역을 장려한다. 이후 일본 상선은 한 달에 한 번씩 나가사키와 부산을 왕복하게 된다. 특히 1877년 '부산항 일본인 거류지조차조약'이 체결되어 왜관 부지 11만 평이 모두 일본의 전관 거류지가 되면서 에도시대 이후 쓰시마와의 무역이 이루어졌던 왜관이 복원된다. 1871년 무렵 부산왜관에는 200여 명 정도가 거주하고 있었던 것으로 알려진다. 이후 정세에 따라 부침을 거듭하다 1891년에는 5,000여 명을 상회한다. 1889년 이후 부산의 일본인이 크게 늘어나게 되는데 오사카와 부산 간의 항로 개설도 영향을 미쳤을 것이다. 무역의 경우 1890년대까지 범선에 의존하던 것이 1890년대 말에 이르면 기선이 주도한다. 따라서 하층 계층은 조선에 정주하는 경향이 커졌다. 이러한 조선 내 일본인 인구 증가현상은 개항지와 한성 등에서도 유사하다. 그런데 이러한 일본의 증가가 일본인의 조선시장 장악을 뜻하는 것은 아니다. 청일 전쟁 시기까지 조선에서 청상과 일상은 경쟁관계를 유지했다. 그런데 1893년에 이르면 도쿄에 식민협회가 결성되면서 식민열이 고양되어 1892년 말 조선 내 일본인 수가 9,137명에 이르나 청일전쟁이 발발할 것으로 두려워한 이들이 귀국하여 이후 다소 줄기도 한다. 1893년 일시적으로 700여 명 정도 감소하나 청일전쟁 이후 1900년 전후 조선 이민론이 본격적으로 대두하면서 일본의 과잉 인구를 해결하고 러시아를 견제하기 위해 일본인 한국 이식이 적극 추진되게 되는데 이러한 과정과 맞물려 철도건설이 추진된다. 1894년 9,354명이던 조선 내 일본인은 청일전쟁 이후 1895년 말에는 1만 2,303명에 이르게 된다. 이후 1900년 말에 15,829명이던 것이 1905년 말에는 42,460명으로 증가하고 이민 붐이 일게 된다. 이러한 이민 붐이 이는 시기와 관부연락선 취항이 일치한다.

관부연락선은 일본의 식민정책의 산물이다. 특히 청일전쟁 이후 지속되어온 일본 정부의 이민 장려 정책이 한 획을 그은 것으로 볼 수 있다. 조선에 대한 군사적, 경제적, 문화적 우위를 확보하기 위하여 조선 이민이 장려된 것이다. 야마가타 아리토모는 1894년 11월 7일 「조선정책상주」에서 경부선과 경의선 철도 건설과 평양 이북 의주에 이르기까지 방인을 이식하는 것을 제안하고 있다. 실제 조선 내 일본인의 수가 급격히 증가하는 것은 철도 건설 이후이다. 선로 주변에 새로운 일본인 도시가 형성되기도 한 바, 조치원과 대전이 대표적이다. 경의선이 개통된 이후 1908년 신의주의 일본인 거류민단원은 1,535명에 달했다. 이러한 배경에서 1905년 42,460명이던 한국 내 일본인은 1906년 83,315명으로 증가하고 1910년 말에는 171,543명에 이르렀다. 이처럼 1910년대에 이르러 부산의 일본거류민 수는 크게 증가한다. 이는 일본이 근대화에 따라 해체된 농촌 인구를 조선으로 다량 유입시키고 상인과 기업 등 일본 자본가들을 대량 조선으로 유입하게 함으로써 자국의 생산력을 확대시키려 한 정책의 소산이다.

식민도시 부산의 발전 과정은 개항과 더불어 몇 단계의 과정을 거친다. 전관거류지가 확대되면서 1901년에 본격적인 시가지가 형성되고 1902년에 이르러 본격적인 도시 계획이 시작된다. 1905년 이사청 설치 이후 1906년에는 시구개정 8개년 사업에 착수한다. 식민도시 부산의 면모가 일신되는 것은 1914년 부산부제 실시 이후라 할 수 있다. 1930년대에 이르러 서면 일대 부산진 공업지대가 형성되고 1940년대에는 동래지역까지 부산부에 포함된다. 1937년 조선총독부 고시 「부산시가지 계획령」이라는 부산 최초의 도시 종합계획이 수립되는 바, 목표 연도를 1965년으로 설정하고 있다.

다층적 공간과 혼종 문화

부산을 이해하는 데 있어 두 가지 관점이 필수적이다. 그것은 1)도시공간의 변화와 2)문화 경험에 대한 고찰이다. 모든 도시는 공통성뿐만 아니라 개별성을 지닌다. 다른 대도시와 마찬가지로 사회적, 문화적으로 다양한 지역, 계층, 양상의 복합체로 존재한다. 상업지구, 소비 환락가, 공업지구, 퇴락한 주거지, 농업과 어업 지역, 미래 도시처럼 보이는 새로운 지구 등 다층적이다. 이처럼 다층적인 공간이 부산인데 그 근저에 이중도시라는 맥락이 놓여 있다. 이중도시(dual city)는 식민도시 형성 단계에서 시작된 것으로 다양한 양상으로 현대에 이르기까지 젠트리피케이션(gentrification)과 슬럼의 대비라는 양상으로 지속된다. 젠트리피케이션은 도심의 고급화, 주택의 고급화, 건물의 고층화 등을 의미하며 도시 재개발은 이러한 공간 구성을 가속화한다. 부산은 식민도시 형성에서 일본인 거주지 중심의 젠트리피케이션과 근대화 과정에서의 도심, 그리고 새로운 도심의 형성과 신도시 개발 등을 통하여 다층적인 형태의 이중 도시성을 지속해 왔다.

일제시대의 부산을 염상섭은 "식민지의 축도"로 보았고 김열규는 "식민지의 식민지"라고 의미를 부여한 바 있다. 그만큼 부산은 지정학적인 위상을 지니고 있었다. 일본에 한반도는 대륙을 잇는 통로이기도 하지만 동아나아가 대동아를 구상하는 병참기지였다. 이러한 가운데 부산은 군사 기지적 성격을 지니게 되었다. 군사적 목적으로 구축된 김해공항과 수영공항 그리고 도시 곳곳의 군사 시설들은 냉전체제가 와해되는 시기까지 부산의 많은 공간을 점령하고 있었다. 그러나 한편으로 이러한 군사적 공간이 존재함으로써 부산의 공간적 재편이 쉽게 이루어진 측면이 없지 않다. 많은 경우 대단지 아파트가 들어서기도 했지만 부산시청의 이동이나 센텀시티와 문현금융단지 등의 조성이 가능하였다. 또한 하얄리아부대 자리에 센터럴 파크가 만들어질 예정이고 보면 군사적 공간들이 빠져나가면서 부산이라는 도시가 제 모습을 찾아가고 있다고 보아도 과언이 아니다.

부산이 고밀도, 무계획, 이종 혼재의 장기지속으로 급격히 가속화되고 있는 엔트로피 증가를 국지적인 개입과 수정으로 조절하고 있는 '누적도시'의 성격이 크다. 이는 여러 번의 급격한 인구이동과 정착 과정과 연관된다. 먼저 해방과 더불어 일본인 거주지가 와해되고 귀환민이 정착하는 과정을 들 수 있다. 국제시장 형성사가 말하듯이 패전으로 귀국하는 일본인들이 내다 놓거나 남겨둔 물품의 시장이 만들어지고 미군정 하에 밀무역의 중요거점이 되기도 한다. 한국전쟁으로 부산의 인구는 엄청나게 팽창하며 피난민들이 만든 판자촌으로 대규모 주변부가 형성하게 된다. 여러 차례의 대규모 화재가 불러온 집단이주는 도시를 확장하는 계기가 된다. 한국전쟁기에 부산은 명실상부한 제2 도시의 지위를 획득한다. 이러한 사정에는 임시수도의 지위를 획득한 일도 포함되지만 이보다 일제 시대에 구축된 항만을 통해 전쟁물자와 원조물자들이 수송될 수 있었던 탓이 크다. 이러한 항만은 냉전체제로 섬이 된 한국이 수출주도형 근대화를 이루는 발판이 된다. 1960년대 후반 이후 부산항은 지속적인 확장을 이루며 부산의 해양도시적 면모를 주도한다. 1963년의 직할시 승격은 근대도시 부산의 위상을 상징한다. 인근 농촌지역에서 대량의 인구가 근대화과정에서 유입되면서 부산은 동과 서로 확대를 거듭한다. 1995년 광역시 승격으로 부산은 거대도시가 되었다. 이러한 과정에서 부산은 중심과 주변이라는 이중성이 마치 프랙털과 같은 형상으로 중첩되고 중층화되었다.

부산의 도시공간과 문화지형을 모순으로 이해할 것인가 아니면 중첩과 혼종으로 이해할 것인가? 도시민 사이의 격차가 공간적으로 표출되고 있는 현상에 대하여 '모순'을 말하지 않는 이 없을 것이다. 센텀시티와 같이 사무실과 주거동, 대형 쇼핑몰, 레스토랑, 영화관과 미술관, 방송국과 학교 등 다양하고 복합적인 시설들이 사람을 유인하고 흡수하는 공간은 부산의 문화지형을 바꾸어 놓고 있다. 부산이라는 공간 안에 다시 글로벌 도시가 들어선 형국이다. 세계화의 도전에 직면하면서 극도의 이중도시화가 진행된 것이 센텀시티라 할 수 있겠는데 이러한 현상은 향후 북항 재개발에서도 반복될 것이라 짐작된다. 도시 속에 또 다른 도시가 존재하면서 도시의 안과 밖, 고급과 저급과 같은 비대칭성이 존재하는 공간의 이중도시화 현상은 부산이 안고 있는 공간 모순의 핵심에 해당한다. 추상화되고 있는 도시 공간을 구체적인 경험 공간으로 변화시키는 일은 이중화가 중첩된 누적도시의 엔트로피를 해소하는 길이다. 이러한 점에서 부산의 공간을 다양한 문화적 혼종화의 양상으로 이해하고 이러한 혼종화가 일어나는 접경을 살려내는 방안을 강구할 필요가 있다. 혼종화와 이중도시화는 상호연관성을 지니면서 다른 맥락을 지닌다. 이중도시화라는 외적 공간 분할과 달리 혼종화는 문화와 경험의 양상을 의미한다. 문화가 삶의 전체적인 과정이라는 점에서 개발로 인한 추상화를 넘어서 장소와 공간의 다층적인 관계와 사람들의 감정의 구조에 가 닿은 접근이 요구된다. 이러한 접근을 통하여 부산은 다양한 문화적 혼종화가 이루어지고 있는 복합적인 공간임이 드러난다.

부산은 식민지의 식민지였지만 오늘날은 동아시아의 허브 도시로 그 잠재력을 보이고 있다. 허브는 국경을 초월하는 거점으로 국내와 국외를 네트워크한다. 이러한 공간에서 모방과 창조가 동시에 일어나는 것은 당연하다. 하지만 로컬리티가 중요한 가치로 대두하고 있는 세계화 시대라는 관점에서 부산이 지닌 개성을 살리는 작업이 글로벌 도시 공간을 모방하는 일 못지않게 중요하게 되었다.

4. 해항도시 부산의 특이성과 해양 모더니티

부산을 흔히 삼포지향(三抱之鄕)의 도시라고 한다. 산과 강과 바다가 어우러졌다는 찬사를 내포한 말이기는 하나 삼면이 바다인 국토이고 보면 강들이 바다를 향해 내달리는 연안 도시 가운데 포항, 울산, 마산, 목포, 군산 등 삼포지향이 아닌 곳을 찾기 어렵다는 생각도 든다. 그만큼 밋밋한 말이어서 부산의 특이성을 말하는 데 그리 효과적인 담론은 아니다. 우리 국토에서 산이 차지하는 위상은 매우 일반적이다. 이러한 점에서 더 구체적인 접근이 요구되는데 자연스럽게 바다와 '해항'(seaport)이 부상한다. 개항 이후 부산은 오랜 역사 동안 한국을 대표하는 해항도시의 지위를 유지해 왔고 근대화 과정의 주역으로 그 역할을 다하였다. 또한 지금은 신항을 끼고서 글로벌 허브 도시로 성장하고 있다. 이러한 역사적 과정에서 부산은 해양문화(maritime culture)와 해양근대성(maritime modernity)이 꽃핀 우리나라의 대표적인 도시가 되었다.

우선 여기에서 해양문화와 해양근대성에 대한 개념적 설명이 더해질 필요가 있겠다. 흔히 우리가 말하는 바다(sea)는 육지(land)에 대응하는 말이다. 따라서 범박한 의미를 지니며 강, 연안(coast), 대양(ocean)이라는 영역의 구분이 필요하다. 아울러 연안에서 대양에 이르는 해역이라는 개념도 더해진다. 그러니까 부산은 낙동강, 수영강 등의 강을 지니고서 연안에 60여 개의 항구와 포구를 거느리고 있으며 해항을 통하여 해역의 다른 나라의 해항과 연계하면서 대양으로 나아간다. 해항도시는 항만을 요건으로 하지만 그 배후에 있는 도시공간과의 유기적인 발달을 반드시 포함한다. 해항도시의 해양문화는 무엇보다 선박을 통한 해상의 일(海事, maritime)을 전제한다. 이는 전근대에도 있었고 근대에도 있었다. 가령 낙동강 유역과 연안 해역에서 전개된 선박의 활동은 멀리 가야 시대로까지 거슬러 간다. 고려와 조선의 조운선 활동이 있고 낙동강 소금배는 근대에 이르기까지 존속하였다. 이는 연안역에서 이루어지는 어로 활동과도 겹쳐진다. 연안과 낙동강 유역에는 크고 작은 항구와 포구가 허다하고 어촌의 생활문화가 다채롭다. 이를 기술하는 일도 요긴한데 가령 『마리타임 부산-부산의 항·포구의 사람과 문화』(구모룡·이지훈·김수우, 부산연구원 부산학센터, 2009)가 한 예가 된다. 이에 의하면 부산은 부산항을 가운데 두고서 동과 서로 다음처럼 많은 항구와 포구를 거느리고 있다.

- 기장권역: 효암, 월내, 임랑, 문동, 문중, 칠암, 신평, 동백, 이동, 이천, 학리, 죽성(두호), 월전, 대변항, 신암, 서암, 동암, 시랑리, 공수
- 송정·해운대권역: 송정, 구덕포, 청사포, 미포, 동백항
- 광안리·용호권역: 우동, 민락, 남천, 용호(분포), 백운포
- 부산항 영도·송도권역: 북항, 하리, 중리, 대평, 남부민항, 암남
- 다대·장림권역: 모지포, 감천항, 서평포, 다대항(다대포), 홍티, 보덕, 장림, 하단
- 강서·가덕권역: 진목, 중리, 하신, 동리, 신호, 성산, 대저, 순아, 선창, 율리, 장항, 천성, 대항, 대항새바지, 외양, 동선새바지, 눌차, 항월, 정거

규모와 여건에 따라서 각기 매우 다른 형상을 지닌 항구와 포구들이다. 도심에 흡수되어 형해화한 경우가 있는가 하면 여전히 그 원형을 지닌 곳

도 없지 않다. 대개 현대화 사업을 거쳐 어항으로 개발되었다. 이와 더불어 이 장소를 매개로 살아가는 사람들의 해양문화가 다채로운데 하위문화로 잔존하고 있다. 이처럼 연안의 해양문화를 기술하는 일도 여전히 중요하다. 고기잡이와 양식 그리고 해녀의 활동 등에서 민속을 확인한다. 그런데 해양 근대성은 이와 같은 잔존 해양문화에서 나타나지 않는다. 바다를 통한 근대와의 접속에서 가능하다. 한일합방 이전에 최남선이 말한 '자유대양'이 이를 담보한다. 하지만 식민지하에서 대양으로 가는 길은 차단되고 부산은 해협에 갇히고 만다. 그러니까 부산과 시모노세키를 왕래하는 관부연락선의 항해가 식민지하에서 겨우 허용된 경험적 해역이다. 칼 슈미트의 『땅과 바다』에 의하면 지중해는 연안에 속한다. 대양은 태평양과 인도양과 대서양 그리고 남극해와 북극해를 일컫는다. 따라서 관부연락선이 왕래하는 해협은 동아시아 지중해에 포함될 뿐이다. 소위 말하는 '대양적 전환'(oceanic turn)을 제국의 바다에 갇힌 우리로서 경험하기 어려웠는데 1945년의 해방이 해양의 해방인 까닭이 여기에 있다. 부산의 대양적 전환은 해방과 더불어 가능하게 된다. 부산항을 통하여 동포가 귀환하고 일본인이 돌아가는 혼란 속에 미군도 들어오게 된다. 그러니까 태평양과의 접속이 이뤄지는 셈이다. 한국전쟁은 역설적으로 부산항의 지위를 격상하게 한다. UN군의 진주를 가능하게 한 통로가 되었기 때문이다. 화물선 고려호가 출항한 해는 전시인 1952년이다. 그리고 원양어선 지남호가 출항한 해는 1957년이다. 이로써 상선과 어선이 대양과 만나게 된다. 이 사이 1955년 3월 5일 박인환이 미국계 상선회사인 대한해운공사 사무장으로 남해호를 타고 태평양으로 출항한다. 그는 「태평양에서」를 위시한 해양시를 10여 편 남겼다. 하지만 대양과의 접속만으로 해양 근대성을 말하긴 어렵다.

1945년 해방이 해양의 해방이라면 1950년대 후반부터 전개된 근대화

(modernization)는 달리 말하면 '해양화'이다. 근대화에 상응하는 문화가 모더니즘인데 식민지 근대의 모더니즘 문화가 없었던 것은 아니다. 또한 해방 이후에 부산에 들어온 미국문화를 상기할 수도 있고, 한국전쟁을 거치면서 유입한 고석규로 대표되는 서북 모더니즘과 조향 등의 초현실주의를 말할 수도 있고 한국전쟁 시기에 형성된 국제시장 등의 시장을 해양 근대성의 한 양상으로 보아도 무방하다. 그런데 부산의 해양 근대성은 상선과 어선이 대양을 무대로 하면서 전개하는 해양화를 통하여 본격적으로 형성한다. 가령 문학을 예로 들면 한국의 해양문학(maritime literature)은 60, 70년대에 시작한다. 어선을 탄 천금성의 해양소설과 상선을 탄 김성식의 해양시가 제대로 형상을 갖추어 출현한다. 물론 원양어업사와 해운사에 대한 미시사적 접근은 여전히 부족하다. 그나마 해기사협회의 월간 『해기』(1966. 8~현재)의 역할을 살펴보면 법과 제도, 해양기술, 해양산업, 선박 운항, 대양, 항구, 선원 소식 등 전반적인 흐름을 이해하게 하는 자료임을 알 수 있어서 이를 통하여 해양문화와 해양 근대성을 확인할 수 있다.

한편으로 공간과 관련하여 폐쇄 항만으로 관리되어 온 부산항의 사정을 해양문화 지체 요인으로 지적하는 경우가 없지 않다. 아무래도 개방 항만이 훨씬 더 새로운 문물의 접촉을 쉽게 하고 그 문화적 접근성을 높인다. 하지만 이러한 관리 시스템이 도시의 형성과 문화적 발전을 차단할 수는 없다. 가령 왜관은 쓰시마에서 온 일본 사람을 가두어 두는 시설이지만 그들이 조선의 정책을 따라서 순순히 그 속에 갇히어 있었던 것으로 보이지 않는다. 다시로 가즈이의 『왜관』은 일본인들이 자유롭게 다녔고 조선의 역관과 함께 동산에 올라 화전을 부쳐 먹기도 하였음을 말한다. 또한 반대로 일본 된장, 일본 술, 스기야키 요리가 왜관 밖으로 퍼져나가 이를 즐기는 조선인이 많았다고 한다. 이처럼 해항도시의 문화는 언제든지 상호교섭하고 확산한다. 부산의 도시 공간을 모자이크, 혼종, 누적으로 설명하는 이들이 많다. 왜관이 일본인 전관거류지가 되면서 식민도시로 발전하는 과정은 단순하게 설명된다. 그렇지만 항만의 규모가 커지고 배후에 도시가 확대되는 데 이르면 도시의 중심이 단연 해항이 되면서 그로부터 동심원을 그려나가는 형국으로 복잡해진다. 부산항을 중심에 두고 부산을 바라보는 모더니즘적 시각이 필요한 까닭이 여기에 있다. 그러니까 원도심에서 새로운 도시 영역으로 바뀌어 갔다는 관점을 수정할 필요가 있다. 바다의 위치에서 항만 혹은 해항을 두고서 배후 주거지와 산업단지를 구도에 넣을 수 있다. 이렇게 볼 때에 철도와 도로와 수송로 등의 통로가 부두로 향하고 있는 사정을 알게 되고 부산항을 중심에 둔 부채꼴 모형의 도시가 설명된다.

거듭 말하지만 해항 도시 부산의 근대화는 해양 근대화로 다시 읽힌다. 산업과 도시가 대양과 해역 그리고 해항이라는 원근법의 구도에 따라서 발달하였다. 모자이크처럼 누적되고 혼종이 일어나는 까닭도 해항의 벡터와 무관하지 않다. 해항을 가운데 두고서 도로와 건물 그리고 산복도로를 향하는 주거지 확대가 이루어졌다. 물론 이러한 과정에 인구의 심각한 변동이 세 차례 정도 개입한다. 해방과 더불어 귀환한 동포가 첫째 요인이고 한국전쟁으로 부산으로 유입한 피난민이 둘째 요인이라면 산업화 과정에 농촌에서 일자리를 찾아 들어온 이주민이 세 번째 요인이다. 그런데 이 모든 요인의 구심력은 해항에서 비롯한다. 이렇게 하여 부산은 빠른 속도로 모더니즘을 수용하는 도시가 된다. 왜관을 시발로 식민도시로 형성되어 근대도시로 발전하는 과정을 해항과 해역 그리고 대양의 관점에서 재인식할 수 있다. 해항도시라는 접촉지대(contact zone)는 외부의 문물을 받아들이면서 내부의 문화를 변용하는 생성의 과정을 지속한다. 이러한 점에서 '끓는 가마솥'이라는 비유가 적절한 도시 다이너미즘을 표현한다. 이와 같은 해양 근대성은 생활, 주거, 시장, 음식, 여가, 건축, 문학, 예술 등 모든 영역에 두루 스며들어 있다.

그런데 해항 도시 부산의 발전은 단순하지 않다. 이미 앞에서 서로 다른 지위를 가진 항구와 포구를 언급한 바 있듯이 해양 문명을 받아들이는 과정도 다른 형태의 문화로 표출된다. 해양 모더니즘과 해양근대성은 해항이 그렇듯이 부산을 말하는 가장 주요한 색인이라 할 수 있다. 이를 힘의 중심에 두고서 전근대의 잔존 해양 민속이 있고 새롭게 부상하는 포스터 모던 경향의 해양 문화가 상호 견인한다. 바닷가 용왕을 모시는 사당이나 별신굿은 대개 연안 포구의 전근대 해양 문화를 말하는 표지이다. 기장과 영도 그리고 가덕도와 낙동강 유역에는 이러한 전통이 여전히 존속한다. 대양적 전환을 가장 명료하게 보여주는 북항과 남항 그리고 감천항도 변화의 국면을 맞고 있다. 북항 재개발이 말하듯이 이제 부산의 해양문화는 근대 이후를 상정하고 있다. 바닷가 연안의 친수공간이 바뀌고 그 건축의 양상이 변화하고 있는 장면도 놓칠 수 없다. 전근대와 근대와 후기 근대가 서로 경합하고 섞이는 사태로 해항도시 부산의 해양문화가 변모하고 있다. 이를 구체적인 세목을 통하여 살펴보고 그려내는 과정이 요긴하다.

돌이켜 볼 때 조선 정부의 지배하에서 통상과 교역이 이루어지던 왜관은 한일의 평화적 교린 관계라는 그 상징적 의미를 갖지만, 이후에 전개되는 식민도시의 토대가 되었다는 점에서 오늘날의 시점에서 재맥락화 과정을 거치고 있다. 무엇보다 해항도시 부산의 위상은 분단체제라는 국면에서 제대로 설명된다. 대륙을 향한 통로가 차단되면서 섬이 된 한국에서 세계를 향한 출구가 부산이다. 이미 식민지적 현실에서 획득한 지위가 증폭하는데 국가 주도의 근대화의 한 축으로 작동한다. 관부연락선을 통하여 동아시아 지식의 용광로인 제국의 도시 도쿄를 향하던 길목이 부산이었다. 근대의 해양문화는 그 시야가 일본이라는 필터에 갇혀 협소하다. 이병주가 자신의 대표작 표제를 '관부연락선'으로 삼은 까닭도 여기에 있다. 비록 냉전체제라는 세계체제의 하위체제인 분단체제에 처하였으나 부산은 드디어 제국에 갇힌 바다를 걷어내고 대양을 껴안았다. 이러한 경과는 부산의 도시 곳곳의 장소에서 확인할 수 있다. 초량, 해운대, 송도, 영도만 가더라도 해양문명의 경험들이 때론 흔적으로 때론 두렷한 문화적 표상으로 나타나 있다. 근대의 창구이자 이산과 월경의 접촉지대, 내국 이민과 외국인 이주의 잡거 현상은 부산의 특이성이며 바로 해양문화적 속성을 나타내는 사실에 다를 바 없다. 부산 모더니즘은 바로 해양 근대성의 반영이다. 본격적인 해양문학은 대양의 경험을 여전히 잘 드러내고 있다. 상선이 아니라 어선으로 그 중심이 이동하였지만 아직 대양에서의 모험적인 서사는 부산만의 문학적 경향으로 돌올하다. 김정한의 리얼리즘은 해양 근대성이 지닌 자본주의적 폭력성을 낙동강 유역을 배경으로 비판한다. 이 또한 넓은 의미에서 해양 모더니즘의 양상에 속한다. 부산 속에 국가와 동아시아 그리고 세계가 다 들어와 표출되는 양상은 영화는 물론 조갑상, 정영선, 김숨, 박솔뫼 등의 문학작품 등에서 빈번하다. 이 또한 해항도시의 네트워크성에 기반한 재현이다. 밀수와 같은 국제적 범죄도 해항도시이기 때문에 그에 관한 상상력을 더욱 자극한다. 김성종의 추리문학이 세계와 대양으로 열린 해항도시와 무연하지 않음은 췌언의 여지가 없는 사실이다.

한편으로 세계의 해항도시를 타산지석으로 삼는 일도 게을리하지 않아야겠다. 뉴욕, 런던, 도쿄, 상하이, 싱가포르, 홍콩과 같은 세계도시들이 모두 해항을 중심에 두면서 번성한 사실을 상기한다. 세계적인 해항과의 네트워크는 아무리 강조하여도 지나침이 없다. 북항 재생이라는 포스트모던 해양문화 도시 구상이 자칫 일국적 수준으로 졸아들 가능성이 없는가

염려된다. 따라서 신항을 포함한 메가시티를 해항도시 부산의 미래 구상에 포함하여야 한다. 역시 부산항을 중심에 두면서 부산을 사유하고 한국과 동아시아를 상상하며 세계를 포괄하는 노력을 그치지 않아야겠다. 문화는 있는 그대로의 전체적인 양식일 수도 있으나 달리 발전하는 과정이 되기도 한다. 해양문화를 사실대로 발견하여 기술하는 일도 요긴한 한편 어떤 지향과 목표를 향한 도정으로 보아도 바람직한 일이다. 지금 해항도시 부산의 해양문화는 이 둘 모두를 우리에게 요청하고 있다.

바다에 남긴 자취, 한국해양대학교 실습선 75년사

조권회

1. 들어가면서

한국해양대학의 역사는 실습선의 역사라고 할 정도로 역할이 컸지만 그동안 실습선의 역사는 한국해양대학교 50년사, 70년사의 일부 그리고 선배들의 회고록과 동문들의 기억 속에만 존재하고 있었다. 대학 본부(기획처) 주관으로 한국해양대학교 50년사(1945~1995, 1995.10.30. 전효중)와 70년사(1945~2015, 2015.11.5. 박한일)가 출간되었으나, 2021년 6월에 실습선 75년사는 해사대학 주관으로 적은 예산과 촉박한 일정으로 편찬 작업이 시작되었다. 형식은 기획처의 정책연구과제로 과제 의뢰는 해사대 학장이며, 연구진은 편찬위원장이 구성하였는데, 실습선사의 원고가 정리되어감에 따라, 기 확

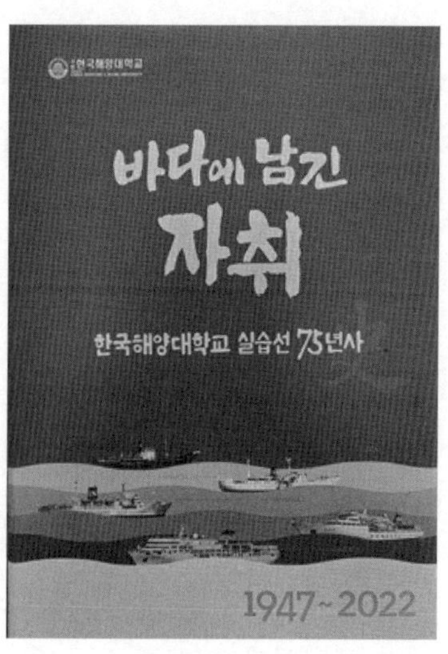

보된 연구비로는 초라한 보고서 수준의 실적물을 출판할 수밖에 없어, 김유택 학장과 편집위원장은 추가 출판비를 확보하기 위해 동분서주하였다.

실습선 75년사의 출판으로, 한국해양대학의 생존 역사만큼이나 험난한 실습선 확보 노력과 실습 교육 및 운항 이력 등을 기록으로 남기는 첫 발자국을 떼게 되었다.

2. 실습선 75년사 편찬 요약

1) 발행일: 2022년 2월 28일

2) 연구기간: 2021.6.1. ~ 2022.1.31. (기획처 정책연구과제)

3) 편찬 회의:

1차 정책연구과제 회의(2021.7.9.)를 시작으로 8번의 회의(2021.12.3.) 개최

4) 제자(바다에 남긴 자취, 한국해양대학교 실습선 75년사): 김우숙(N, 25기)

표지 도안 : 조범용(E31, 조권회의 자)

통합 항적도 구현 : 서울 문현출판사

5) 후원

(사)한국해운협회, 한국해양대학교 명예교수 허일, 에스제이이이(주) 대표이사 유호묵, 한국해양대학교 42기 동기회, 한국해양대학교 총동창회장 정영섭

6) 목차

7) 연구원

역할	성명	소속
편찬위원장	조권회	명예교수
편찬위원	예병덕	한나라호 선장

	허재정	한나라호 기관장
	김종성	한바다호 선장
	정은석	한바다호 기관장
	김성준	항해융합학부 교수
	이원주	기관시스템공학부 교수
	이지웅	기관시스템공학부 교수
	박진수	명예교수
	박대식	해기교육원 부장
연구보조원	김윤규	항해융합학부 조교
	박장호	한나라호 교관
	이병권	한바다호 교관
자문위원	허일	명예교수
	최재성	명예교수
	김유택	해사대학 학장

8) 해사대 학장의 의뢰 내용

o **(실습선 역사 및 기록)**

실습선이 도입된 60년간의 기록을 수집하여 '실습선사'로 발간

- 대상 : 반도호, 한바다호(신 구), 한나라호(신 구), 부산721호(동백호), 해양호, 올림피아 88호, 아치호 등
- 내용
  - 실습선 건조 배경, 비용, 진수, 명명식, 자금확보 과정 등 건조 기록
  - 실습선 주요 요목
  - 실습선 운항기록(항적, 소요예산 등) 및 승선실습 내용 : 자료 및 사진 등
    - · 항적도, 코스라인, 항박도(선석 기록)
    - · 항차별 사진 자료, VIDEO 자료

· 소화 및 퇴선훈련, 진수훈련-Oaring

· 실습선 사고 : 한바다 화재 & 방화, 한나라 추돌 & 바지 충돌

· 특별한 항구 : 거문도, 홍도, 울릉도, 호놀룰루, 아카풀코 등

- 각 기수별 승선실습 야사
- 실습선 선기장 중 회고담 수록
- 외부 연구 및 행사 지원 항해기록

· 서울대 해양학과 해양탐사 지원 : 독도 근해 등

· 국토사랑 나라사랑 독도항해(입시홍보)

· 1994 텔레어드벤처, 북한 경수로 지원사업 등 범국가행사 지원 등

- 원양항해 시 입출항식 행사, 기항지 행사 및 예방 기록

· 운항명령서

· 민간 외교사절로서의 활약상 : 지역 교민과의 유대

· 실습생의 기항지 에피소드 등

· 특별한 기항 : 벵쿠버, 상해 및 아이치 엑스포, 포틀랜드 장미 축제 등

- 실습선 승무원 명단

· 역대 실습감, 선장, 기관장

· 승무원 명단 : 동승자(선의, 이발사 등) 및 연구원 등 포함

· 실습학생 명단 및 조직

- Logbook, Bellbook, Night order book 등
- 퇴역 실습선의 기록

(구)한바다호

· 퇴역 후 활동사항 (기록)

· 연수원에서의 활동사항 (항해기록, 승선실습생 수 등)

· 반선 받은 후 매각 시까지의 기록 (운항훈련원)

(구) 한나라호

· 퇴역 후 활동사항 (기록)

· 베트남으로 양도시 까지의 기록 (운항훈련원)

o **(신조 실습선)**

제4차산업혁명 및 스마트 자율운항 반영한 신조선 사양 도출 방안 모색

• 세계의 최신 실습선 현황

o **(대학 보유 실습선의 필요성)**

해사산업에의 기여도

9) 한국해양대학교 실습선史 집필 기준(원칙)

■ 실습선史 편찬 집필 기준 요약 - 과거의 역사를 통해 미래의 지혜를 얻는다.

• 실습선 건조, 운항, 퇴역 등의 기록을 자세히 수록하여 실습선의 생애주기의 이력을 관리함으로써 미래의 실습선 건조의 기본 자료가 될 수 있도록 한다.

• 실습선 교육의 기록을 자세히 수록하여 우리나라 해기실습교육 필요성/효용성 판단의 기본 자료가 될 수 있도록 한다.

• 실습선의 건조 및 운항 당시의 시대적 배경과 해사산업의 발전 흐름에 따른 실습선의 발전상의 기록을 통해 우리나라의 해기사 실습교육의 방향성과 실습선의 건조방향, 기술 적용 방향을 판단함에 기본 자료가 될 수 있게 한다.

■ 실습선史 편찬 집필 기준 상세

⊙ 실습선의 건조 기록 정리

• 개교 이후 건조되어 운항된 실습선 및 지원선의 건조 및 운항 이력 등을 자세히 수록한다.

⊙ 실습선 운항, 교육 기록 정리

- (운항) 국내항만뿐 아니라 원양항해 중 국외 항만 기항을 포함한 운항 기록을 지도에 표지하여 실습선의 활동 영역을 수록한다.
- (운항) 실습선 운항 중 발생한 사고(안전, 화재, 충돌 등)에 대하여 기록하여 반면교사로 삼는다.
- (운항) 실습선 고유 목적 외 외부 지원활동 등을 기록하여 실습선의 사회 공헌 역할을 알릴 수 있는 자료가 될 수 있도록 한다. (독도사랑, 원양항해중 해외교민 친선활동, 해양탐사지원, 1994텔레어드벤처, 북한 경수로 지원사업 등 범국가행사 지원 등)
- (운항) 퇴역 실습선의 활동내역을 통해 대한민국의 대 국제사회 해기교육 기여를 수록한다.

⊙ 실습선 교육 기록 정리

- (교육) 승선실습의 실습지침, 교육시설 및 환경, 교육과정 등을 큰 변화의 흐름대로 기록한다.

⊙ <u>Episode 정리</u> : 승선 실습 중 발생한 실습선 및 실습교육과 관련된 Episode를 정리하여 한국해양대학교 실습선의 무형적 자료를 남길 수 있도록 한다.

- 동문들의 실습기행 및 야사에서 바다에서 배운 우리의 젊음을 되돌아본다.
- 역대 실습선 선기장/실습감/교관장/운항원장 등의 회고담을 수록하도록 한다.
- 학교 기록물(학보, 교지한바다, 교수 수필집)에 남겨진 실습기행 기록을 남기도록 한다.

3. 실습선 75년사 편찬 주요 내용과 교훈

실습선 원양 항적도 구현

해사대 학장의 요구서에 나와 있는 실습선의 항적도는 일본 동경상선대학의 항적도를 기반으로 구현하였다. 우리가 보기에도 상당한 수준의 품위를 느낄 수 있는 항적도였다. 이 정도의 항적도를 구현하기 위해 연구 초기부터 부산 소재의 지도제작소와 출판사를 접촉했으나 모두 불가하다는 통보를 받았다. 출판사 찾기를 보류하고, 우선은 이지웅 교수가 모든 항차를 구글지도에 구현하는 법을 연구보조원들에게 전수하고 1차 항적도를 완수하였다. 출판사는 2022년도에 들어서 김성준 교수가 소개한 서울의 문현출판사에서 구현할 수는 있었는데 일본 수준에 도달하지 못해 못내 아쉬웠다.

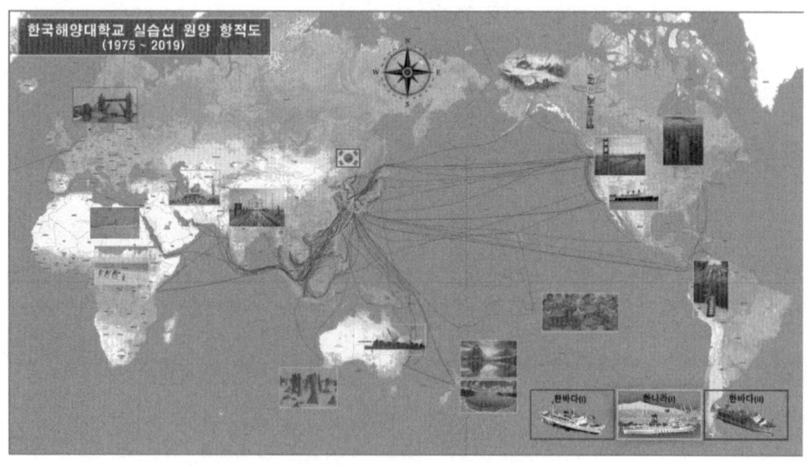

2022년 해양대 동창신년회에서 해사대 동문들은 위 항적도를 보며 환호를 지르고, 가슴이 뭉클해짐을 느꼈다고 한다. 생경한 환경에 놓여져 불

안한 미래가 엄습했고 드디어는 어엿한 뱃놈이 될 수 있었던 실습선의 경험이 감성을 자극했으리라 생각된다. 그러나 많은 동문들이 던지는 말씀에 답을 드릴 수는 없었다. "배는 커지고 좋아졌는데 실습구역은 쪼그라들어 왜 동남아에만 머무는가요?" 이유로 할 말은 많으나, 그것보다는 실습선 반도호 이후에 박정희 대통령의 후원으로 1975년에 잘 갖추어진 실습선을 확보했다고는 하나, 대양을 항해하기에는 형편없이 작은 실습선으로, 이준수 학장님과 허일 선장님의 의지와 땀이 이루어내신 태평양, 대서양, 인도양에 남겨진 족적이 우리 대학의 살아 있는 해기사 양성의 역사라고 생각되고, 그것으로 부끄럽지 않는 항적을 남겨주신 두 분한테 한없는 존경을 바친다.

초기 실습선 확보 배경

한국해양대학교의 첫 실습선으로 우리 대학이 통위부 소속(1947. 1.30.~1949.2.14.)으로 있는 동안 통위부 소속의 군함 YMS(Yard class Minesweeper, Auxiliary Motor Minesweeper)를 1947년 제공받았으며, 동년 교통부 해상운수국(KBM) 직영 LST인 KBM 2호를 이용하여 1기생들이 실습을 하였다.

KBM 2호가 1949년 7월 1일 해군 최초의 LST(LST-801 용화함/재 명명으로 천안함)함이 된 경위는 다음과 같다. KBM 2호 즉 LST/801 천안함은 USS LST-659로 1944년 취역하여 유럽-아프리카 중동 전역에서 작전하다가 전쟁이 끝난 후 1947년 미 해군 함대 목록에서 제외된 후 (KBM 2) 한국 해군에 인도(1949.7.1.)되었다. 한국 해군은 전쟁 중 교통부 소속의 4척[1950.7.1. 철웅(삼랑진)/안동(안동)/천보(조치원)/용비(울산)]을 추가 인수하였다.

1948년 당시 외항선 현황 ( )수치는 총톤수		
조선우선		김천(3,082), 일진(780), 천광(2,222), 이천(875), 앵도(1,281)
교통부	LST	단양, 천안, 삼랑진, 문산, 동래, 안동, 조치원, 울산, 가평, 온양, 안성
	FS	영등포, 원주, 옹진, 여주, 김해, 왜관, 충주, 제천, 평택, 이리

자료: 김재승, 1945-1952년까지 우리나라 외항선의 현황,『해운물류연구』, 제40호, pp.186-187.

KBM 2호(천안호)의 해군 징발 후 제공된 단양호도 LST로 1950년 6월 16일에 4학년 실습생(3기생) 51명(조선학과 15명 제외, 6.25 전쟁 발발 전부터 조선공사에서 단체실습)을 이재송 선장의 단양호에 단체실습 차 승선시켰으며, 6.25가 발생하자 실습생이 승선한 채로 징발되었다. 단양호는 옹진반도 철수병들을 인천항으로, 인천항에서는 부평 육군 군수물자를 싣고 군산항으로 수송하는 과정에서 북한군의 인천 진입(1950. 7.4.)으로 인천항 갑문 개폐원들이 도망간 상태에서, 특공대로 나선 몇 명의 실습생들이 갑문 개폐 작업을 하여 탈출하였다.

UNITED STATES ARMY MILITARY GOVERNMENT
IN KOREA
PREPARED BY
NATIONAL ECONOMIC BOARD

NO 24 SEPTEMBER 1947

MARINE TRANSPORT

12. On 12 October the KBM Landing Ship Tank (LST) 002 departed from Pusan for Shanghai. This was the first vessel, flying a Korean flag and operating with full Korean crew, to enter China during the last 40 years. Its mission was to lift approximately 400 long tons of hospital equipment consigned to the Department of Public Health and Welfare. The performance and operation of the Korean crew throughout the voyage were excellent. They cooperated to the fullest extent with the port officials in Shanghai and expedited the movement of cargo.

-Civil affairs division, Army, U.S. Army Forces in Korea, South Korean Interim Government Activities, No24 September 1947, Digitized by Google, p.86.

초기 실습선의 역사는 허일 명예교수님이 정리한 해양대학 50년사 자료가 유일하다. 본 실습선 75년사를 기회로 좀 더 찾아보기로 하였으며 몇 가지 의미있는 사실들을 찾아냈다.

(1) 실습선 YMS : 통위부

군정청 기구표를 보면 중앙 행정기구가 1946년까지는 〈국〉 체재였음을 알 수 있다.

남조선 과도정부 중앙행정 기구 기구표

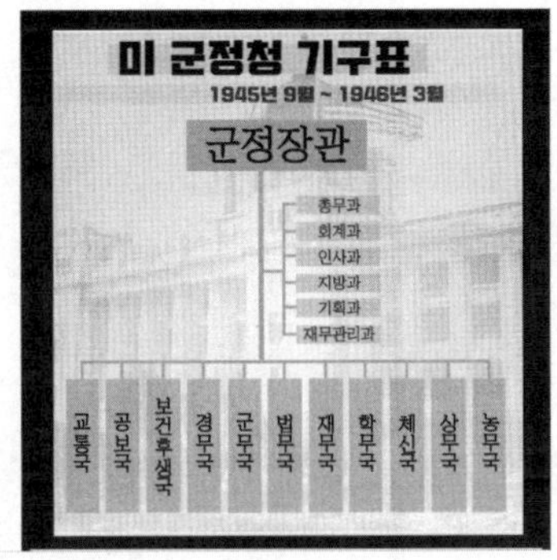

한국해양대학교는 1945년 교통국장인 워드 L. 해밀턴(Word L. Hamilton) 중령의 인가로 태어났으며, 그리고 1947년 1월 30일 관할이 운수부에서 통위부(국방부 전신)로 1949년 2월 15일 관할이 통위부에서 교통부로 이관되었다. 교명도 개교 시 진해고등상선학교였으며, 1946년 8월 15일 진해해양대학으로 개명하였고, 1947년 1월 30일 조선해양대학으로 개칭하였으며(1947년 5월 5일 군산으로 이전), 1948년 10월에 국립조선해양대학으로 교명이 변경된 뒤 1950년 1월 1일부터 국립해양대학으로 개칭하게 되었다.

첫 실습선인 YMS는 1947년 통위부 소속으로 있을 때 대부분 해군으로 양도한 YMS 중 한 척을 받게 된 것이다.

그러나 이 배는 해양훈련 등 연안항해에만 사용하고, 한국 실습선의 첫 원양항해는 운수부의 해상운수국 소속인 KBM2에서 이루어졌다.

1947년 6월 ~ 1948년 8월
군정장관
민정장관
경무부
총무국
공안국
교육국
수사국
통신국
사법부
총무국
변호사국
법원국
검찰국
형정국
감찰국
소청국
법률기초국
법률조사국
문교부
총무국
고등교육국
보통교육국
교화국
편수국
성인교육국
관상국
상무부
총무국
광무국
상무국
무역국
공업국
감사국
특허국
재무부
국고국
이재국
사계국
중앙은행국
회계국
회계검사국
전매국
체신부
총무국
우무국
전무국
저금보험국
재정국
자재국
체신학교
보건후생부
총무국
구호국
주택국
의무국
예방의학국
치의무국
수목국
약무국
간호사업국
생정국
부녀국
조사분석국
민정국
후생시설국
후생총무국
통위부
국방경비대 총사령부
해안경비대 총사령부
국방경비대 중앙훈련소 총사령부
군사영어학교
보급부피복창
공안부
여론국
공보국
방송국
출판국
연결사업국
토목부
총무국
공로국
이수국
도시국
축지국
농무부
농산국
수산국
농업경제국
산림국
노동부
노정국
노동기획국
운수부
철도운수국
해상운수국
공로운수국
비행운수국
외무처
총무국
외무서
관재처
기획서무서
식량분배서
식량자료서
서무처
총무서
감찰서
행정서
인사행정처
총무서
기획서
감찰서
조사서
문서서
식량행정처
총무서
조사연구서
생산회계서
용도서
건축서
통계서
물가행정처
총무서
고시서
보인서
직재서
조사서
훈련서
은상서

(2) 실습선 KBM2(천안호): 운수부-해상운수국(KBM)

해운행정기구의 변천을 정리하면 다음과 같다. 교통국 해사부 → 운수국 해사부 → 운수부 해사국 → 운수부 해상운수국(1946.3.29) → 교통부 해운국(1948.8.15. 이후)

1947년 해상운수국(KBM) 직영 LST인 KBM 2호(천안호로 불림)를 이용하여 1기생들이 실습을 하였다. 천안호 즉 KBM 2호는 1949년 7월 1일 해군 최초의 LST-801 용화함으로 명명했다가 재 명명으로 천안함이 되어 천안함의 원조가 되었다.

모든 기록에서 천안호의 상해 원양항해 출항일자는 10월 어느 날 또는 10월 중순으로 표기되어 정확한 날짜를 알 수 없었으나, 미 군정 기록에서 〈1947년 10월 12일〉을 찾을 수 있었다.

치밀하고 꼼꼼한 미 군정 기록과 미국의 MARAD(Maritime Administration)에서 남북전쟁 이후 거의 모든 선박의 명세를 알파벳 선명에 따라 제공하는 그들의 저력을 보면서, 미국의 거대한 힘을 느끼지 않을 수 없었다. 이를 바탕으로 필자는 2022년 9월 15일 콜로키움 발표에서 본의 아니게 예언자가 되었다. 우크라이나의 전쟁에는 개입하지 않겠다고 공언하는 미국이 반드시 숨겨진 계획이 있을 것이라고 했는데 아직까지 우크라이나가 잘 버티고 있다.

연습선 반도호

(1) 연습선 반도호 하와이로 처녀취항

윤보선 대통령은 '당장은 휘호 쓸 준비도 안되어 있으니 며칠 뒤에 다시 오면 준비해 놓겠다'고 대답하였다. 며칠 뒤에 나(박현규)는 이준수와 함께 경무대로 윤보선 대통령을 찾아뵙고 '반도호'라는 선명과 휘호를 받아왔다. 이 일로 반도호 명명식에 윤보선 대통령이 참석하게 되는 계기도 되었다. 1960년 12월 14일 영도 대한조선공사에서 진행된 반도호 명명식에는 윤보선 대통령과 곽상훈 민의원 의장이 참석해 축하해주었다.

하와이 항해 때는 대한조선공사 고문으로 계셨던 황부길 학장을 연습감으로 모시고, 나(김수금)는 1항사로 승선했다. 연습 대상기수가 14기생으로 4학년 재학생 78명 전원이 타고, 중앙부두에서 취항식을 했다.

반도호 하와이 취항시 주요 승무원(김성준교수 정리)

선장	황부길	기관장	김흥두(E2)
1등항해사	김수금(N2)	1등기관사	이창성(E2)
2등항해사	김기현(N4)	2등기관사	전대희(E7)
3등항해사	양시권(N9)	3등기관사	하주식(E9)
통신장	백영대		
차석통신사	임경옥	service engineer	전효중(E8)

반도호의 하와이 항해에는 개조공사를 도와준 조선공사의 기술진, 문교부 담당관, 영화제작소 촬영기사, 한국일보 서광운 기자, 국제신문 최계순(N9) 기자, 만화가 신동헌 씨 등도 여객으로 동승하였다. 반도호의 일정에 대해서는 동승한 한국일보와 국제신문 기자의 기사로 인해 국민들에게 상세하게 알려졌다.

반도호는 한국해양대학 연습선이지만, 대한민국의 홍보대사 역할도 해야 했다. 이를 위해 우리나라를 알리기 위한 각종 책과 문화교류를 할 수 있도록 영화와 노래, 고유 풍물 등을 함께 싣고 갔다. 반도호가 하와이로 연습항해를 하면서 해양대학 최초의 연습선으로 원양항해를 간다는 자부심은 물론 이왕 가는 길에 우리나라를 세계에 알릴 수 있는 좋은 기회로 활용할 수 있도록 전 승무원과 학생들이 의견을 모았다.

(2) 연습선 반도호의 추억, 허일

본관 옆 해안에 비스듬히 누워있던 반도호는 이제 형체도 없이 사라져 버렸다. 그곳에 있을 때는 그저 언제까지나 그렇게 있으려니, 그래서 한바다호를 내리는 날 다시 내 손이 미치려니 생각해 왔더니 허무하게 아주 없어져 버렸다. 반도호가 누웠던 그곳에 눈길이 닿을 때마다 허전한 마음 가눌 수 없다.

반도호! 참 잘 생긴 배였다. 한옥의 추녀처럼 은은한 허리(Sheer), 부잣집 맏며느리처럼 펑퍼짐한 엉덩이(Stern), 전형적인 팔등신 미녀를 닮은 우아한 삼도형(三島型, Three Islander)배였다.

반도호 그 자체가 역사였고 박물관이었다.

주물로 부어 만들어 모가 나지 않는 비트(bitts)와 클리트(cleat)와 페어리더(fair leader), 우라가(浦賀)식 조타기와 반백 년 전에 제작한 정교한 선등(船燈), 3연성 왕복동 기관과 주 보일러…

몇 차례 불어 닥친 태풍에 시달려 반도호는 그 자리에 비스듬히 기울어져 버렸다. 비스듬히 누운 그의 자세를 바로잡아 놓고 정성껏 다듬어 학(鶴)처럼 꾸며놓을 꿈도 꾸어보았는데…. 이제는 부질없는 일, 다 지나가 버린 일….

고철로 동강나기 몇 개월 전 어느 날, 홀로 반도호에 올라 거닐다가 발끝에 채인 선등(船燈) 하나를 들고 나와 창고에 무심히 처박아 두었던 것을 불현듯 생각이 나 끄집어내어 녹을 닦고 광을 내어보며 잠시 지난 날들을 생각해 본다.

반도호의 역사는 가히 국가적이다. 명명식에 반도호 휘호를 쓰신 윤보선 대통령이 참석하고, 원양 항해에 기자들이 승선해서 매일 승선기가 신문에 보도되었고, 하와이 방문 중에는 해군사관학교와 통합하지 않는다고 그렇게 닦달당한 황부길 학장님이 이승만 대통령을 만나 위로를 하였다.

하와이 첫 항해를 담당하신 영광스러운 해기사들의 명단을 김성준 교수가 각고의 노력으로 이루어 냈다. 감사할 일이다.

한바다호(Ⅰ)

학교 당국은 새로운 실습선의 건조 계획을 수립하고 연중행사로 문교부에 실습선의 필요성을 강조하는 공문을 발송하는 한편 자체적으로도 백방으로 자금원의 탐색에 골몰하였다. 계속되는 우리대학의 실습선 건조계획 호소에 그 필요성을 인정한 민관식 당시 문화교육부(이하 '문교부'라 한다.)장관은 전 세계의 차관선에 수십 통의 실습선 건조자금 제공의 타진공문을 보내는 등 노력을 경주하였으나, 실습선에 대한 선진국의 복잡한 이해관계 때문에 여의치 못하였다. 1974년 극도로 노후했던 반도호의 계선 후 더욱 실습선이 필요했던 우리대학으로서는 초조해지지 않을 수 없었다.

학교당국과 동창회의 끈질기고 일사 분란한 노력 끝에 실습선의 필요성이 당시 당정의 요직에 있었던 민병권, 이한림, 민관식 장관의 마음을 움직였고, 드디어는 최고통치자인 박정희(朴正熙) 대통령까지 상달되는 기회를 갖게 되었다. 그러나 무엇보다도 박정희 대통령이 실습선에 관심을 갖게 된 것은 우리대학이 그동안 묵묵히 쌓아온 노력의 대가라고 말하지 아니할 수 없다.

돌이켜 보건대, "우리도 한 번 잘 살아보자"는 기치 아래 혁명을 일으켰던 가난했던 과거를 가진 박정희 대통령이 당시 미미하기 짝이 없었던 경제활동 중에 군계일학처럼 선원의 힘만으로 가득하는 금싸라기 같은 달러의 획득에 무관심했을 리가 없었을 것이다. 급기야 박정희 대통령은 외국차관으로는 실습선 신조가 불가능하다는 결론에 이르러 그 당시 사용할 수 있었던 유일한 외화인 대일청구권 무상원조자금(PAC)에 착안하여 실습선 신조에 그 자금을 사용토록 지시각서에 서명하게 되었다. 이 과정에서 수많은 해프닝과 에피소드가 있었으나 그 중 하나만을 소개하기로 한다.

당시 PAC교육차관 사업의 실무를 책임지고 있던 국제교육국장이 자신의 은사였던 모 사립대학의 총장에게 배정을 약속했던 수만 달러의 자금까지 모조리 회수하여 우리대학의 실습선 건조자금 680만 달러에 충당하였다고 하니 우리 편에 서서 도와주었던 분들의 노고에 감사하지 않을 수 없고, 또한 박대통령의 영단에 경의를 표하지 아니할 수 없다.

4	1977. 09. 01 ~ 78. 01. 06	26,830 마일	31기	파나마(파나마)-뉴욕(미국)-런던(영국)-암스테르담(네덜란드)-함부르크(서독)-르아브르(프랑스)-리스본(포르투갈)-바르셀로나(스페인)-나폴리(이태리)-아테네(그리스)-알렉산드리아(이집트)-포트사이드(이집트)-콜롬보(스리랑카)-자카르타(인도네시아)

한바다(1)호의 31기 세계일주 운항 상세

미국 포틀랜드 라스코해운 본사 방문(김동화 사장, 이준수 실습감, 허일 선장, 김원녕 기관장)

풍문이지만 박정희 대통령이 아끼는 세 대학이 있다고 한다. 알짜 외화를 가장 많이 벌어오지만 소리소문없는 해기사를 배출하는 <한국해양대학>, 찌는듯한 사막의 열기를 이겨내고 외화를 벌어주는 기사들을 배출하는 <한양대학교 공과대학>, 사막의 열사에서 통역을 담당해준 인재를 배출하는 <외국어대학교 아랍어학과>였다고 한다. 다른 대학은 몰라도 박대통령의 한국해양대의 사랑은 바로 알 수 있다. 우리 대학을 방문해 주셨고, 대일청구권 자금으로 연습선 <한바다호>를 건조하게 해주셨다.

전효중 총장님이 수업 중에 하신 일화가 있다. 궁핍한 시절이라, 박대통령의 지시가 있었지만 이 자금 중에서 조금이라도 떼어 갈려고 조선 전문가란 교수들을 내세워 연습선의 항해속도는 최소속도(약 6노트)로 충분하니, 엔진출력을 줄이고 그 돈을 내놔라하는 외압에 시달렸다고 한다. 이에 우리대학에서는 황천 시 선박이 안전을 유지하는데 필요한 최저속력은 선박의 대소를 불문하고 계획최저속력을 10노트 이상으로 할 필요가 있으며, 동경상선대학 역사에서 하와이 원양항해 중 태풍을 만나 침몰하여 한 기수가 사라진 사실을 어필해서 계획 속력인 15노트를 유지할 수 있었다고 한다.

1977.9 ~ 1978.1에 걸친 31기의 세계일주 원양실습은 웅비하는 대한민국의 세를 보여주는 시작이었다. 그 당시 교수님들은 7대양 제패의 기상이 넘치셨지만, 국가가 가난하여 유류비 등을 확보하지 못해 실습선의 세계일주는 전설이 되어버렸다. 지금은 국가가 부유하여 유류비 확보는 가능하지만 기상은 식어 버렸다.

한나라호(Ⅰ)

한나라(Ⅰ)은 KEDO 사업을 위해 세 번에 걸쳐 북한을 방문하였다. 방북 기록은 다음과 같다.

한나라호 방북 기록 :

1차 방북 : 1997.4.6. ~ 1997.4.16.

1997.4.7 1730 부산출항 → 4.8 0930 동해 접안 → 1630 KEDO요원 승선 → 1800 출항 → 4.9 1320 도선사 승선 → 1500 면역검사관 → 1630 양화항 접안 → 1640 세관검사원 승선 → 1730 KEDO요원 하선 → 4.15 0920 KEDO 요원 승선 → 1130 양화항 출항 → 4.16 0630 동해 입항 → 0710 승객 하선 → 1012 동해 출항 → 2250 부산 입항

방북자 : 김길수 선장, 조권회 기관장, 허일 실습감

2차 방북 : 1997.8.16. ~ 1997.8.21.

방북자 : 김길수 선장, 조권회 기관장

3차 방북 : 2002.8.5. ~ 2002.8.9.

방북자 : 허일 선장, 이재현 기관장

이덕수 한나라호 선장 기록

Roth 선장 출국기념

캡틴 Roth는 1954년부터 UNKRA에 의해 해양대학교가 건설될 때 해대 연락관으로 파견된 미국인으로서 뉴욕의 킹스포인트해양대학 출신의 선장이었다. 그가 해양대학교에 끼친 영향에 대해서는 여러 선배 교수님들에게 들어서 어느 정도는 알고 있었다. 캡틴 Roth는 한국해양대학에 대해 많은 애정을 가진 자였고 또한 매우 열정적으로 헌신하면서 우리 대학의 발전에 많은 공헌을 한 자였다. 특히 그는 당시 해기사 교육에 필요한 전문서적이 거의 없는 상황에서 한국해양대학에 자신의 모교인 킹스포인트상선대학(United States Merchant Marine Academy)에서 사용하는 교육교재와 커리큘럼 등을 대거 도입하여 이를 교육할 수 있도록 함으로써 초창기 한국에서도 해양대학의 교육이 상선사관을 지향하는 형태로 자리 잡을 수 있게 했던 장본인이었다.

■1995년도 한나라호의 원양실습을 통해 우리 대학의 오랜 친구요 은인인 캡틴 Roth를 만나게 된 것은 허일 명예교수님의 배려로 인해 가능하게 되었다. 허일 교수님은 1979년에 한바다호 선장으로 괌을 방문하셨는데 그때 생각지도 않았던 캡틴 Roth가 실습선에 찾아왔으며 허일 교수님에게 해양대학교의 역사를 고스란히 볼 수 있는 매우 소중한 수백장의 슬라이드를 기증해 주셨다.

구 한바다호 못지않게 구 한나라호도 활약을 멋지게 하였다. 건조자금을 마련하느라 학교 당국은 엄청 고생을 하였으나, 대선조선 즉 한국 조선소에서 탄생한 첫 실습선이라는 상징성이 있다. 더구나 주기관과 발전기관 모두 한국산이라는 자부심을 준 실습선이었다. 실습선 본연의 임무인 해기사 양성뿐만 아니라, 대북 KEDO사업 등 사회공헌활동이 활발하였다.

1955년~1959년 해양대학 건설과정의 슬라이드 컬러 사진 약 200매를 간직하다 기증하신 Roth 선장님의 우리 대학에 대한 애정을 확인할 수 있었다. Roth 선장님을 보면서, 국적불문 왜 뱃놈들은 성심을 다해 남을 도와주려고 하는지 생각해 본다. 심성이 순수하고, 거친 파도 속 환경에서 함께 이겨낸 동료의식의 발로는 아닐른지? 우리 동문들도 캄보디아, 케냐 등에서 해기교육을 전승하고자 노력하고 있다. Roth 선장의 후예들이다. 한편 Roth 선장 명예박사학위 수여를 후손들에게라도 하자는 운동이 일고 있다. 꼭 성사되기를 기원한다.

외국인 승선실습

1차 선발된 교수요원, 조모케냐타대학

제1차 케냐 실습생 (2015년)

후원자 방한동(N31)사장과 유학생들

제2차 케냐 실습생

1945년 해방이 되고 해운의 불모지인 우리나라에 이시형 학장님을 비롯한 해기 선각자들에 의해 이루어낸 해양대학의 성과가 놀라웁듯이, 우리대학과 우리 동문인 방한동 사장이 이루어낸 케냐 학생 실습교육으로 그들은 케냐에 돌아가 세계 유수 회사인 MSC의 기관사로, 해군장교로, 해기교육 기관의 교수로, 산업체의 중역으로 활동하기 시작했다. 교육의 잠재성이 어디까지 갈지 기대되는 바다.

4. 맺는말

'바다에 남긴 자취'는 한국해양대학교 실습선 75년의 역사를 6개월 정도의 짧은 기간에 정리한 자료이다. 하루에도 엄청나게 생성되는 자료 생성의 시대에 75년은 너무나 오랜 기간이었다. 늦어도 20년에 한 번은 발간을 하고, 10년 정도에 자료를 정리할 필요가 있다. 필자도 수십 권의 저서를 집필하였지만 가장 많은 시간이 소요되는 작업이 모아 놓은 자료들을 1차 압축 정리하는 단계였다. 본 실습선사의 운항 기록 이외의 자료는 필자가 실습선 기관장으로 5년간 근무하며 축적해온 자료와 운항원장으로 근무하며 모아진 비교적 오랜 기간의 자료가 있었기에 가능했다. 앞으로는 개인의 기록 자료보다는 대학의 기록관 제도 같은 시스템으로 기록들을 정리 관리해야 할 것이다.

위와 같은 공식 기록뿐만 아니라, 구성원들의 투고활동으로 남겨진 자료들이 여간 유효한 게 아니었다. 구성원들(교수, 학생, 직원, 동창회원 등)이 교지, 해조음, 학보사 및 각종 모임 수필집, 신문 투고, 해기 관련 전문지 등에 활발히 투고해주실 것을 기대하며, 예산으로 지원되는 도서관에는 미치지 못하겠지만 우리대학 박물관의 활성화를 위해 예산지원과 최신화가 필요함을 절실히 느꼈다.

"해운이 나눈 풍요와 빈곤"

김영모

1. 들어가며

"해운만큼 인류의 삶을 풍요롭게 만든 발명품은 없다!" 17세기 세계 무역의 주도권을 두고 서방 열강들과 다투던 시기에 영국의 시인이자 탐험가인 월터 롤리는 "바다를 장악하는 사람이 무역을 장악한다. 세계 무역을 장악하는 사람이 세계의 부를 장악하고, 결국 세계를 지배하게 된다."라고 갈파하였다. 이런 사실을 증명하듯 과거 역사에서 해운을 제대로 이용한 나라는 경제적 부를 창출하고 국민의 삶을 풍요롭게 하여왔으나, 그렇지 못했던 국가는 역사의 뒤로 사라졌다. 그러나 지금까지 세계해운의 역사를 보면 평상시에 경제적인 기반을 갖추고 있지 못한 나라라면 바다를 장악할 수도, 바다를 통해 이익을 얻을 수도 없었다.

근대에 들면서 이웃인 중국과 일본은 외세에 의해 강제로 개방을 겪었지만 결과는 매우 판이하였다. 뒤늦게 자본주의에 달려든 일본은 유달리 강한 집단책임감으로 해양력을 배우고 곧바로 이를 수용하여 기술적 혁명을 통해 국력확장으로 변환시키면서 1876년부터 우리나라와 중국을 수탈하기 시작하였다. 반면에 중국은 오랜 기간 동안 다른 나라의 존재를 인정하기를 거부하고 중화사상에 얽매어 세상의 모든 나라에 대해 가상적인 우월성에만 집착하다가 열강들의 해양력에 희생되어 영국과의 전쟁뿐만 아니고 20세기 말에는 일본에게도 굴욕적인 패배를 당하였다.

뒤늦게 세계 해운시장에 뛰어든 우리나라는 그동안 괄목할 만한 성장을 해왔고 지금은 우리나라 전체 수출입 물동량의 99.7%를 해운에 의존하고 있다. 본고는 세계해운의 경제사적 흐름을 통해 해운의 중요성을 인식하고 국가경제에서 해운산업이 차지하는 중요성을 역사를 통해 확인하고자 한다.

2. 세계의 해상 무역량

2018년 현재 UN에 가입한 193개 회원국 중 해상무역 국가는 약 100여 개국에 달하고 아주 작은 섬나라까지 합한다면 170개국 이상이 된다. 이 중 미국, 중국, 일본, 한국을 포함한 주요 40개국이 전 세계 해상무역의 89%를 차지하며, 그중에서도 아시아 대륙이 선적 41%, 양하 61%를 차지하고 있다. 2020년 유럽, 북미, 아시아 국가의 수출입 무역액 87.2%를 차지하여 세계무역의 대부분은 북반구에서 동서방향의 무역에 집중되어 있다.

1950년에서 2018년 사이 해상무역은 5억 5,000만 톤에서 10억 7,000만 톤으로 68년 동안 2배 가까이 확대되었는데, 확대된 글로벌 경제체제 하에서 해상무역은 세계경제와 더불어 지속적으로 성장해 왔다고 볼 수 있다.

무역과 국가의 전반적인 경제구조와의 상관관계를 살펴보면 국가별 면적과 무역량과는 관계가 없고 인구수와도 관련이 없으나 국내총생산(GDP)의 크기와는 비례한다. 한 나라 GDP가 높은 국가는 수입 대금을 감당할 여력이 있고, 수출을 통해 그보다 더 많은 수익을 얻을 수 있기 때문이다. 국제무역 수송의 대부분은 해상을 통해 이루어지기 때문에 결국은 경제규모가 큰 나라일수록 해상 무역량도 증가할 수밖에 없다. 따라서 경제규모가 크고 수출·수입물량이 많은 국가는 안정적 무역을 위해서는 자국 국적의 상선대뿐만 아니라 자국이 통제 가능한 지배선대를 포함한 해상수송 수단의 확보가 필수적이게 된다.

해상무역이 원활하게 이루어지기 위해서는 선박이 입·출항할 수 있는 항만을 필요로 한다. 현재 전 세계에는 약 3,000여 개의 항만에서 해상운송 화물을 취급하며, 이론적으로 보면 이들 항만 간에 약 900만 개의 항로가 존재할 수 있다. 전 세계 20대 컨테이너 항만 중 18개가 또한 북반구 아시아 지역에 위치하고 있다.

3. 고대 지중해국가는 왜 해운이 발달하였나?

나일강은 태고 이래로 이집트의 공로(公路)로서 역할을 하였고, 따라서 이집트문명은 나일강을 중심으로 발달하였다. 그러나 고대 이집트의 최대의 약점은 선박을 건조하기에 적합한 좋은 나무가 자라지 않기 때문에 바다를 항해할 수 있는 선박을 건조하기 위해서는 페니키아(현재의 시리아나 레바논 부근 지역)로부터 삼나무를 수입하여야만 하였다. 이를 위해 이집트인들은 점차 크고 무거운 선박을 건조하게 되었고, 먼 뱃길을 갈 수 있는 원양 항해선으로 발전해 나갔다. 그러나 이집트인들은 무역을 개척하기는 하였어도 진정한 해양민족은 아니어서 곧 이런 무역항로와 해양지배력이 페니키아인에게 넘어가게 되었다.

이집트인들이 해상활동에 흥미를 잃어버린 사이 미노아인과 페니키아인들이 기원전 2000년부터 1400년까지 지중해에서 활약하게 되었다. 미노아인들은 섬나라인 크레타에서 외부로 진출하기 위해서는 해양을 이용할 수밖에 없었고, 페니키아인들은 청동제조에 필요한 주석을 얻기 위해 멀리 영국까지 진출하는 등, '바다의 장사꾼'으로서 역할을 수행하였다.

페니키아인들의 영향을 받은 그리스인들은 도시국가로 발전하면서 이들에 필요한 소비재를 공급하기 위해 무역을 발달시켰고, 평야가 좁은 그리스에게 식량 공급의 문제는 생존의 문제였다. 필요한 식량의 3분의 2를 수입에 의존해야 하는 그리스는 곡물수송을 위한 해상세력을 확보하는데 관심을 기울였으나, 스파르타가 아테네 해군을 격멸하면서 그리스는 해상재해권을 상실하였다. 러시아 남부로부터 아테네로 가는 곡물 수송선단이 파괴되고 해외 영토와 연락이 끊긴 아테네는 굶주림에 지쳐 스파르타에 항복하여 제국의 깃발을 내리게 되었다.

이후 로마 문화권이 확대되자 제국의 도시 로마는 지금까지 상업 활동과 상관이 없던 사람들도 문명화된 삶을 살기 위한 욕구가 계속 증가하여 인근 국가로부터 해상을 통한 무역 수송량이 지속적으로 증가할 수밖에 없었고, 따라서 로마는 부유함과 위엄, 윤택한 생활을 지속하기 위하여 해상무역에 의존할 수밖에 없었다. 로마제국은 당시의 유럽의 상류계급의 사치생활에 맞추어 수요가 급증하자, 해운사업을 독려하기 위한 직접적인 세제지원과 같은 여러 제도적 장치를 마련하여 해상무역을 지원하면서 지중해를 '로마의 호수'로 만들었다.

4. 실크로드는 왜 번성하지 못하고 소멸하였나?

중국에서 한나라가 개국하고 중국과 서역 간에는 인적·물적인 교류가 활발해지면서 비단길(Silk road)로 부르는 아시아와 유럽을 잇는 교통로가 열리게 되었다. 중국의 대외무역은 두 갈래가 있었는데, 하나는 창안(長安)에서 출발하여 하서(河西) 회랑을 경유하고 많은 산을 넘고 사막을 지나 서아시아, 로마 등 지역에 도달하는 '육상 비단길'과 다른 하나는 중국 동해 연안지역과 동아시아 각국 간 무역로인 '해상 비단길'이다.

그러나 육로를 통한 비단길은 중간에 도적떼, 야생동물들, 사고나 굶주림으로 인한 죽음 등 수많은 위험이 도처에 산재해 있었다. 이런 육상의 비단길보다 다소 안정된 무역로는 바닷길이었다. 선박은 낙타대상에 비해 최소 10배의 화물을 수송할 수 있고, 선박이 대형화되면서 다시 3~10배의 수송이 가능해짐에 따라 대량수송의 이점으로 규모면에서 육로보다 해로가 훨씬 유리하게 되었다.

5. 십자군 전쟁이 해운에 기여한 바는 무엇인가?

중세에 서유럽의 그리스도교도들이 성지 팔레스티나와 성도 예루살렘을 이슬람교도들로부터 탈환하기 위해 8차에 걸쳐 간헐적으로 일어난 원정전쟁이 십자군 전쟁(The Crusades)이다. 그러나 1096년 시작된 십자군 전쟁은 제1차 파견부터 1291년의 제8차 파견까지 175년 동안 그리스도교의 성지인 예루살렘을 되찾지 못해 실패로 끝났으나 이 전쟁은 유럽사회에 지대한 영향을 미쳤다. 십자군 파견은 제1차 원정 때 육로로 진격한 것을 제외하고는 이후 7차례의 파견은 전부 또는 대부분을 해로를 이용하였다. 십자군 파견에는 기사의 수송선 외에도 보급물자 등을 실은 무역선도 다수 참여하였다. 전쟁에서 돌아온 십자군들이 새로운 여러 가지 동방의 물건을 가져오자 이제까지 장원에서 생산되는 일상적인 물건에 만족하고 지내던 봉건영주들에게 새로운 욕망을 불러 일으켰고, 새로운 물건에 대한 호기심과 욕망은 상업을 발달시키는 계기가 되었다.

십자군 전쟁은 동방으로 향하는 무역로가 개척되어 도시경제와 화폐경제가 발달하는 동기를 제공하였다. 그러나 그보다도 예루살렘을 기점으로 한 실크로드를 결과적으로 확보하지 못함으로써 향료 확보에 어려움을 겪었던 유럽인들이 대체 무역로를 찾아나서는 동기를 제공함으로써 이후 15세기에 시작되는 대항해시대를 불러오게 하는 계기가 되었다.

한편 십자군 원정 때 수송선을 제공한 대가로 이탈리아 도시국가들이 사라센 약탈항구로부터의 통상무역의 독점권을 부여받게 되었는데, 이후 이들이 15세기 말이 될 때까지 다른 사람의 추종을 불허할 정도로 지중해의 해상무역권을 장악하였다.

6. 왜 포르투갈은 동방항로를 개척하였나?

이베리아반도의 기독교 국가인 스페인, 포르투갈과 아라곤 세 나라는 모두 해안을 끼고 있는 해양국가로서 그들은 결코 이슬람교도들이 육지의 동서 무역로를 내놓지 않을 것임을 잘 알고 있었으므로 지중해를 거치지 않고 동방으로 가는 대체항로를 찾기를 희망하였다. 특히 포르투갈은 육지는 스페인과만 맞닿아 있고 바다는 대서양밖에 없는 지리적인 한계 때문에 대양탐험의 꿈을 키울 수 있었다.

15세기 말에서 16세기 초 세계 운송 무역업에서 최대의 변혁은 대양항로의 개척으로 특징지을 수 있는데, 이를 이끈 사람은 포르투갈의 엔리케 왕자였다. 그는 항해학교를 세워 선원들로부터 선박, 해양, 항해계기, 해도에 관한 정보를 모아 선원들을 훈련시키고 계속해서 탐험선을 보내어 아프리카 서해안을 탐험해 가고 있는 당시에 인도로의 직항 해상루트를 찾고자 하였다.

이후 애국심, 십자군적 열정, 이기심 등의 동기에 자극받은 포르투갈 국왕 주앙 2세(João II)는 항해왕 엔리케의 유업을 계승함으로써 1498년 드디어 포르투갈 선박이 유럽선 최초로 인도의 캘커타에 입항하였다 희망봉을 돌아왔고, 1497~1499년에는 바스코 다가마(Vasco de Gama)가 동방으로 가는 해상로를 열었다. 이로써 이슬람교도들의 점령 지역인 이집트의 알렉산드리아를 거쳐 리스본으로 들어오던 향료화물의 이동경로가 전혀 다른 바다로 전환되게 되었다.

바스코 다가마의 항해가 역사적으로 매우 중요한 의미를 가지는 것은 동서양의 시민들이 처음으로 서로 마주치게 되었다는 사실이다. 아랍 무역상을 제외하고 사실상 인도양은 그동안 비어있는 바다였다. 무장된 범선과 불굴의 모험적인 사업으로 포르투갈 사람들은 그들의 제국을 동쪽으로 계속 확대해 가면서 무역을 통해 국가의 이익을 획득해 나갔다.

7. 스페인은 왜 제국건설에 실패하였나?

스페인 국왕부부는 기독교에서 말하는 '약속의 땅'을 찾고자 하는 열정이 있었고, 특히 동방으로 가는 항로가 포르투갈의 통제하에 있었으므로 서쪽으로 가서 일본과 중국을 찾아 비싼 비단무역을 할 필요가 있었으므로 콜럼버스의 탐험제안에 대해 재정 지원과 외교적 노력을 수락하였다.

콜럼버스는 스페인 국왕부부로부터 자신이 정복한 땅의 총독 자리와 해군제독이라는 지위를 자식들에게 세습시켜 주고, 식민지 사업에서 얻은 이득의 10분의 1은 자신의 것으로 하며, 취득한 보물의 8분의 1을 가지기로 허락을 받고 1492년 8월 3일 카디즈 부근 팔로스(Palos)항에서 출항한 후 천신만고 끝에 두달 9일만에 산살바도르를 발견하고 카리브 해역의 쿠바와 히스파니올라 섬을 식민지로 하였다. 그때부터 스페인의 모험가들은 중미와 남미대륙의 거대한 아즈텍(Aztec)과 잉카(Inca)제국을 탐험하고 정복해가면서 부를 축적해 나갔다.

서반구의 3분의 1을 지배하는 제국으로 성장한 스페인은 무역과 관련해서 스페인 국왕의 이해관계가 실로 컸기 때문에 해당 항로의 무역체계는 거의 질식할 정도로 통제된 상태에서 운영되어, 민간 상업무역이 발전할 수 있는 기회가 적었다. 거기다가 아메리카 대륙으로부터 쉽게 얻은 금과 은을 새로운 부로 창출하는데 활용하거나 투자할 생각은 못하고 자기방종과 나태에 빠지면서 제국은 서서히 몰락의 길로 빠져들어갔다.

8. 왜 영국의 쿡 선장은 위대한가?

1768년 영국 왕립학회는 태양의 거리를 측정하기 위하여 태평양의 타이티섬으로 학술탐험대를 보내기로 하였는데, 이 태평양 탐사의 책임자로 쿡 선장을 택하였다. 이것은 당시로서는 의외의 선택이었는데, 왜냐하면 계급의식이 강한 당시 영국사회에서 볼 때 쿡 선장은 보잘 것 없는 지방 출신이었기 때문이다.

항해에 있어서 쿡 선장은 2가지의 신기원을 수립하였는데, 그 첫 번째가 당시 '바다의 무덤'이라 부르던 괴혈병을 극복하였고, 두 번째는 비록 모르는 대양에서도 그 자신만의 확실하고 정확한 항해를 함으로써 그때까지의 위도항해를 과거의 유물로 만들었다는 점이다.

정치적으로 쿡 선장은 1770년 호주 동부에 상륙하여 영국 땅으로 선포하였는데, 이는 몇 년 후 영국이 미국과 독립전쟁으로 백인이 이주한 영토의 4분의 3을 잃은 토지를 보상받고 새로운 이민시대를 열었으며, 서구에서보다 동양에서 두 번째 대영제국을 구축하는 기초를 제공하였기 때문이다.

9. 왜 이슬람 제국의 해운이 사라졌나?

630년대에 들어서면서 아랍인들은 반도의 3분의 1이 모래언덕이고 1년 내내 물이 흐르는 강이 하나도 없는 모국을 갑자기 벗어나 굶주림에 쫓기듯 국경을 넘어 풍요로운 이웃 나라인 비잔틴제국을 무자비하게 유린하고 사산왕조를 완전히 멸망시켰으며, 여러 내전과 갈등 끝에 이슬람제국이 건설되었다. 상업번영의 필수 요소인 새로운 정치적 안정이 확보되자 칼리프 내에서는 고급상품에 대한 수요가 증가하여 아랍상인들은 인도양을 더 멀리 항해하여 무역을 통해 이들 상품을 확보하고자 하였다.

아랍인들은 일반적으로 항해하는 것을 그다지 좋아하지 않았지만 상업의 수단으로서 선박이 활동하는 바다로 눈을 돌려 무역의 중개인이자 탐험가로의 역할을 훌륭히 수행하였다. 유럽과 남아시아, 동남아시아, 중국 사이를 오가며 동양에서 생산한 상품을 육지의 장애를 받지않고 대량으로 수송하는 데는 선박이 가장 유리하였기 때문이다. 유럽과 중국 간 약 8,000마일에 달하는 이 항로는 당시 정규 바닷길로는 세계에서 가장 긴 항로였으며, 아랍인 무역상들은 근 500여 년 동안 동양과 서양 간의 무역을 장악하면서 부를 키워갔다.

그러나 중국에서 페르시아만을 거쳐 유럽으로 가는 길목에 위치하며 수세기 동안 동방교역을 주도하여 왔으나, 13세기 몽골제국의 약탈과 학살로 무슬림 문화와 경제가 순식간에 무너졌다. 인도양 해상무역은 아바스 제국이 멸망하면서 아랍이 주도하던 이슬람 시대는 실질적이고 공식적인 종말을 고하고, 번성하였던 아랍상인들의 해상무역도 역사에서 사라지게 되었으며, 그 빈 공간을 유럽 해상세력이 차지하였다.

10. 해운이 산업혁명에 어떻게 기여하였는가?

산업혁명이 왜 일어났는가에 대해서는 다양한 견해가 존재하나, 당시의 해외무역 증가가 산업혁명에 '성장기관' 역할을 한 것은 분명하며, 이 해외무역을 확대시켜 나간 것이 해운이고, 여기에 낮은 금리의 거대자본이 산업혁명의 원동력이 되었다.

산업혁명 후 경제발전의 성과는 해상물동량을 현저히 증가시켜 특정항로에 우편물, 고급 잡화나 여객의 수송수요가 증대하고 정기항로가 경제적으로 가능하게 되었다.

대량생산의 계기를 마련하여 영국의 산업혁명을 촉진하고 생산량이 늘어나자 농촌에 살던 사람들이 도시로 이주하여 생산에 참여하기 시작하였다. 한편 생산성이 향상되면서 국내시장이 성장하고 시장이 확대되자 기업가들은 새로운 기술과 새로운 제품을 시장에 소개하게 되었다. 산업혁명은 소비패턴에도 변화를 일으켜 새로운 상품이 시장으로 쏟아지고 소득이 증가하면서 소비도 늘어났다.

파생수요인 운송업의 속성상 해운업이 산업혁명을 촉발시키기에는 한계가 있으나, 해운이 없었다면 산업혁명은 철도시대가 도래할 때까지 지연되었을 것이다. 즉, 해운업이 철도만큼 산업화에 기여한 것은 아니지만, 해상운송은 철이나 석탄과 같은 무거운 생산원료를 저렴하게 수송할 수 있어 산업혁명기의 자본재 산업의 발전을 용이하게 하였고, 상품의 유통을 촉진시켜 기계제 공업이 대량 생산한 재화를 국내·외 시장으로 용이하게 이동시켜 시장개척을 넓혀 나갔다.

11. 네덜란드는 왜 해양제국을 건설하지 못했나?

국토의 6분의 1이 바다보다 낮은 네덜란드는 땅이 좁고 귀하여 일찍이 해운을 통한 무역을 장려하게 되었고, 발트해에 면한 항구는 중앙유럽 산출물자가 모이는 내륙수상운송(내륙수상운송 운임은 육상운송 운임의 20분의 1 수준)의 중심에 위치하였으며, 포르투갈 선박에 종사하던 우수한 네덜란드 선원을 보유하고 있었으므로 그들의 해운세력은 성장할 수 있는 발판을 갖추고 있었다.

17세기 후반 네덜란드 인구는 150만 명에 지나지 않았으나 전체 인구의 5%가 넘는 선원인력을 보유하고 있었으며, 상업선단은 90만 톤이나 되었는데 이는 당시 유럽 전체 선박량 약 200만 톤의 45%나 되는 거대한 해양세력을 갖추고 있었다. 조선업의 효율성도 크게 향상되어 선박 부품을 표준화하고 선박구조도 표준화함으로써 선박 건조비와 수리비가 절감되면서 운임도 인하되어 네덜란드 상인들의 경쟁력은 크게 높아졌다.

그러나 17세기 네덜란드의 세계적 지위를 상징하던 네덜란드동인도회사도 점차 인도를 거점으로 하는 영국 세력에게 압도되어 1799년 해산되고 말았다. 100년 가까이 경이적인 성장을 보였던 네덜란드 해운의 전성기가 끝난 이유는 무엇일까? 여전히 네덜란드는 당시 유럽의 국가들에 비해 부유하였으나 주위의 해운 무역환경이 바뀌었음에도 네덜란드는 변화에 둔감하였기 때문이다. 네덜란드인들은 물려받은 생산수단을 개선하기

보다는 기존의 습관을 유지하려고 함으로써 새로운 상업적 기회를 재정립할 기회를 놓쳤고, 역동적인 이웃나라들과의 불공평한 싸움을 포기하였다.

1642년 네덜란드의 타스만은 영국의 쿡 선장보다 128년이나 앞서 호주를 돌면서 세계의 역사의 방향을 바꿀 수도 있는 중요한 발견을 했음에도 불구하고 네덜란드가 영국과의 전쟁에서 패하는 바람에 이 대륙 발견의 보고 의무를 단념하였고, 이후 네덜란드는 더 이상의 웅장한 탐험은 기도하지 않았다.

12. 해적은 도둑인가 영웅인가?

해적의 역사는 기원전 14세기부터 기록되고 있어 해상무역의 역사만큼 오래되었다. 대체로 해적은 육지에서 절망이나 환멸을 느꼈던 사람들이 해적의 길로 들어섰고, 중세에는 해상전투나 약탈을 맛본 상선선원들이 평화시에는 해적으로 바뀌었으며, 선상반란으로 처벌의 위협을 느낀 사람들이 해적이 되기도 하였다. 해적행위는 많은 문제점을 안고 있었지만 성공하였을 경우 단기간에 부를 쌓고 사회적인 신분상승을 꾀하는 기회를 제공하였으므로 절망에 빠졌거나 빈민, 탐욕스런 사람들은 기꺼이 해적행위에 뛰어 들었다.

기상에 의한 조난보다 위험한 것은 '사람'이었다. 바다에서는 오로지 상선을 납치하거나 파괴하고자 하는 사람들로 회교도 약탈선(Moslem corsair), 해적 그리고 전쟁 중의 사략선 3가지 유형이 있었는데, 이중 사략선에 의한 피해가 가장 컸다.

약탈에 의한 전리품의 가치는 대단했다. 1587년 영국 카디즈항에 쏟아져 들어온 드레이크 함대의 믿기지 않은 엄청난 스페인 보물선의 노획물과, 1592년 여름 오후에 포르투갈 카라크인 마드레데디오스(Madre de Deus)호가 인도에서 포르투갈로 향하던 중 영국에 나포되어 다트머스항에 끌려왔는데, 이 배에 실린 화물의 가치는 당시 영국 국고의 거의 반에 해당하는 금액이었다. 이런 약탈행위로 해적 드레이크는 엘리자베스 여왕으로부터 기사작위를 서임받고 '바다의 영웅'으로 추앙받기까지 하였다.

그러나 어떠한 동기였던지간에 잔인한 약탈은 다수의 생명과 재산 그리고 선박을 낭비하고 인간의 정력과 야심을 결코 생산적이라 할 수 없는 부분으로 낭비해 버림으로써 해운산업의 발전에는 매우 유해한 것이었다.

13. 중국은 왜 제국건설의 기회를 놓쳤는가?

인류 4대 문명의 발상지의 한 곳인 중국은 예로부터 역대 왕조가 중농주의 정책을 추진하여 해상무역에는 큰 관심으로 기울이지 않았다. 그러다가 명대에 들어서 조정을 움직이던 세력인 환관들이 막강한 영향력을 발휘하면서 영락제의 어명을 받은 환관 정화(鄭和) 장군이 이끄는 대원정함대를 조직하였다. 28년간 하서양(下西洋) 어명을 받들어 선대를 거느리고 일곱 차례 대항해를 하여 30여 개 나라와 지역을 방문하였다. 정화의 보선대(寶船隊) 목적은 명제국의 위엄과 재부를 과시하고 동시에 무역을 하기 위한 것으로, 감히 다른 나라들은 생각하지 못할 만큼 선대가 거대하고 종류가 다양하였다. 정화의 원정항로는 중국 역사상 노정이 가장 긴 원양항로였다.

기록에 따르면 보선대가 아프리카에 도달한 시기가 포르투갈의 아프리카 희망봉 발견보다 무려 80년 먼저 수행된 것으로, 명나라 조정이 보선대를 상업적으로 활용하여 해외무역을 발전시켰다면 세계 해운사는 전혀 다르게 기술되었을 것이다.

그러나 정화가 원정에 성공하여 크게 명성을 떨치자 조정의 관료들은 이를 못마땅해 했고, 하서양 비용이 막대하여 명 조정의 재정이 어려워져 더 이상 대양원정과 같은 사치스런 사업에 돈을 쓸 여력이 없었던데다, 왜구들의 끊임없는 침입으로 중국정부는 외부로의 항해를 억제했다. 때마침 발생한 황궁의 화재가 만이(蠻夷)들의 행위라는 상소가 이어져 결국 명 조정은 하서양을 중단할 수밖에 없게 되었다. 후일 황제의 총애를 받은 환관이 정화의 기록을 찾고자 하였으나, 유사한 모방원정이 생기지 않도록 모든 관련 기록을 폐기하여 찾을 수 없었다.

14. 무엇이 중세 일본해운의 확장을 막았나?

텐분(天文)10년(1541) 포르투갈 상인이 폭풍에 조난되어 분고노쿠니(豊後國) 신궁사에 표류하고 이어서 2년 후 포르투갈 선박 1척이 오오수미노쿠니(大隈國) 다네가섬(種子島)에 표류하여 영주에게 철포 2정을 판 것을 계기로 무역이 발전하였는데, 이로 인해 일본은 수년간 4회가 넘게 사절을 파견하면서 일본 국민의 해양사상 계발에 크게 도움이 되었다.

일본 선박들이 멀리 원양항해를 할 수 있었던 것은 해양에 대한 도요토미 히데요시(豊臣秀吉)의 관심이 매우 컸기 때문이고, 조선출병은 일본해운을 크게 발달시키는 계기가 되었다. 이후 도쿠가와 이에야스(德川家康)도 해외 각국에 대해 개방적인 자세를 보임과 동시에 일본으로부터 해외로 출항하는 선박에 대해서도 보호 장려하였다. 주인장 발급에 따른 슈인센(朱印船) 무역은 무로마치 시대의 류큐무역에 시행되었으나 도요토미 시대에 본격적으로 실시되었다.

도쿠가와는 처음에는 외국인과 기독교인을 일본의 체제 내에 편입시켜 해외무역을 확대코자 선교활동을 묵인하였다. 그러나 기독교의 일부다처제, 할복, 다른 신의 숭상금지 등의 기독교리가 국가에 해를 끼칠 것을 염려하여 1612년 금교령을 발표하고 1633년 주인장을 가진 선박 외의 해외 취항과 외국에 5년 이상 체류한 일본인의 귀국을 금지시키는 쇄국정책을 전면적으로 실시하였다. 또한 1635년 500석 이상의 선박건조를 금지시켰다.

19세기에 접어들자 미국은 일본과 교역을 하면 많은 무역이익을 얻을 것이라고 생각하고 일본으로 진출할 기회를 만들고자 1853년 미국 페리함대가 에도에 입항하여 강제 수교를 요청하였으나, 무역허가는 쉽지 않았다. 1854년 다시 일본에 기항한 페리는 일본정부와 여러 노력 끝에 3월 31일 일미화친조약(神奈川, 가나가와조약)에 서명하고 하코다데(函館)와 시모다(下田) 2개 항구를 무역항으로 개방하였다. 이로써 일본의 쇄국의 문은 외국으로부터 강제로 벗겨져 220년 만에 개항을 하게 되었다.

15. 증기선의 발달이 왜 늦었는가?

증기선의 출현은 인류가 자연에 의존하던 해상수송을 인간의 의지로 수송하게 되었다는 관점과, 증기선의 안정적 수송으로 세계 인류가 물질생활에서 편익을 증대시켰다는 점에서 감히 수송 혁명적 변화라고 할 수 있다. 증기 화물선은 계절적 변동에 관계없이 일정하게 규칙적인 움직임이 가능하기 때문에 화물의 도착시점을 예측할 수 있어 정확하게 착선(着船) 통지가 가능하고, 화물을 인수 내지 인도하기 전에 화물수배가 가능하게 되었으며, 항만에서 내륙 각지로 화물을 배송하는 시설도 체계적으로 갖출 수 있게 되어 새로운 해운서비스 형태인 정기선 해운시대가 도래하게 되었다.

그러나 초기 증기선에서 가장 큰 결함은 석탄 소비량이 많았고, 화물적재 공간의 40%를 연료창으로 사용할 정도로 효율성이 낮았으며, 빠르고 경제적이기로는 범선이 훨씬 유리하였기 때문이다. 이후 증기를 동력으로 이용하게 되어 선형이 대형화되어 화물적재 능력이 범선에 비해 사실상 3~4배, 선박과 화물에 따라서는 5배에 달하기도 했다. 북대서양 항로를 연간 8왕복 항해하는 1만 톤의 증기선 1척이 동 항로를 취항하는 범선의 10척 내지 12척이 연간 수송할 수 있는 양을 실어 날랐다. 이후 최단거리인 운하를 통과하기 위해서는 좁은 수로를 정침하여 통과하여야 하는데다, 증기선의 효과가 운송업계에서 확인되기 시작하면서 속력과 운항일정이 중요한 조건이 되는 무역항로에서부터 점차 증기선이 경쟁력을 가지게 되었다.

계획에 의한 해상수송은 해저전선 통신망으로 인해 커다란 변화를 맞이하게 되었는데, 선주는 통신을 이용하여 런던 본사에 거주하면서 매일 모든 항로, 모든 항구에 있어서 화물을 선적·양륙을 필요로 하는 사람들과 접촉, 연락하는 것이 가능하고 3국간 무역관리도 가능하게 되었다. 1850년대와 1860년대에 해저전선이 부설되어 세계의 항구들을 결합하지 못하였다면 결코 증기선의 이점을 충분히 발휘하지 못하였을 것이다.

16. 운하가 어떻게 세계해운의 흐름을 바꾸었나?

1859년 기공식을 가지고 개발에 들어간 수에즈 운하는 프랑스가 재정보증을 하면서 우여곡절 끝에 1869년 11월 17일 바다와 바다를 잇는 세계 최대의 운하가 개통되었다. 수에즈 운하 개통으로 유럽과 아시아 간 항로는 아프리카 남단의 희망봉을 돌아갈 때보다 절반가량 줄었다. 파나마 운하는 수에즈 운하를 건설한 경험을 바탕으로 빠른 완공을 자신했던 프랑스가 1881년에 주도하였으나, 미국이 파나마 운하의 전략적, 정치적 필요성을 고려하여 1903년에 프랑스로부터 운하 굴착권을 사들여 1914년에 완공하였다. 아시아와 미국 동부를 잇는 최단 바닷길인 파나마 운하는 칠레의 케이프혼을 거칠 때보다 무려 40%의 시간이 절약될 수 있다.

20세기에 들어 수에즈 운하와 파나마 운하는 산업혁명에 따른 세계경제의 발전에 수반하여 폭발적인 증가를 하게 되었고, 수에즈 운하와 파나마 운하는 항해거리의 단축과 물류비용 절감 측면에서 세계 해상무역에 지대한 영향을 미쳤다. 수에즈 운하와 파나마 운하의 이용이 증가하면서 수에즈 운하는 흘수가 깊은 초대형선이 통과하지 못하고, 파나마 운하는 운하 폭이 좁아 대형선박이 통과할 수 없는 문제점이 대두되어 2015년 제2수에즈 운하가 건설되었고 2016년에는 파나마 운하가 확장 개통되었다.

17. 전쟁이 어떻게 해운의 주인공을 바꾸었나?

제1차 세계대전은 비스마르크 시대를 지내면서 급속한 경제발전을 이루고 제국주의의 팽창을 위해 세계 재분할을 시도하던 독일을 중심으로 한 신흥 세력국들과 영국을 중심으로 한 기존의 세력들 간에 세계시장을 차지하기 위한 패권 싸움이었는데, 전쟁이 시작되자 분쟁은 전 세계로 퍼져나갔다. 제1차 세계대전은 사람들의 예상과는 달리 전쟁이 장기화되면서 엄청난 소모전으로 진행되었다. 1918년 11월 11일까지 4년 넘게 계속된 제1차 세계대전은 유럽인 6,000만 명을 포함한 군인 7,000만 명이 전쟁에 가담하면서 역사적으로 가장 큰 전쟁 중 하나였으며, 전사한 병사만도 900만 명 이상이 되었다.

제1차 세계대전은 세계 해운업계에 엄청난 파장을 몰고 왔지만 미국과 같은 후발 해운국에게는 오히려 기회가 되었다. 영국을 비롯한 유럽 각국은 전쟁에 동원하기 위해 상선을 징발하였는데, 미국은 경쟁력이 우세한 유럽 해운업자들이 시장에서 물러난 틈을 이용해 행운을 거머쥐었다. 전쟁이 끝날 무렵 미국이 보유한 상선이 1,350만 톤에 이르러 미국은 세계 제1의 상선 보유국이 되었다.

제2차 세계대전은 제1차 대전의 연속선상에 있었으나 지금까지 겪어보지 못했던 대규모 전투와 전투지역이 확대되는 양상으로 전개되었는데, 제2차 세계대전 동안 전 세계 상선 6,100만 톤 중 3,200만 톤이 상실되었다. 전쟁기간 동안 미국은 리버티형 2,700여 척, 빅토리아형 410여 척, 유조선 630여 척을 포함하여 합계 5,572척을 건조하고 운항관리를 함으로써 세계 최대의 해운과 조선국으로 부상하였다.

전쟁의 결과로 세계 상선대의 세력이 미국 중심으로 재편되었고, 패전국인 독일, 일본, 이탈리아의 해운력은 거의 괴멸되다시피 타격을 받았다. 종전 후 많은 국가들이 해운재건을 위한 다양한 지원정책을 마련함에 따라 각국의 해운은 빠른 속도로 회복하기 시작하였다.

18. 새로운 해운시스템이 세계경제를 활성화하다.

새로운 화물포장 형태인 컨테이너선은 1956년 미국의 맥린사(이후 시랜드로 변경)가 최초로 도입하여 재래 정기선이 항구에 체류하는 시간이 80%나 단축되면서 하역비용이 엄청나게 줄었고, 미국-유럽 항로의 정기화물선 서비스 시간을 4주나 단축시켰다. 그러자 각 정기선해운 선사들은 앞다투어 컨테이너 도입을 서둘렀고, 이후 컨테이너 수송은 세계 정기선 시장을 완전히 뒤바꾸어 놓았다. 1980년과 2017년 사이에 컨테이너화된 화물은 해운산업의 다른 부문에 비해 매우 빠르게 성장하였는데, 동 기간 동안에 일반 잡화는 2.3배, 벌크화물은 5.3배, 석유·가스는 1.7배 증가한 데 비해 컨테이너 화물은 무려 18배나 증가하여 매년 평균 45%의 급격한 성장률을 보였다.

수송화물이 컨테이너화(규격화)되면서 한 수송수단에서 다른 수송수단으로 화물을 환적시키는 것이 전혀 문제가 되지 않자 두 가지 이상의 수송수단을 연계하여 수송하는 복합운송시스템이 도입되었다. 컨테이너 수송을 미국 각 주를 잇는 철도와 동서연안의 선박을 연계하는 복합운송체계(Multimodal transport system)가 등장하면서 수송속도가 향상되어 뉴욕과 도쿄 간 노선의 수송일수는 파나마 운하를 거쳐 해상으로 운송하면 30일이 걸리던 것이 20일로 단축되었다.

선박의 국적이란 그 선박이 어느 나라에 귀속되는가를 대내외적으로 공표하는 것이다. 그런데 편의치적(便宜置籍)제도는 세금 절약, 선원 선택의 자유, 해운기업 활동의 자유 등을 목적으로 국적을 다른 나라로 등록시키는 것을 말한다. 이로 인해 해운기업들은 상당한 이익을 얻게 되어 2019년 기준 주요 해운선사들의 90% 내외가 편의치적을 하게 되었다. 한편 편의치적선에 대한 국제적인 규제가 강화되자 많은 등록국가들이 등록선주와 진정한 연계를 가지기 위해 의사(疑似) FOC등록제도인 국제선박 등록제도를 도입하였다.

이러한 새로운 선진 해운시스템은 모두 미국에서 시작하여 전 세계 해상운송에 혁명적 변화를 이끌었다.

19. 왜 미국은 해운대국이 되지 못했나?

미국은 1차와 2차 두 번의 세계대전을 거치면서 세계 1위의 상선보유국으로 등극하였고, 세계대전을 통해 군사상의 필요 또는 대전 중에 급속히 증가한 상선대에게 수송물량을 확보해주기 위해 '쉽 아메리칸 운동'을 전개하여 각종 법률에 따라 특정한 물자를 수송할 때 미국선박을 우선 사용하는 정책을 택했다.

그러나 존스법(Jones Act)에 따라 자국 건조, 자국 국적, 자국 선원 승선을 요구하자, 미국의 선주들은 선박국적을 라이베리아, 파나마 등 편의치적국으로 옮겨 값싼 인력을 공급하는 업체들로부터 노동력을 조달할 수 있었고 미국정부가 선박에 적용하는 안전 및 설계에 관한 기준도 피하고자 하였다.

한편, 조직화된 노동자들에 의한 높은 임금 및 연안무역에 종사하는 선박에 대한 규제와 정부의 보호조치에 의한 높은 조선단가로 인한 미국 조선소의 능률저하는 미국 해운업의 경쟁력을 떨어뜨렸다.

이처럼 국제적인 기준이나 관행에 맞지 않은 미국 해운법규는 해운, 교통, 통신의 발전 속도를 따라잡지 못한 채 역사적으로 걸림돌만 되어 왔다. 법령이 처음 입안되었을 때보다 선박은 더욱 빠르고 안전하게 발전함에 따라 미국의 해사규칙들은 국제적인 기준이나 관행에 맞지 않는 낡은 것이 되어버렸다. 이러한 이유로 양대 세계대전을 거치면서 세계 1위의 상선보유량과 조선건조능력을 갖추었던 미국은 이후 해운대국으로 성장할 수 있는 동력을 잃어버리고 말았다.

20. 일본은 어떻게 해운을 부흥시켰나?

1868년 정권을 수립한 메이지 정부는 해운업을 외국무역과 국제수지 균형, 국방력 강화에 매우 긴요한 산업이라고 판단하였다. 네덜란드 선교사의 제안으로 1871년 이와쿠라(岩倉)사절단을 결성하여 1년 8개월 23일 동안 12개국을 방문하여 각종 선진제도를 습득하였다.

일본은 초기에 해양정책의 목표를 최대한 빨리 근대적인 해운조직을 창설하는데 두고 고액의 임금을 지불하면서 외국 전문인력을 채용하고 그들로 하여금 일본인들에게 기술을 전수하게 했다. 일본이 빠른 시간에 산업화의 길로 들어설 수 있었던 것은 정부주도의 산업정책 추구 외에도 일본 사람들의 애국심과 뛰어난 자질도 한몫을 하였으며, 이와 같은 개발과 개혁의 패턴은 해운업의 성장에도 영향을 미쳐 일본해운은 급속한 성장을 하게 되었다.

제2차 세계대전 패전으로 상선대가 거의 괴멸되다시피 하자, 전후 해운업계 최대 급선무는 선박확충이었다. 계획조선은 제2차 세계대전 후 일본 상선대를 급속히 확대시킨 획기적인 제도였으며, 이로 인해 해운과 조선을 연계하여 선대를 확충하고 해운과 조선의 상생을 도모하는 정책으로 자리 잡았다. 여기다 한국동란은 일본해운의 재건을 촉진시키는 구세주 역할을 하였는데, 일본은 한국동란 이후 1955~57년 동안 한반도의 부흥을 위한 자재수출 및 방위력 증강에 편승하여 이때부터 약 20년 동안 매년 10%에 이르는 이례적인 고도 경제성장을 하였다.

21. 세계 조선산업은 어떻게 바뀌었나?

역사적인 경험으로 볼 때 한 나라의 조선업의 진흥은 종종 그 나라의 경제가 발전하는 동안 화물무역이 급격히 증가하는 과정에서 이루어졌다. 1890년대 초까지만 해도 대영제국은 황금기를 누리면서 해운업과 조선업을 지배하여, 전 세계 선박의 90% 이상을 건조하고 세계 상선대의 절반을 소유하였다.

양대 세계대전 후 영국을 포함한 유럽 조선시장 점유율은 66%에서 10%로 추락한 반면, 일본, 한국, 중국을 중심으로 아시아는 22%에서 84%로 급등했다. 영국과 미국의 경쟁력 저하는 경쟁적인 조선시장에 적응부족, 대립적인 노동자 관계와 선박건조 생산성 하락, 보호주의 정책으로 인한 국제 경쟁력 저하를 들 수 있다. 반면 일본 조선업의 초기 발전은 해운-조선 연계 프로그램에서 힘을 이끌어내었고, 한국과 중국 조선업은 신규로 조선업에 진출할 때 낮은 인건비와 적극적으로 자본을 투자하여 시장과 함께 발전하였기 때문이다.

조선업과 해운업의 관계를 살펴보면 과거에는 자국의 조선능력과 해운업 발전이 실과 바늘의 관계를 형성(脣齒輔車)하며 동반 성장을 해 왔으나, 산업의 국제화 이후 조선업은 해운업의 경쟁력에 거의 영향을 미치지 않는 것으로 알려졌다.

22. 북극항로를 포기하지 않는 이유는 무엇인가?

17세기 초까지 실패를 거듭하였던 북극항로의 탐험은 19세기에 들어서면서 다시 시도되었다. 대서양과 태평양에서 주인없는 땅은 더 이상 없다고 판단한 열강들이 새로운 식민지를 찾고자 하는 열망으로 시도된 북동항로나 북서항로의 개발 시도는 비록 성공을 거두지는 못했으나, 이들의 노력은 이후 세기에서 새로운 무역항로로 개발되는 단초를 제공하게 되었다. 정말 오랜 기간 동안 그렇게 많은 사람들이 희생되어가면서도 찾지 못했던 북극해 항로가 항법과 통신기술의 발달과 기후변화로 인해 서서히 열리기 시작하였다.

태평양을 횡단하는 선박이 대권(大圈)으로 항해하면 항정선(航程線) 항법으로 항해하는 거리에 비해 약 15% 정도 거리가 단축된다. 동북아시아와 유럽(부산에서 로테르담 예) 간을 항해할 경우 수에즈 운하를 통과할 때보다 항해거리가 약 40%가 단축되어 북극해 항로의 상업적 중요성이 강조되고 있다.

한편 북극해에는 약 480억 배럴의 원유가 매장되어 있고 이 중 90% 이상이 수심 10m 이내 얕은 바다에 매장되어 있는 것으로 알려져 있다. 과학자들은 아직 발견되지 않은 전 세계 자원의 22%가 북극 일대에 묻혀 있을 것으로 추정하고 있어 관련 국가 간에 북극자원의 확보경쟁이 치열하게 전개될 전망이다.

이처럼 북극해 해빙과 함께 북극항로와 북극해 자원에 대한 관심이 높아지면서 국가 간 북극 해양영토 확보경쟁도 치열해질 전망이다.

23. 한국경제에서 해운은 어떤 의미를 가지는가?

고대사회의 한국은 중국과 진공(珍貢)과 회사(回謝)라는 조공무역(朝貢貿易) 수단으로 해상왕래가 유지되었으나 이마저도 항해나 조선기술 부족으로 활성화되지 못하였다. 중세사회로 들어서면서 한국은 한때 청해진을 기반으로 한 장보고가 동북아지역의 해상무역을 지배한 적이 있었지만 한반도와 중국이 육로로 연결되면서 연안해운은 조곡을 수송하는 조운(漕運)에 머물렀고, 생산물의 규모도 크지 않아 정상적인 해상무역을 기대하기 어려웠다.

근세에 들어서도 한국은 전통적인 유교문화로 상인들이 천시받은 데다 산업기반도 취약하여 해상무역은 발전하지 못하고 해운은 조곡운송 역할밖에 하지 못했다. 거기다 선원은 칠반천역(七班賤役)의 한 직업으로 천시하여 상인계급이 형성되지 못하였으며, 17세기 후반부터는 쇄국정책으로 일관하다가 해양진출을 위한 기회를 놓쳤다.

특히 일본의 강압적 수탈로 1910년 한일합방이 되면서 한국의 해운은 자본을 축적할 기회를 가져보지 못했고, 선박의 운항과 해운경영에 대한 경험도 거의 갖지 못한 상태에서 해방을 맞았다. 1950년 발생한 한국동란은 일제 식민지 치하에서 해방된 대한민국이 기대하였던 자본주의 태동의 뿌리를 송두리째 뽑아버렸다.

뒤늦게 산업화된 한국은 정부의 적극적인 경제개발계획에 따라 경제규모를 키워 왔으며, 특히 산업토양이 거의 황무지나 다름없었던 해운과 조선산업에 대한 지원정책에 힘입어 짧은 시간 안에 세계 상위의 해양세력으로 성장하였다. 그러나 급속한 팽창과정에서 발생한 과잉투자의 부작용과 세계경제의 위축으로 한국해운·조선산업은 불황과 그에 따른 구조조정의 시련을 겪으면서 체질을 강화시켜 나가기 위한 노력을 경주해 왔다.

한국의 해운업은 국내 수출산업 상위 10위권 중 유일한 서비스업이면서 국내 서비스업 중 국부창출 기여도가 가장 높은 산업이다. 선박은 섬나라처지인 한국 수출·입화물의 99.7%를 수송하며, 주요 에너지 수입의 거의 전량을 선박을 이용하여야 하는 절대적 수송수단이다. 향후 대륙으로의 육로가 개방된다고 하더라도 대량수송의 장점을 가진 해운의 역할은 줄어

들지 않을 것이다. 이처럼 지리경제학적으로 필수불가결한 해상운송이 원활하게 기능을 발휘하기 위해서는 해운산업을 포함한 한국 해사산업의 유지·발전이 지속될 필요가 있다고 본다.

24. 21세기 세계경제에서 해운의 역할은 무엇인가?

지금 세계 해운업계는 상업적 가치를 놓고 지역 국가들 간에 주도권 확보를 위한 전쟁터가 되고 있다. 세계화가 진행되고 있는 현재의 경제체제에서 해운산업은 국제무역에서 중요한 역할을 담당하고 있으며, 세계경제가 관계를 강화하고 있는 과정에서 해상 무역량은 장기적으로는 지속적으로 증가될 전망이다.

중세 이후 해상무역이 성장해 오는 동안 풍파에 의한 조난, 해적이나 사략선에 의한 약탈과 나포, 노예무역의 공포, 식민지배, 열악한 선내거주환경에 대한 무관심 등의 어두운 면도 없지 않았으나, 전후 세계 해운업계는 새로운 무역환경에 적응해가면서 꾸준히 성장해 왔고, 이들의 의지와는 상관없이 해운산업은 자신들이 화물을 수송한 모든 지역 사이에 다른 나라의 부와 문명을 전달하여 성장시키는 역할을 해 왔다.

현대사회에서 세계경제의 국제화와 상호의존은 자본의 국제적 이동을 자유롭게 하면서 전 세계를 생산·판매시장화하여 물류의 교류가 더욱 활발해질 것으로 예상되어 해상운송의 역할은 더욱 증대될 것으로 예상된다. 세계무역의 90% 가까이가 해상운송을 통해 이동되고 있는 현실에서 전 세계의 모든 사람들이 해운의 혜택을 누리고 있다고 해도 과언이 아니다. 선박과 해운은 개발도상국의 수십억 명의 직업과 생계를, 그리고 산업화된 선진국들에게는 삶의 표준에 영향을 미치고 있다. 해운은 전 세계

사람들에게 식품, 생활용품, 공업제품, 의약품 심지어는 추억까지도 저렴하게 제공한다.

지금까지 그랬듯, 해상무역이 세계경제에 이바지할 길은 앞으로도 여전히 남아있다. 세계의 어떤 국가도 자신들만의 생산물로는 자국의 경제를 충족시킬 수 없고 고도의 분업화된 세계경제 체제에서 교환의 가치는 한층 높아질 것이다. 각국은 자신들의 잉여 생산물을 판매하여 필요한 물건들을 구매하는데 수송수단을 필요로 하게 되고 그 수송의 대부분을 해운에 의존하고 있다. 아무리 새로운 교통수단이 개발되고 새로운 운송체제가 도입된다고 하더라도 선박만큼 인간이 바라는 삶을 위해 필요한 것들을 저렴하게 수송하는데 따라 올 대체 수송수단이 없기 때문이다.

비록 그동안 세계해운이 팽창하는 과정에서 그 그늘에 드리워진 문제점도 많았지만 수송을 통해 세계 경제발전과 인간의 삶에 기여한 것은 틀림없는 사실이며, 앞으로도 현대 경제사에서 세계의 경제사회를 지원하고 유지하며 지속 가능한 개발을 해 나가기 위해서는 해운이 그 중심 역할을 맡을 것이다.

우리 바다, 지배할 것인가? 지배당할 것인가?*

김용환

1. 들어가면서

영웅 이순신이시여! 작금의 한반도 해양안보 상황을 삼가 아뢰옵니다.

6.25 전쟁 후 70여 년 동안 대치하고 있는 북쪽의 북한은 언제든 우리에게 핵무기를 사용하겠다고 협박합니다. 이미 6번의 핵실험을 통해 대형에서 소형까지 핵무기를 개발했으며, 수많은 미사일 시험을 통해 장거리에서 단거리까지 다양한 핵탄두를 개발했다고 합니다. 최근에는 은밀한 잠수함에서 SLBM(잠수함 발사 탄도미사일) 시험에 성공했습니다.

사드 보복을 감행했던 서쪽의 중국은 이어도 관할권이 중국에 있다고 합니다. 또한, 중국은 서해 NLL 인근에서 대규모의 불법조업을 20여 년째 계속하고 있나이다. 수많은 군함, 관공선과 어선으로 서해의 경계선을 무시하고 중국의 내해로 만들려고 하고 있습니다. 최근에는 우리 해역 인근에서 미국과 해양패권을 다투며 급격하게 해군력을 증강하고 있습니다.

---

* 이 글은 2022년 10월에 공저(하태영·김용환)로 출간한 『우리바다 지배할 것인가? 지배당할 것인가?』 책 내용을 중심으로 요약 발표한 것이다.

독도가 자기들 땅이라고 주장하는 동쪽의 일본은 교과서와 방위백서에 "독도는 한국이 무단으로 점유하고 있는 일본의 땅"이라며, 전쟁이 가능한 국가가 되어가고 있습니다. 독도에 순시선을 주기적으로 보내고 있고 최근에는 국방비를 증액하고 해군력을 크게 증강하고 있습니다.

우리의 생명선이며 핵심항로인 남쪽의 남방항로에는 남중국해 6개 국가가 국익을 두고 충돌하고 있습니다. 수출입 항로인 말라카해협, 호르무즈해협과 아덴만에서는 해적이 수시로 도적질을 하고 있습니다.

이러한 사면초가의 상황에서 어떻게 대비해야 하겠습니까?

영웅 이순신 제독께서는 분명히 이렇게 당부하셨을 것입니다.

"바다로 침입하는 적을 저지하는 데는 수군만 한 게 없다"

"필사즉생(必死側生) 필생즉사(必生側死)의 각오로 수군을 강화하라"

삼면의 바다에서 오는 다양한 적의 위협을 우리들의 영웅 이순신이라면 어떻게 대비(What to Ready)하여 어떻게 승리(How to Win)할까?라는 고뇌 속에 평생 해양위협과 해양안보를 고민했던 해양인으로서 2022년 10월에 공저(하태영·김용환)로 출간한 『우리바다 지배할 것인가? 지배당할 것인가?』라는 책 내용을 중심으로 요약 발표하게 되었습니다.

2. 북한의 SLBM에 대비하라

상황인식

북한은 ICBM(Intercontinental Ballistic Missile), IRBM(Intermediate Range Ballistic Missile), SLBM(Submarine Launched Ballistics Missile)을 비롯한 탄도미사일, 지대공 미사일, 지대함미사일 발사시험을 지속하고 있다. 북한은 2017년 9월 제6차 핵실험을 실시했으며, 이후 2021년 10월

신포급 잠수함(8·24 영웅함)에서 SLBM인 북극성 5호를 발사해 성공한 것으로 알려졌다.

이렇게 점증하는 북한의 핵 위협에 대응하기 위하여 우리 군은 한국형 3축 체계(Kill-Chain 선제타격, KAMD: Korean Air Missile Defense 한국형 미사일 방어, KMPR: Korea Massive Punishment & Retaliation 대량 응징보복)를 구축하면서 한·미 간 4D(Defense 방어, Detect 탐지, Disrupt 교란, Destroy 파괴) 작전개념을 보완해 나가고 있다.

북한의 핵 위협 중에서 잠수함 탑재 핵·미사일은 잠수함의 은밀성과 핵무기인 절대무기의 조합이다. 이를 대비하는데 과연 무엇이 문제이고 해결방안은 무엇인지 짚어볼 필요가 생겼다. 그리고 이를 바탕으로 북한 SLBM을 억제하고 대응할 수 있는 군사 전략적 방향, 작전·전술적 방향, 전력건설 방향을 수립하고 대비할 상황이 된 것이다.

점증하는 북한의 핵·미사일과 SLBM 위협

북한은 2006년에 최초로 초보적인 핵실험을 실시했다. 그 후 10여 년 동안 2016년 9월에 제5차 핵실험을 연이어서 2017년 9월에 6차 핵실험을 실행했다. 그리고 이후 7차 핵실험을 준비하고 있다는 정황이 발표되고 있다.

북한은 2016년 3월 이후 다양한 투발 능력인 미사일의 대기권 재진입 기술 모의시험, ICBM 엔진 지상 분출시험, ICBM 실제 발사시험, 고체로켓 엔진시험 등을 대내외에 공개하였다.

북한의 김정은 국무위원장은 2021년 1월 8차 노동당 대회에서 북한의 국방발전전략 목표를 ① 핵무기 소형화와 전술 무기화 추진, ② 초대형 핵탄두 생산, ③ 수중·지상 고체발동기 대륙 간 탄도로켓 개발, ④ 핵잠수함·수중발사 핵 전략무기 보유, ⑤ 군사 정찰위성 및 무인정찰기를 제시했다.

이어 김 위원장은 10월 국방발전전람회 개막식 연설에서도 "무적의 군사력 강화는 당의 최중대 정책이고 목표이며 의지"라고 강조했다. 따라서, 향후 북한은 국방발전목표 달성을 위하여 무기체계 5년 계획에 따라 핵·SLBM과 관련한 시험을 2026년까지는 계속할 것이다.

최근 북한의 다양한 잠수함 건조상황과 김 위원장이 제시한 국방발전전략목표와 국방발전전람회 개막식 연설을 종합해 보면, 북한의 최종목표는 다종의 핵탄두를 장착한 다양한 SLBM 탑재잠수함을 확보하는 것으로 추정된다. 북한이 확보하려는 SLBM은 핵탄두 중에서 가장 전략적이며 치명적인 핵무기이다. 즉 은밀성이 핵심인 잠수함과 절대무기라는 핵무기를 조합하여 탐지가 쉽지 않고 발사 위치를 실시간 확인할 수 없으므로, 발사하더라도 즉각적인 탐지와 식별이 쉽지 않다. 그래서 잠수함과 탑재된 핵미사일은 공포의 조합이고, SLBM은 최고의 무기라고 말할 수 있다.

북한이 시험에 성공한 신형 SLBM은 한국 주요시설과 주한 미군과 주일미군 기지를 겨냥해 개발한 것으로 군 당국은 평가하고 있다. 향후 북한이 잠항 시간과 작전반경이 확대된 은밀성을 가진 대형 신형 잠수함을 건조하여 다수의 소형 핵 SLBM을 탑재할 경우, 동·서·남해의 원하는 위치에서 원하는 시간에 한국에 핵 타격을 가할 수 있을 것이다. 북한의 SLBM 능력 증대는 한국안보에 치명적인 위협으로 가중되는 실정이다.

북한의 최종목표는 주요 강대국들과 같이 SLBM에 핵탄두를 장착하여 잠수함에 탑재함으로써 핵무기의 생존 가능성을 높이고 보복능력을 갖추는 것으로 추정된다. 통상 핵무기 운반수단이 전략폭격기, 대륙간탄도미사일(ICBM), 잠수함 발사 탄도미사일(SLBM)인데, 북한이 개발 중인 SLBM은 잠수함에 탑재하기 때문에 북한이 보유한 핵탄두 중에서 가장 전략적이며 치명적인 핵무기이다.

종합하면, 북한이 미국이나 러시아 등의 강대국들과 같이 거대한 핵추진잠수함에서 SLBM을 발사할 수 있는 능력을 확보하지는 못했다. 그러나 북한은 2021년 10월 "8·24 영웅함"이라는 신포급 잠수함에서 SLBM을 장착하여 신형 잠수함 탄도탄을 시험 발사하여 성공한 것으로 평가된다. 2022년 5월 시험한 SLBM도 600km를 비행했으며, 시험에 성공한 것으로 평가된다. 우리 군에게는 치명적인 위협이 점점 증가하고 있다.

우리의 대비방향

전략적 방향

① 유사시 잠수함기지 봉쇄로 SLBM 탑재잠수함 출항 차단

북한이 우리와 전쟁을 준비하거나 핵 위협을 가할 경우, 지상의 미사일을 발사하기 이전에 SLBM 탑재잠수함을 사전에 출항시켜서 핵심표적을 타격할 수 있는 적합한 장소에 사전 전개할 것이다. 북한의 SLBM 개발이 완료된 후 핵탄두를 탑재한 잠수함이 기지를 이탈하여 수중으로 잠항한다면, 우리의 안보에 치명적인 위협이 될 것이라고 지적한다. 따라서 우리 군은 북한의 취약한 대잠 능력을 역이용하여 북한 잠수함기지 인근 해역에 대기하면서 전쟁징후를 포착하면 즉시 잠수함 항구를 봉쇄해야 한다. 항구를 봉쇄하기에 가장 적합한 무기체계는 소음이 적으면서 은밀하게 기뢰를 부설할 수 있는 잠수함이다.

② 잠수함기지 선제강습으로 SLBM 무력화

우리 군의 현재의 군 구조와 전력을 소극적 방어 위주에서 적극적 공세 위주로 전환하여 다양하며 강력한 재래식 무기로 북한을 충분히 위협할 수 있어야 한다. 킬체인에 비중을 더욱 강화하여 전쟁의 징후가 명백할 때는 북한의 SLBM 탑재잠수함이 출항하기 이전에 타격하여 1차적으로 출항을 봉쇄해 나가야 한다.

작전·전술적 방향 : 수상·대잠 작전능력 강화 및 감시·대응

북한의 SLBM 탑재잠수함이 출항하기 전에는 인공위성, 정찰기 등 한미 연합정찰 및 감시수단으로 SLBM 탑재잠수함의 위치정보를 상세하게 파악하여 우군 경계수단에 전파함으로써 SLBM의 위협에 단계별 대비태세를 갖추어 나가야 한다.

그러므로 우선 우리 군 단독의 대잠작전 능력을 강화해 나가면서 한·미 해군 간 연합작전 체제를 구축해서 감시정찰-탐지-식별-결심-타격 등 전 단계에서 긴밀하게 정보 공유 및 대응해야 한다.

대잠작전 능력 강화의 핵심은 수중에서 잠수함을 탐지하고 격파하는데 가장 효과적인 무기체계인 원자력추진 잠수함이 되어야 하며, 협동작전을 위해서는 장시간 작전이 가능한 P-8 해상초계기를 확보해야 한다. 원자력 잠수함을 확보하기 이전에는 북한 잠수함보다 성능이 우수한 214급 잠수함이나 3,000톤급 잠수함을 활용하여 대잠작전을 강화해야 한다.

전력건설 방향

① 세종대왕급 구축함의 대공 방어능력 강화

북한 잠수함에서 발사된 SLBM에 대응하기 위해서는, 한국의 동·서·남해 수중에서 발사되는 미사일을 정확히 탐지하고 방어하는 해상기반 요격체계 구축이 중요하다. 해상기반 요격체계로서 세종대왕급 함정은 다기능 위상배열레이더(SPY)를 탑재하여 360° 전방위의 탄도탄 미사일을 원거리에서 탐지할 수 있다. SPY 레이더는 레이더반사면적(RCS)이 작은 북한의 SLBM이 저고도로 비행해도 탐지·식별할 수 있어, 북한의 탄도미사일과 소형 SLBM 방어에 상대적으로 수월하다.

북한의 핵·미사일 위협을 억제하고 주변국들의 증강되는 해군력 위협을 대비해야 하는 일석이조(一石二鳥) 측면에서 적정수준의 해군 기동함대

확보는 꼭 필요하다. 기동함대는 전력투사를 목적으로 조직된 기동성, 융통성, 접근성 그리고 독자적으로 장기간 작전이 가능한 지·해·공 전력 중에서 유일하다. 기동함대는 평시, 위기 고조 시, 분쟁 시, 전쟁 시에 한·미 연합작전을 포함하여 다양한 상황과 임무를 고려하고 주변국의 무기체계 발전 등을 동시에 고려하면서 건조해 나가야 할 것이다.

② SSN 건조를 포함한 기동함대 건설

북한의 위협적인 SLBM 탑재잠수함을 가까이서 추적·감시하고 상황에 따라서는 침몰시킬 수 있어야 한다. 이를 위해서는 북한 신포급 잠수함(통상 4~6knots)보다 속력이 빠르고 수중지속능력과 공격능력을 보유한 연료전지와 리튬전지 및 초전도 모터를 탑재한 디젤-전기 잠수함이나 원자력추진 잠수함이 필요하다. 원자력추진 잠수함은 디젤 잠수함과 비교하면 월등한 능력을 보유하고 있는데, 가장 두드러진 능력 차이를 보이는 분야는 속력, 수중작전 지속능력, 공격능력, 생존능력, 보복능력이다.

가공할 무기인 핵·미사일을 보유하면서 SLBM을 운용할 수 있는 현존하는 최대의 군사적 위협인 북한을 상대로 언제까지 파괴력이 제한적이고 가성비(價性比)가 낮은 재래식 무기로 대응할 수 있겠는가? 우리가 북한의 핵·미사일을 억제하거나 대응 가능해야, 실질적으로 전쟁을 억제할 수 있으며 대한민국의 생존을 우리 스스로 보장할 수 있을 것이다. 북한 SLBM 탑재잠수함에 효과적으로 대응하기 위해서는 우리도 '선택과 집중'을 통한 공세적이며 효과적인 SSN을 건설해 나가야 할 것이다.

소결론

최근 북한은 지속해서 핵·미사일과 잠수함에서 SLBM을 시험하고 있다. 머지않아 핵탄두를 탑재한 SLBM으로 우리를 심각하게 위협할 수 있을 것이다.

그러나 현재 북한의 핵·미사일에 대비하여 구축 중인 Kill-Chain과 KAMD, KMPR에는 많은 제한사항이 있다. 이를 보완하기 위해서는 우선 북한의 다양하고 다수의 발사된 미사일을 타격하는 수단보다는 발사 직전에 대량타격이 가능한 킬체인 수단인 중·장거리 첨단 미사일을 개발하여 실전에 대량 배치해야 한다. 그리고 KAMD에서 다층방어체계 구축을 위해서는 해상에서 고고도 대공방어가 가능한 L-SAM을 포함한 해상기반 요격체계를 구축해서 지상의 요격체계와 조합하여 최소한 2차례 이상 교전할 수 있어야 한다. 궁극적으로 점증하고 진화하는 북한의 SLBM 및 다종의 탄도탄 위협에 대응하기 위해서는 KAMD 탐지자산과 요격자산을 조합하여 촘촘한 복합다층방어체계를 구축해 나가야 한다. 또한, KMPR을 수행할 수 있도록 즉각 시행 가능한 특수전 전력을 신속 대응전력으로 강화해야 하며 작전계획을 구체화해야 한다.

이렇게 한국형 3축 체계를 보완 및 구축하더라도, 북한의 SLBM은 핵투발 수단 중에서 가장 탐지가 어려우면서 한반도 측·후방에서 공격이 가능한 위협적인 무기체계가 될 것이다. SLBM은 은밀한 잠수함과 살상력이 상상을 초월하는 핵·미사일의 조합이므로 다음과 같은 단계적이며 효과적인 대응방안을 구축해야 한다.

첫째, 군사전략 측면에서 북한 SLBM 탑재잠수함이 출항하기 이전에 잠수함기지와 잠수함에 대한 강습전략 수립 및 작전계획을 구체화하는 것이다. 둘째, 작전·전술적인 측면에서 출항한 SLBM 탑재잠수함의 감시·정찰을 위한 수상탐지 작전과 대잠작전을 강화하여 한반도 측·후방으로 침투를 억제하는 것이다. 셋째, 전력건설 측면에서 북한 SLBM 탑재잠수함을 추적해서 유사시에는 침몰시킬 수 있는 원자력추진 잠수함 건조를 포함한 북한 SLBM 대응에 효과적인 입체적인 기동함대를 조속히 건설해 나가는 것이다.

한국군은 이렇게 우선 가용한 전력으로 북한의 SLBM 위협에 대응하면서 향후 북한을 압도하는 효과적인 전력을 건설해 나가야 한다. 우리 군은 북한의 핵과 미사일 위협에 대한 대응능력을 강화해서 '힘에 의한 평화, 억제를 통한 평화'를 구현해 나가야 한다.

북한보다 45배 이상인 우리의 경제력, 세계적인 조선기술, 정보통신기술(ICT: Information Communication Technology), 국방과학기술, 화약기술 등 다양한 강점(Strong Point)을 보유한 우리 군이 언제까지 북한군에게 현재와 같이 수세적인 방어무기로 대응하면서 끌려가야 하는가?

앞으로는 한국군의 무기체계 개발에서도 소극적인 방어무기 위주에서 적극적이며 강력한 공격무기 위주로 전환해 나가야 한다. 북한의 위협으로부터 국가와 국민의 안전보장을 위해서 무엇을? 언제? 어떻게? 대비할 것인지는 명확하다.

2. 서해 NLL 분쟁에 대비하라

상황인식

세계를 통제하는 중요한 열쇠는 하트랜드(대륙)가 아닌 림랜드(해안지역)이다. 해양세력과 대륙세력 간의 충돌이 일어나는 곳은 언제나 해안지역이다. 림랜드에는 통상 대규모 인구, 풍부한 자원이 있고, 해안선과 과학기술을 이용하여 생산력의 증대를 유발하기 쉽다. 국가는 영토를 기반으로 정치적 독립 유지와 영토와 인접 바다에 대한 배타적 통제권을 유지해야 한다.

서해 NLL 인근의 바다가 그렇다. 남북한 해상경계선이며 군사분계선인 서해 NLL 인근에서는 1999년 제1연평해전, 2002년 제2연평해전이 발생했다. 북한이 서해 NLL을 침범하고 기습사격을 하는 등 군사적 충돌을 유발하였다. 군사적 충돌을 방지하기 위하여 남북한은 2003년부터 2008년까지는 남북한 장성급 군사회담 등 당국자 회담을 여러 차례 개최했으나, 북한은 이를 서해 NLL을 무실화의 기회로 삼았다.

북한 잠수정은 2010년 3월에 서해 NLL을 은밀히 침투하여 백령도 남방에서 작전 중인 천안함(PCC-772. 초계함)을 어뢰로 침몰시켰다. 이어서 2010년 11월에는 연평도에 있는 민간인 주택가를 포함한 해병대 연평부대를 무차별적으로 공격했다. 정전협정 이후 최초로 우리 영토에 대한 직접적인 군사적 공격을 감행한 것이다. 이렇듯 서해 NLL은 남북관계의 최대 안보 현안이며 군사적 힘의 논리가 작용하고 있는 우리 안보의 아킬레스건이 되었다.

국가의 힘은 생존, 자신의 의지를 다른 나라에 관철하는 능력, 힘이 없는 나라에 대한 지배력, 열등한 힘을 가진 나라로부터 양보를 강제하는 능력을 뜻한다. 그리고 마지막 순간에 전쟁에서 이기는 능력이다. 군사적 힘의 논리가 작용하는 서해 NLL 인근에서 군사적 충돌이 발생하면, 반드시 이겨야 한다.

북한군의 도발과 대응

북한군의 도발 양상

북한군은 기습전쟁, 전후방 동시배합 전쟁, 속전속결 전쟁을 중심으로 하는 군사전략을 유지하는 가운데 다양한 전략·전술을 모색하고 있다. 선별적인 재래식 무기 성능개량과 핵·WMD, 미사일, 장사정포, 잠수함, 특수전 부대, 사이버 부대 등 비대칭 전력증강에 집중하고 있다. 즉, 북한의 군사전략은 한반도 지형의 특성과 북한의 전쟁역량을 고려하여 기습공격과 전후방 동시 공격을 시행할 가능성이 크다.

또한, 북한은 2017년 6차 핵실험 이후 다양한 미사일(ICBM, SLBM)에 탑재하기 위한 시험을 계속하고 있어 향후 전쟁은 재래식 무기와 핵무기를 조합한 전략으로 군사전략의 변화를 모색할 가능성이 있다.

우리의 대응전략

앞으로 우리의 대북 억제전략은 전면전뿐만 아니라 서해 5도와 NLL 인근에서 북한의 소규모 기습, 국지 도발에 이르기까지 광범위한 위협에 대해 억제력을 발휘할 수 있어야 한다. 이를 위해서는 우리 영토의 초토화를 감수해야 할 위험부담이 높은, 기존의 수동적인 선수 후공(先守 後攻) 개념에서 탈피하는 것이 시급하다.

최근에 제기되고 있는 '능동적 억제' 개념은 우리 군의 대북 억제전략을 개선 및 발전시키는 데 중요한 지침이 될 수 있을 것으로 기대된다. '능동적 억제' 개념에 따라 서해 NLL 인근에서 대북 억제전략을 수립한다면, 다음의 3가지를 포함해야 할 것이다.

첫째, 방어와 반격의 동시·통합적인 수행이다.

둘째, 전술적 섬멸과 전략적 마비이다.

셋째, 유사시 선제타격과 대응조치이다.

또한, 국제분쟁에서 인정하는 예비적 자위권에 대한 우리 군의 입장을 명확하게 하고 긴급한 경우는 위협을 사전에 제거하는 측면에서 자위권을 행사해 나가야 할 것이다.

따라서 우리 군은 천안함 폭침과 연평도 포격 도발을 계기로 군사전략 개념을 지금까지의 방어적 대응태세를 보다 능동적이며 공세적인 대응태세로 변화시켜야 한다.

우리의 군사 능력의 보강

합동 및 연합작전 능력의 강화

북한군이 서해 NLL을 군사 도발하면, 일차적으로 자위권 행사 차원에서 현장세력이 즉각적으로 대응하고 동시에 지·해·공 합동전력으로 응징하며, 한·미 연합작전의 미군 전력의 지원을 받도록 한 한미 국지 도발 공동계획을 실전에 즉각 적용해야 한다. 북한의 서해 NLL 군사도발 등 국지도발 시 미군 전력이 자동으로 개입하게 되어있고 자동 개입하는 전력에는 주한 미군의 항공·포병전력을 비롯한 주일 미군, 태평양사령부의 전력까지도 포함해야 한다.

대응전력의 보강

우리 정부는 서해 NLL에서 북한의 위협이 사라질 때까지는 해군과 해병대 병력을 증강하고 국방비 증액을 포함한 대규모의 지원을 해야 할 것이다. 북한으로부터 제2의 천안함 폭침과 연평도 포격 도발을 억제하고 대응하기 위하여 서해 5도와 NLL 인근에 다각도의 긴급소요전력을 보강하여 북한군에 압도적으로 우세하고 강력한 전력을 강화해야 한다. 서해 NLL은 우리 안보의 가장 취약한 지역이며 아킬레스건이므로 북한군의 도발에 대비하여 조속히 강력한 전력을 구축해야 한다.

소결론

북한은 김정은이 집권하는 시기임에도 국가목표로 한반도 공산화 통일을 추구하고 있으며 대남전략으로 군사협상과 군사도발을 서해 NLL의 현상을 타파하고 무실화하는 수단으로 악용하고 있다. 2022년 북한은 우리를 적으로 재규정했으며, 핵무기를 사용할 수 있음을 시사했다. 유사시에는 서해 5도와 NLL을 침범할 가능성은 점점 커지고 있다.

우리 군은 서해 5도와 NLL 인근에서 발생하는 군사적 충돌은 가능한 자제하되, 북한의 군사적 침범 시에는 유엔사·연합사 교전규칙에 따라 단호히 대응해 나가야 한다. 이를 위해서는 지금의 선수 후공(先守 後攻) 전략개념을 탈피하여 대북 능동적 억제전략을 구사하고 자위권 차원의 선제공격 가능성도 열어두어야 한다. 그리고 서해 5도와 NLL 인근의 군사력을 증강하고 지·해·공 합동작전 능력을 강화해 나가야 한다. 이를 위해서는 우리 정부와 우리 군은 북한군의 위협이 제거될 때까지는 해군과 해병대를 위주로 하는 서해 5도와 NLL 인근의 군사력을 조속히 보강해서 북한군을 힘으로 억제해야 한다.

억제가 실패하고 북한군의 기습도발 시에는 현장에서는 자위권 차원에서 즉각적으로 대응하고, 동시에 상급부서는 지·해·공 합동작전으로 동시통합전을 수행하여 가능한 작전현장에서 단시간 내에 작전을 종결해야 한다. 또한, 한미 국지 도발 공동계획과 핵 확장 억제에 따라 미국과 연합으로 대응하여 결정적 승리를 거둠으로써 다시는 북한이 무모한 국지 도발을 반복하지 않도록 연결고리를 끊어야 한다. 북한군이 서해 5도와 NLL을 침범할 경우 결정적이며 완전한 승리를 해야 한다. 이는 시·공간을 초월하여 아무리 강조해도 지나치지 않을 것이다.

3. 급증하는 주변국 해군력에 대비하라

상황인식

근래 아시아-태평양 국가들은 급격한 경제성장으로 자원의 수요가 더욱 증대되고 있으며, 군사력 현대화로 영토분쟁의 빈도와 강도가 증대되는 추세이다. 중국이 G2 국가인 경제 대국으로 성장했고 일본과 한국의 경제

중시정책에 따라 상호 협력과 의존이 심화하고 있다. 즉, 한반도 주변에는 세계 2·3위의 경제 대국이 있고, 한·중·일 3국의 경제 규모가 세계 총생산의 23%에 달하는 등 세계 경제의 중심지역으로 부상하고 있다.

그러나 안보 분야에서의 협력수준은 높지 않고 있다. 해양영토와 영유권 문제, 항행의 자유 문제, 북한의 핵·미사일 문제, 과거사 논쟁문제 등과 다양한 갈등요인으로 한반도 주변의 안보 불안정성은 증대하고 있다. 주변국들의 군사비는 증가하는 추세이며, 군사력 가운데 특히 해군력의 증강이 두드러지고 있다.

2022년 6월 미국과 해양주권을 다투고 있는 중국의 신형 군함 3척이 동중국해에서 대한해협을 거쳐 우리나라 동해로 진입 후 훈련을 했다. 지난 4년 동안 계속해서 중국과 러시아의 폭격기가 우리에게 사전에 통보하지 않고 동해 방공식별구역(KADIZ)과 동중국해, 태평양 상공에서 장거리에 걸쳐 공동 비행하는 도발을 자행하는 등 동해 주변의 군사 활동을 증강하고 있다.

일본은 2020년 7월 독도 주변 해역에서 우리 해군과 해경의 방어훈련에 대해 항의했으며, 8월에는 독도 주변 해양조사선 활동에 대해 비난했다. 2018년 12월에는 일본 해상자위대 P-1 신형초계기가 독도 인근을 비행 중 한국 해군함정으로부터 사격 레이더 조준을 당했다면서 '극히 위험한 행동'이라고 우리 정부에 항의했다. 그리고 한반도와 남중국해 등 곳곳에서 해양안보의 불안정성과 위협의 범위가 점점 확대되고 있다.

우리 안보에 대한 시사점

주변국 대비 해군력 열세 심각

한반도 주변 국가들은 국방비를 지속 증액하면서 군사력 우위를 확보하기 위해 강한 군사력 건설에 앞장서고 있다. 우리나라 주 위협의 축은 지상에서 해양으로 변경되고 있다. 우리나라의 안전보장을 위하여 주변국들의 해군력 증강이란 위협에 누가? 어떻게? 무엇으로? 지킬 것인가는 명확하다고 볼 수 있다. 즉, 해양으로 오는 위협은 육지에 도달하기 이전에 해군력으로 해양에서 대응해야 한다.

현시점의 우리 해군이 보유하고 있는 전력들은 북한의 빈번한 무력도발과 계속되는 경계태세 유지, 합동 및 연합훈련, 해적퇴치 등의 해외파병 임무 등으로 작전의 피로도가 누적되어 있고 전투력이 저하되고 있다. 또한, 해군전력 투자비 측면에서도 주변국들보다 상대적으로 적다. 이러한 추세로 간다면, 시간이 지나면서 해군전력의 격차는 더욱 커질 것이다.

중국, 러시아 해군은 과거 핵잠수함을 비롯하여 항공모함과 구축함 등 다종의 전투함을 운영해 왔으며, 최근에도 계속 신조 함정을 건조하고 있다. 일본 또한 헬기항모, 잠수함, 구축함의 척수를 늘려나가면서 해군력을 증강해 나가고 있다. 현재 한국의 해군력으로는 이들 중국, 러시아, 일본의 침략을 억제할 수 없다는 것이 현실이다. 따라서 이를 대비해서 해군력의 조속한 증강이 요구되고 있다.

미래 해전과 첨단 과학기술을 고려한 해군력 건설 필요

미래 해전은 현재의 플랫폼 중심전이 '다차원 네트워크 기반 동시통합 마비 전'으로 전환될 것으로 전망된다. '다차원 네트워크 기반'은 정보화 지식 시대에서 미래 해전의 가장 대표적인 특징이자, 전쟁방식의 변혁을 예고하고 있다.

미래 전장은 우주·사이버 영역으로 확대될 것이고 전쟁 양상도 군사력 사용이 수반되는 물리적 전쟁과 사이버전 등의 비물리적 전쟁이 혼재된 모습을 보일 것이며, 새로운 다양한 안보위협 증대로 복합(Hybrid) 전쟁 양상이 전개될 것이다.

특히, 미래의 타격체계 중에서 레이저 무기, 레일건 등은 사정거리와 명중률 면에서 비약적으로 발전을 시도하고 있다. 그리고 미사일과 비교해서 아주 값이 싸기 때문에 수시로 대량 사용이 가능할 것이며, 합동작전에서 장기간 해상으로부터 전투력 투사를 하는 해군력의 중요성을 더욱 부각하게 될 것이다.

따라서 한반도 인근 해양과 아·태지역에서 미래 해전을 위해서는 주변국의 강화되는 첨단 해군전력을 고려할 때, 첨단 과학기술을 탑재한 고비용의 플랫폼과 무기체계를 건설해 나가는 것이 불가피한 현실이다.

우리의 대비

해군력의 증강

주변국들은 해양선진국들로서 다종의 첨단 함정기술을 개발하여 최신함정에 탑재하고 있으므로 우리 해군도 미래 해전을 대비하기 위해서는 다음과 같이 요구되는 능력을 조속히 보유해 나가야 할 것이다.

첫째, 감시권 해역 감시·정찰을 위해서 한반도 주변 해역에 대한 실시간 전장 감시 및 조기경보 능력을 확보해야 한다. 둘째, 전략적 위협에 동시 대응이 가능하기 위해서는 전략적 임무 수행이 가능한 기동함대를 증강하고 관할 해역방어를 위한 해역함대 전력을 보강해야 한다. 셋째, 북한과 주변국에 대한 전략적 억제 및 거부를 위해서는 장기간 수중작전이 가능하고 적의 중심의 전략 표적에 대한 정밀타격능력을 확보해야 한다. 넷째, 광역초계 및 전력투사를 위해서는 초계 및 대함·대잠·대지 공격이 가능한 항공 전력을 확보해야 한다. 다섯째, 해병대의 원거리 전력투사를 위해서는 사단급 입체 고속 상륙 전력을 확보해야 한다. 여섯째, 전천후 원해작전 지원 및 다목적 임무 수행을 위해서는 군사적·비군사 측면에서의 작전 지원능력을 확보해야 할 것이다.

함정과학기술의 발전

미래 해전을 대비해서 발전시켜야 할 함정탑재 군사과학기술 분야를 종합적으로 제시하면 다음과 같다.

첫째, 감시/정찰 분야에서 함정의 레이더는 2차원에서 3차원 탐지 및 다기능·다목적 레이더로 발전해 나가야 한다.

둘째, 수상함 분야에서는 실질적인 네트워크 중심작전환경(NCOE) 기반 해상교전·합동작전 수행능력을 보유해야 하며, 수상함의 생존 가능성을 극대화하기 위하여 피탐을 줄이고 스텔스 화하며, 피격성·취약성·생존성 등 통합 생존성 차원에서 최적화 기술을 보유해야 한다. 그리고 적보다 원거리 탐색 및 공격을 위하여 무인기를 함정에 탑재하여 운용해야 한다. 통합전력시스템은 함의 효율적인 에너지 운용을 가능하게 하고 고출력 전기추진체계, 초전도 추진 전동기 및 전력저장장치로 발전하여 효율성이 높은 레일건이나 레이저포와 같은 함정의 타격체계까지 연동하여 발전해야 한다.

셋째, 수중함 분야에서는 수중에서의 탐지능력을 대폭 강화하고 복합·입체 교전 수행이 가능한 지능형 무기체계와 다양한 무기 발사가 가능한 첨단 잠수함 전투체계를 탑재해야 한다. 특히 주변국과의 분쟁 발생을 대비한 기동전단의 임무 수행을 위하여 고출력·고에너지 전력시스템을 개발하여 수중작전능력의 극대화·고속화 기술을 발전시켜 나가야 한다. 잠수함정의 수중 스텔스 성능 향상을 위하여 저소음 기계류를 개발하고 소음감소기구 및 추진기를 개발하여 저소음 화하며, 음향신호 감소를 위하여 음향 코팅재 기술을 발전시켜야 한다. 타격체계는 살상력이 높은 탄두를 원거리에서 적의 중심에 정밀타격이 가능한 첨단 미사일을 탑재해야 한다.

넷째, 차세대 해상초계기와 각종 성분작전에 투입하는 헬기는 그 목적에 적합하도록 스텔스 형상을 개발하고 첨단화된 무장을 탑재해야 한다.

무인잠수정은 수중에서 완전한 자율제어가 되도록 신뢰성 있게 개발해야 하며, 수중장기 작전이 가능하도록 플랫폼을 개발하고 임무 장비를 모듈화해서 다양한 작전이 가능하도록 개발해야 한다.

다섯째, 상륙 전력은 입체 고속 상륙작전 수행을 위한 기동력과 충격력으로 신속하게 적의 종심에 전력투사가 가능하도록 상륙함정과 다중임무 항공플랫폼의 기술을 발전시켜야 한다. 수상함이나 타 무기체계와 협동작전이 가능하고 다양한 형태의 임무 수행이 가능하도록 플랫폼을 개발해야 한다.

여섯째, 지원과 군수 전력은 기동전단에 투입되어 원거리 전천후 작전이 가능하도록 대형화하고 고속항해가 가능해야 한다. 기뢰전 전력(잠수함 포함)은 자항 기뢰를 이용한 원거리에서 은밀 부설이 가능해야 하며 소해 대응을 위한 스텔스 및 흡음 코팅 기술을 발전시켜야 한다. 기뢰 탐색 및 소해를 위하여 센서 기술 및 목표추적 기술과 다양한 무인수상정과 무인잠수정을 개발하여 활용해야 한다.

이러한 핵심기술은 미래 해전의 패러다임을 획기적으로 바꿀 수 있으므로 주변 해양강국들은 개발함과 동시에 함정에 탑재를 추진하고 있다. 우리 군도 연구개발하고 있는 것으로 알고 있는데, 가능한 빠른 기간에 이러한 신기술과 무기체계 개발을 포함하여 함정과학기술을 획기적으로 발전시켜 나가야 할 것이다.

소결론

한반도 주변 해역은 해양강대국인 주변 4강의 다양한 국가이익이 얽혀져 있다. 우리나라를 둘러싼 미국, 중국, 일본, 러시아는 군사력을 감축하면서도 해군력을 증강하고 현대화하는 추세에 있다. 미국은 군사비를 감축하면서 아태지역에 해군력 60%를 전개하고 있다.

중국은 30만 명의 병력을 감축하면서도 해양 굴기를 위해 계속 국방예산을 크게 증액하면서 해군력을 꾸준히 증강하고 있다. 일본은 집단자위권 행사를 추구하면서 잠수함과 이지스 구축함을 추가 건조하고 있다. 러시아는 재래식 해양 전력을 현대화하면서 핵잠수함과 현대식 전투함을 증강하고 있다. 북한 또한 탄도미사일 탑재잠수함과 SLBM을 개발하면서 고속특수선박을 건조하고 있다.

이렇게 한반도에 인접한 국가들이 해군력을 증강하고 현대화하는 것은 현재와 미래의 중요한 국가이익이 아시아-태평양 해양에 있고 이를 대비하는 것으로 보인다. 이러한 주변국의 해군력 증강은 한반도 인근 해양에서 충돌 가능성이 더욱 증대되고 있음을 말하며, 미래 우리의 위협의 축이 지상에서 점점 해양으로 변경되고 있음을 시사하고 있다.

그리고 이곳은 우리나라의 사활적인 국가이익의 중심에 있다. 그러나 현재 우리의 해군력으로는 북한의 기습이나 주변국의 침략을 억제하거나 해전에서 승리할 수 있는 수준이 아니다. 요즈음 중국과 일본은 뛰어가는데 한국은 기어간다고 군사평론가들은 말한다. 이순신 제독의 후예인 우리 후손들은 이러한 주변국들의 해군력 증강을 미리 대비해 나가야 한다.

해양이나 해양으로부터의 위협에 대비하기 위해서는 해군력 증강과 함정과학기술의 발전이 필수이다. 해군력 건설 시에는 주변 해양강대국과도 해전이 가능한 함정과 첨단의 함정과학기술을 조속히 탑재해 나가야 한다. 그러나 함정의 건조와 함정과학기술의 발전은 단기간 내에 이룰 수 없고 비용도 많이 필요하다.

따라서 현시점에서 확보 가능한 기술은 우선 확보해야 하며, 미래 해전 양상을 고려하여 확보해야 할 기술은 미리 계획하고 개발하는 등 준비해 나가야 한다. 우리 군이 미래 해전에 대비하지 못한다면, 북한의 기습을 능동적으로 억제할 수 없고 주변 해양강국의 침략을 거부적으로 억제할 수도 없으며 국민의 생명과 재산을 온전히 지켜낼 수 없다. 나라가 힘이 없으면 침략을 당하고, 강하지 못하면 평화도 없다는 것을 우리의 역사에서 수도 없이 보아왔지 않은가?

4. 독도·이어도 분쟁에 대비하라

상황인식

2016년 7월 12일 국가 간의 분쟁을 해결하는 상설중재재판소(PCA: Permanent Court of Arbitration)는 유엔해양법협약(UNCLOS)에 준거하여 남중국해에서 중국의 소위 '9단선(Nine-Dash Line)'과 EEZ를 인정하지 않는다는 판결을 내렸다. 그러자 중국은 즉각적으로 반발하면서 해군함정과 항공기의 시위를 통한 군사적 행동으로 위기를 고조시키고 있다.

지금까지의 한국의 해양영토 분쟁에 관한 연구는 국제법과 역사학 분야에 치우쳐 왔으며, 분쟁의 역사적 발원, 영유권 주장의 법적 근거, 국제해양법적 분석을 중심으로 이루어져 왔다. 이러한 주제를 한국의 해양영토 분쟁과 연관하여 군사 안보적 측면에서 다루려는 노력이 다소 부족하였다.

그러므로 남중국해를 중심으로 한 해양영토 분쟁과 최근 동향을 군사 안보적 측면에서 분석하여, 이를 바탕으로 독도와 이어도 수호를 위한 대비를 점검할 필요가 생겼다.

즉, 2016년 7월 남중국해에 관한 PCA 판결의 의미와 관련 당사국들의 군사적 동향을 분석하여 한국의 독도와 이어도에 관한 시사점과 군사적 관점을 도출할 필요가 있는 것이다. 그리고 이번 기회에 한국이 독도와 이어도를 수호하기 위한 군사 안보적 대비 방향을 짚어볼 필요가 있다.

PCA 판결의 시사점과 군사 안보적 관점

PCA 판결은 UNCLOS에 준거

UNCLOS는 1994년 발효된 이후 세계적으로 새로운 해양질서를 형성에 주도적인 역할을 하고 있지만, 해양권익을 둘러싼 국가 간에 이해대립을 종식하지 못하고 오히려 증가시키고 있다. 그렇지만 UNCLOS는 해양 인접국들의 각종 복잡한 해양문제를 해결하는데 기준을 제공하고 있으므로 분쟁 당사국들은 이에 준거하여 해결책을 모색할 수밖에 없는 현실에 있다.

2016년 7월 12일 PCA는 타국의 EEZ 내에서 중국이 주장하는 남중국해의 영유권을 인정하지 않는다는 판결을 내렸다. 중국에서 주장하는 '9단선'이나 중국이 건설한 인공섬을 인정하지 않은 것이다. 이번 판결은 난사군도에 있는 어떤 해양지형이 UNCLOS에서 명시한 섬인지? 암석인지? 등의 문제와 같이 실체적인 사안에 대한 판결이다. 그리고 이번 결정은 국제사회에서 법적 구속력이 있으므로 정치적 또는 외교적 공방과 달리 그 파장은 분쟁의 양상을 바꿀 정도로 상당하다.

PCA가 발표한 남중국해에서의 판결의 의미는 크게 다음과 같이 요약할 수 있다. 우선, 남중국해 타 국가의 EEZ에서의 중국의 영유권 및 독점적인 자원개발에 대한 권리 주장은 기각되었다.

둘째, 남중국해에 있는 난사 군도(Spratly Islands)는 간조 시 노출지(low-tide elevation)이기 때문에 섬으로 인정될 수 없으므로 영해 및 EEZ의 기준으로 사용될 수 없으며, 중국이 설정한 '9단선' 및 영유권 주장은 어떠한 법적 근거도 없음을 명확히 했다.

셋째, 중국은 필리핀이 자국의 EEZ 내에서 자원을 개발하는 것을 불법적이고도 위협적인 방식으로 방해함으로써 필리핀의 주권을 침해해 왔음을 지적했다. 넷째, 중국은 최근의 인공섬 건설과 중국어선의 불법 어로 활동을 통해 해양환경을 보호해야 할 의무를 계속 위반해 오고 있음을 지적했다. 마지막으로, 중국의 인공섬 건설계획은 남중국해에서의 분쟁의 가능성을 더욱 악화시키고 있음을 지적했다.

해양영토 분쟁에서 협상에 의한 타결의 한계 노정

PCA 판결 직후인 2016년 7월 24일부터 25일까지 2일간의 아세안 외무장관회담에서 미국, 일본, 호주 등이 "남중국해 문제는 국제법에 따라 평화적으로 해결해야 한다."라는 문구를 공동성명에 포함하려 했다. 하지만, 중국, 캄보디아, 라오스 등의 반대로 공동성명에 포함하지 못해 국제협력의 한계를 보였다. 중국은 회담이 끝난 직후 기자회견에서 PCA 판결의 합법하지 못하다고 비판했다. 또한, 이해 당사국 간 남중국해 문제를 해결해 나가겠다고 시사했다. 그렇지만, 중국군의 군사행동을 볼 때 중국이 주변 약소국들과 평화적으로 협상할 의향이 없는 것 같다.

이러한 복잡한 문제들은 국제법을 통해 근본적으로 해결할 수 없는 문제 중의 하나로 볼 수 있다. 그러므로 UNCLOS 제15장 '분쟁의 해결' 제279조에서 "평화적 수단에 의한 분쟁 해결의무", 제280조에서 "당사자가 선택한 평화적 수단에 의한 분쟁해결", 제281조에서 "당사자 간 합의가 이루어지지 않은 경우의 절차"를 명시하여 평화적 해결을 유도하고 있지만, 자국의 영토를 타국에 양보하는 것이기 때문에 국가 간의 평화적 해결은 기대할 수 없는 현실이다.

따라서 중국은 PCA 판결 직후, 판결에 대해 노골적인 불만을 표출하면서 즉각적으로 해상에서의 무력시위를 하면서 '힘이 곧 정의(Might is Right)'라는 인식을 대외에 표명하였다. 국제사법재판소(ICJ)와 달리 PCA의 판결은 강제력이 없다. 또한, 해양영토 분쟁은 일반적으로 협상과 타협을 통해서 평화적으로 해결하지 못하고 갈등과 군사적 충돌로 비화하는 경향이 크다. 이번 판결로 남중국해에서 해양영토 분쟁은 이해 당사국 간에 새로운 갈등과 군사적 충돌로 비화할 가능성이 커지면서 협상에 의한 타결의 한계가 드러났다 할 수 있다.

독도와 이어도 수호를 위한 대비

UNCLOS를 고려한 해양안보 정책·전략 수립 및 추진

도서 국가나 다름없는 한국으로서 1995년부터 시작된 UNCLOS 해양질서하에서 해양권익을 극대화하기 위해서는 우선 UNCLOS 해양질서에 부응한 미래지향적인 해양 정책과 전략을 수립해야 한다.

우리의 해양권익을 위협하거나 저해하는 요인들은 군사적·비군사적 분야에서 동시에 나타난다. 따라서 국가적으로 정치·외교·경제·기술·환경 등의 수준을 포괄하고 안보를 고려한 종합적 차원에서 해양안보 정책·전략을 구체화해서 추진해 나가야 한다. 즉, UNCLOS 해양질서에서 우리의 관할수역의 확보 자체보다는 관할수역의 실효적 관리 및 지배를 할 수 있어야 진정한 해양관할권을 행사한다고 볼 수 있다.

해양영토 분쟁을 예방하고 해양경계 획정을 해결하는 측면에서 해양안보 관련 부처 간의 기능적 협력과 공동이익 추구 등을 확대해서 추진해 나가야 할 것이다. 군사 안보적 측면에서 볼 때, 새로운 UNCLOS 질서에 부응하기 위한 미래지향적인 해양안보 전략을 구상하고 실현해 나가야 한다.

그리고 첨단 해양 군사과학기술 능력을 확보해야 하며, 자주적인 해양안보 능력을 확보해야 한다. 정부 차원에서 UNCLOS를 고려하여 종합적인 해양안보의 정책과 전략을 수립하고 중단없이 추진해 나가야 할 것이다.

한·미동맹을 주축으로 한·중·일 안보협력 강화 및 다국적 협조체제 구축

한·중·일 3국 중에서 상대적으로 열세 국가인 한국으로서는 한·미동맹이 확고한 한반도 여건을 활용하여 중국과 일본과의 안보협력을 강화하는 등 해양영토 분쟁의 해결을 위한 다양한 협상력을 강화할 필요가 있다.

특히, 독도는 한국이 실효적 지배하고 있으며, 이어도 또한 한국이 과학기지를 건설하여 관할권을 행사하고 있는 현시점에서 PCA의 판결과 같은 갈등을 초래하거나 상황을 악화시킬 필요는 없는 것이다. 독도나 이어도 분쟁을 국제사법재판소(ICJ)나 PCA에 재소하기 이전에 협상과 협력을 통해서 사전에 신뢰를 구축해 나가야 할 것이다.

한국의 사활이 걸린 해상교통로의 안전한 확보를 위한 방안으로 다국적인 협조체제를 구축하여 해협연안국이나 이해 당사국과의 직접적인 마찰을 사전에 방지함으로써 한국 선박들의 안전을 보장받아야 할 것이다. 국가 간 정상회담이나 국방부 장관이나 외교부 장관 회담을 통해 정부 차원의 단계적 접근 또한 신뢰를 구축하는 장으로 만들면서도 해군은 군사협력과 연합훈련 등을 통해서 안보협력을 병행하여 증진해 나가야 한다.

중국이나 일본 또한 군사안보협력을 통해서 주변국들과의 군사 관계를 발전시키고 다자간 안보협력과 대화에 노력하고 있다. 따라서 한국은 한·미동맹을 주축으로 동아시아 핵심국가인 중국과 일본과의 안보협력을 강화하고 다국적 협조체제를 구축하여 사활적인 SLOC을 보호하고 해양분쟁을 사전에 방지하면서 상황을 유리하게 관리해 나가야 한다.

독도와 이어도에서 범정부 차원의 관할권 강화

우선, 독도에 대한 범정부 차원에서 영유권 강화방안이다. 정부 차원에서 주도적으로 독도 영유권에 대한 역사적·법적 논거 홍보 등 외교적인 노력이 필요하다.

UNCLOS가 국제해양질서로 자리하고 있는 상황에서 한국도 독도에 대한 법적 지위를 재정립하고 실효적 지배방안을 계속 강화해 나가야 한다.

다음으로 이어도 관할권을 강화하기 위해서는 한국의 배타적경제수역이나 이어도 관할권에 대한 국제법적 근거를 계속 축적하는 노력이 필요하다.

이렇게 독도와 이어도를 수호하기 위해서는 범정부 차원에서 종합적으로 관할권을 강화하고 유기적인 협조체계를 구축해야 한다. 그래야만 위기가 고조될 경우, 위기의 성격에 따라 관계기관과 공동으로 대처할 수 있고 실질적인 경비세력의 증강 등 위기대응 조치를 이행하여 종합적이며 신속하게 대처할 수 있을 것이다.

유사시 무력충돌에 대비한 해양경찰력과 해군력 증강

한국이 독도나 이어도 해양영토 분쟁에 군사적으로 대비하기 위해서는 육지로부터 원거리인 분쟁해역에서 단독 및 합동으로 대응이 가능한 군사력을 건설해야 한다. 분쟁 발생 시 해군과 공군 위주의 지원을 합동작전 차원에서 어떻게 신속하게 대응할 수 있을지 속도에 중점을 두고 실질적인 행동도 구체화해야 한다. 또한, 육군 특전사나 해병대 병력을 포함하여 합동 방어태세도 갖추어야 한다.

물론, 독도 수호를 위해서는 울릉도에 해경과 해군기지를 강화하고 독도 경비대를 보강하여 주둔시켜야 한다. 이어도 수호를 위해서는 제주 해군기지와 인근 해경이나 공군 항공력의 작전반경을 확대해 나가는 방안도 병행해야 한다. 공중급유기를 포함한 항공기와 합동작전이 가능할 때 장거리 작전의 성공 가능성이 커질 수 있다.

현재 한국의 해군력은 중국이나 일본에 비해 크게 열세이기 때문에 해양분쟁에 효과적으로 대응할 수도 없다. 이러한 해양분쟁을 포함하여 한국이 직면한 다차원적인 위협에 효과적으로 대처하기 위해서는 분쟁해역에 출동하여 장기적으로 작전이 가능한 3개의 기동전대를 포함하는 기동함대전력이 필요하다.

소결론

역사적으로 국제사회는 힘의 논리가 크게 작용했다. 독도나 이어도에서 해양영토 분쟁이 발생하면, 한국은 사활적인 국가이익을 수호하기 위하여 국가 총력전을 수행해야 한다.

이러한 측면에서 한국은 독도나 이어도에서의 해양영토 분쟁에 대비하고 사활적인 SLOC을 안전하게 보호하기 위해서는 군사 안보적 측면에서 다음과 같이 대비해야 한다.

우선, 한국은 UNCLOS를 고려한 해양 중시의 정책과 전략을 수립·추진해야 한다. 둘째, 한·미 동맹을 주축으로 한·중·일 간 안보협력 강화와 다국적 협조체제를 구축해 나가야 한다. 셋째, 범정부 차원에서 독도와 이어도의 관할권을 지속 강화해 나가야 한다. 마지막으로, 중국이나 일본과의 해상 군사적 충돌에 대비해서는 힘으로 대응할 수 있도록 해양경찰력을 증강하고, 원거리에서 장기간 해양영토 분쟁에 투입이 가능한 해군 기동함대를 건설해야 한다. 21세기 동아시아에서 생존과 번영은 해양에서(On the sea) 해양으로부터(From the sea) 오는 위협이 우리 곁에 오기 전에 강력한 억제능력을 보유했을 때만 가능한 것이다. 바다로부터 오는 적은 바다에서 막아야 한다. 그래야 우리나라의 영토와 주권, 국민의 생명과 재산을 온전히 보호할 수 있다.

5. 미래 해전에 대비하라

상황인식

최근 남북한과 세계의 현대전을 살펴보면, 미래 우리의 해군력 건설을 어떻게 해야 하는지 방향 설정에 도움이 될 수 있다. 남북한의 1953년 정전협정 이후 정규군에 의한 실질적인 군사적 충돌은 1999년부터 2010년에 있었다. 제1연평해전에서 밀어내기식 충돌로부터 시작하여 천안함 폭침과 연평도 포격 도발은 서해 NLL을 중심으로 한 현대 해전이었다.

최근 북한은 SLBM 개발을 지속하고 있으며, SLBM에 핵을 탑재하기 위하여 잠수함과 유도탄을 지속 개발 중이다. 북한은 우리의 현존하는 최대 위협이며 향후 해양에서 우리를 더욱 위협할 것이다. 일본은 전쟁이 가능한 국가로 헌법 개정 추진과 동시에 해군력을 강화하고 있다. 중국은 G2 국가로 최근 해양강국의 기치를 내걸고 항공모함을 비롯하여 급격히 해군력을 강화하고 있다. 일본과 중국은 점점 커지고 있는 잠재적인 위협이다.

세계적으로 현대전이라 할 수 있는 1999년의 코소보전, 2001년의 아프가니스탄전, 2003년의 이라크전의 전쟁 양상에서 몇 가지 교훈이 있다. 특히 2022년에 발생한 러시아와 우크라이나 전쟁은 미래 해전을 대비하는 우리에게 시사하는 바가 크다. 미래 해전에서 전쟁을 수행하는 다양한 무기체계의 변화 추세를 우리에게 시시각각 알려주고 있다.

러시아와 우크라이나 전쟁이 장기화하면서 전쟁이 끝나면 더 많은 교훈을 도출하겠지만, 우선 최근에 전해지고 있는 세계적인 군사 전문가들의 전훈에 대한 분석에 따라 미래 해전을 대비해야 한다. 우선 우리의 지정학적 여건과 한국적 전장 환경에 적합하게 북한과 주변국을 동시에 고려하여 '선택과 집중'을 통한 해군전력을 건설해야 할 것이다. 미래 해전에 대비하기 위하여 근래 남북한 몇 차례의 해전과 러시아와 우크라이나 전쟁 등 교훈을 반영해야 할 것이다.

미래전 양상과 미래 해전 대비

미래전의 양상

첫째, 전쟁 영역(War Domain)의 다변화와 통합이 동시에 일어나고 있다. 전통적인 지상, 바다, 하늘에 더해 사이버와 우주 공간이 새로운 전쟁 공간으로 추가되었다. 이 다섯 개의 공간에서 통합·입체적으로 수행되어진다.

둘째, 전쟁결과의 다변화와 통합이 동시에 일어나고 있다.

셋째, 전쟁행위자의 다변화와 통합이 동시에 일어나고 있다.

넷째, 전쟁수단의 다변화와 통합이 동시에 일어나고 있다.

새로운 전쟁수단으로서 유·무인 전투체계가 등장했다. 작전-전술적 측면에서 이러한 수단의 다변화는 기존 유인 전투수단에서 무인 전투수단으로의 확장으로 나타났다. 유인 전투수단이 인간 병사+살상 무기+식량+결전 의지로 이루어졌다면, 무인 전투수단은 로봇, 드론, 무인 전투차량 등의 무인 시스템으로 이루어져 있다. 우주 공간에서 민간위성 역시 전쟁수단으로 들어오게 되었다. 수상, 수중, 공중 영역에서 인공지능, 초연결, 초지능 기반으로 유인전력과 무인 전력을 효과적으로 통합하여 운영하여 작전과 임무 수행을 극대화할 것이다.

전략적 측면에서 총기와 폭탄, 선전·선동, 인구수의 압도 등을 통한 수단의 다변화는 두드러진다. 다 영역(Multi-Domain) 전쟁이 벌어지면서 전술-작전 수준과 전략 수준에서 다양한 전쟁수단들이 통합되고 있다.

미래 해전의 대비

미래 해전의 대비는 우리의 지정학적 숙명으로 현존하는 최대의 위협인 북한의 핵무기와 비대칭 무기를 고려한 대비와 주변 해양강국인 중국과 일본과도 군사적 충돌을 대비하지 않을 수 없다. 중국과 일본의 해군력에 비해 우리 해군이 상대적으로 약하다. 따라서 거부적 군사전략과 첨단의 국방과학기술을 집중하여 최대한 우리 영토권 밖에서 적극적으로 방어(Active Defense)해야 한다. 이들에게는 전쟁 의지를 포기하도록 사전에 강요하고, 바다에서 오는 적은 바다에서 대응하고 방어하면서 육지에 도달하기 전에 전쟁을 조기에 종결시켜야 국민의 생명과 재산을 보호할 수 있다.

미래 해전을 위해서는 과학기술의 발전에 따른 미래 무기체계의 진화와 미래전 수행방식의 변화양상을 고려한다면, 유무인 복합체계에 인공지능을 적용하여 발전해 나가야 한다. 이를 위해서 1단계로 인공지능 인프라를 조성하고 원격통제형 작전 임무를 발전시켜 해양정보 플랫폼으로 발전해야 한다. 2단계로 인공지능 서비스를 확장하여 반자율 제한적 작전 임무를 발전시켜 인공지능 학습모델을 구축해야 한다. 3단계로 전 영역에서 인공지능을 적용하여 자율 유무인 복합임무를 발전시켜 인공지능 학습모델을 고도화해야 한다.

운용개념은 평시와 위기 시, 전시, 주변국과 분쟁 시, 초국가적·비군사적 위협 시에 활용 가능해야 한다. 이를 위해서는 다중/군집 해양무인체계 동시 운용능력을 강화하고 임무의 연속성 보장과 임무 수행 반경의 확대, 다중 해양무인체계 및 함정전투체계와 통합을 위한 아키텍처 구축이 필요하다. 바다에서 강한 힘으로 평시에는 국가정책을 뒷받침하고, 전시에는 다양한 작전에 효과적으로 투입해야 할 것이다.

이러한 작전개념에 따른 신무기체계의 등장으로 미래전은 유무인 복합체계를 이용한 새로운 전쟁의 양상이 전개될 것이며, 새로운 전쟁에 대비해야 한다. 인구 절벽 시대의 미래 해전에서는 물량주의는 의미가 퇴색되고 원거리 정밀 유도무기로 무장한 소수의 전문적인 인력들이 전쟁을 치르도록 해야 할 것이다. 즉, 스마트(Smart)한 무기를 가진 소수의 인간과 다수의 로봇이 스마트하게 전쟁을 수행한다는 것이다. 이러한 전쟁개념이 해양에서도 적용되도록 해군력을 건설해 나가야 하므로 다각도의 노력이 필요하다.

소결론

미래 남북한 간 군사적 충돌은 서해 NLL 인근에서 다시 발생할 가능성이 크다. 북한은 지리적으로 북고남저의 유리한 입장에서 해안 인근에 배치한 다수의 해안포와 지대함미사일을 이용하여 기습 공격하기 쉽기 때문이다. 또한, 다수의 잠수함정과 특수전 부대, 상륙함정 등 비대칭 전력을 투사하기 쉬운 곳이기 때문이다. 주변 국가인 미래 해군력이 강한 중국과 일본과의 해양충돌에 대비하기 위해서는 전쟁 영역, 전쟁수단의 다변화와 통합을 고려하여 전략·전술을 발전시키고 전장에서 투입 가능한 유무인 통합체계를 건설해 나가야 한다.

우리나라가 보유한 세계적인 조선기술, 정보통신기술, 국방과학기술, 화약기술 등 다양한 강점(Strong Point)을 활용하여 공격적인 플랫폼과 무기를 개발해 나가야 한다. 함정 건조는 정보통신기술(ICT) 시대에 적합하게 단기간 내에 기술의 진부화를 고려하여 건조단계에서부터 수명주기 중간에 성능개량 시기를 포함해야 할 것이다. 경제적인 함 건조 비용과 총 수명주기비용을 동시에 고려하여 경제적인 함 운용을 고려해야 한다. 또한, 4차 산업혁명 시대의 Game Changer가 될 수 있는 국방과학연구소(ADD) 중심으로 첨단무기체계를 선도하는 미래 신기술을 예측하고 확보하여 Fast Follower에서 First Mover로 발전해 나가야 한다.

앞으로 한정된 국방예산을 고려하여 무기체계 개발과 확보는 소극적이며 비효율적인 방어 위주보다 적극적이며 효율적인 강력한 공격 위주로 전환해야 한다. 현존하는 최대의 위협인 북한은 물론이고 점차 증가하는 위협인 주변국을 동시에 억제해야 하며, 억제 실패 시는 미래 전쟁에서 즉각 투입 가능한 플랫폼과 무기체계를 확보해 나가야 한다.

북한의 최고 위협인 북핵·WMD에 대응한 우리의 3축(Kill-Chain, KAMD, KMPR) 체계의 조기 구축을 위해서도 파괴력이 큰 공격무기를 확보해 나가야 한다. 2021년에는 기존의 한·미 미사일협정 폐기로 묶여 있었던 탄두 중량의 한계에 제한을 받지 않고 개발할 수 있는 여건이 되었다. 파괴력이 큰 지대지·함대지·공대지 미사일의 개발이 가능해졌다.

국제사회는 영원한 적도 우방도 없다는 역사를 직시하고, 강력한 군사력을 보유한 북한과 주변 강국으로부터 우리를 지켜나가는 방법은 우리 스스로 강해져야 한다는 것이다. 역사적으로 약자는 늘 도태되어 없어졌다. 강자만이 살아서 남았다. 미래 해전을 준비하는 과정에서 교훈으로 삼아야 할 것이다.

마치면서

바다에서 오는 적은 바다에서 막아야 한다.

미래의 바다에서 북한은 물론이고 일본, 중국, 러시아와 국가이익과 존망을 놓고 우리와 치열하게 다투게 될 가능성이 있다.

강자는 생존하고 번영하며 약자는 쇠락하여 소멸하는 것이 역사적 사실이다.

이렇게 호전적인 주변국에 비해 지금 우리는 상대적으로 약하다.

그럼 무엇을 어떻게 대비해야 하는가?

어디를 어떻게 강화해야 하는가?

- 북한의 SLBM에 대비하라
- 서해 NLL 분쟁에 대비하라
- 급증하는 주변국 해군력에 대비하라
- 독도·이어도 분쟁에 대비하라
- 미래 해전에 대비하라

최선을 다하여 미래를 준비하는가?

미래는 준비된 자의 몫이다.

제3부

디아스포라 타자와 이주

식민지조선의 지역사회와 신사(神社)의 관계*

마산신사에 반영된 지역성을 중심으로

한현석

1. 마산일본인사회의 형성과 신사창건

일본의 신사는 전통적으로 지역경제(농업·어업·상업)의 번성을 기원하고, 마을의 각종 제전과 의례를 진행하는 신앙공간이었다. 그러나 1868년 메이지유신 이후 신사는 천황을 중심에 둔 근대국민국가 형성을 위한 국가적 상징으로 변화되었고, 청일전쟁과 러일전쟁 이후부터는 식민통치를 위한 수단으로 그 의미가 확대·변질되었다.

한반도 내 근대적 의미의 신사는 1876년 이후 각 개항장을 중심으로 세워지기 시작했으며, 1945년 일본이 패망하기 직전까지 크고 작은 신사가 약 1천 개 존재했다. 일제강점기 조선인에게 신사는 천황제 이데올로기를 강제적으로 학습해야 하는 공간이었다. 반면 한반도에 거주하는 일본인에게 신사는 본국과 다름없는 전통적인 신앙생활(출산·새해·기복을 위한 참배)을 유지할 수 있게 해주며, 동시에 제국을 있게 한 각종 사건을 기념하

* 이 글은 2023년 1월 동아시아일본학회 『일본문화연구』에 게재된 논문을 수정한 것으로, 해당 연구는 2021년 대한민국 교육부와 한국연구재단의 지원(NRF-2021S1A5B5A17049223)을 받아 진행되었다.

고, 천황가의 숭배를 통한 선민의식을 강화시켜주는 공간이었다. 이와 같은 신사에 대한 설명은 일제강점기 신사가 무엇이었는지 간략하고 명확하게 알 수 있게 해주는 장점이 있지만, 반면 각 신사가 지역사회와 맺고 있는 다양하고 구체적인 사실관계들에 대해서는 주의 깊게 살펴보지 못하게 만드는 단점도 가지고 있다.

이하에서는 일제강점기 마산지역의 특성과 신사의 관계에 주목하여, 식민지조선에서 신사가 지역민의 정체성을 형성·유지시키는 수단이 되면서, 동시에 제국일본의 보편적인 식민통치의 수단으로서 기능했던 방식에 대해 살펴보고자 한다.

마산일본인의 인구증가와 거주구역

1899년 5월 1일을 기해 마산포가 개항되자 부산에 근거를 두고 마산장(馬山場)을 왕래하던 일본인 상인들이 하나둘 마산포 각국거류지로 이주해 정착하기 시작했다(馬山商工會議所, 1987). 개항 당시에 마산포에 거주하는 일본인은 영사관과 세관에 근무하는 직원 몇 명을 포함해 10명도 되지 않았지만, 러일전쟁(1904~1905년)에서 일본이 승리하고, 일본군용철도였던 마산-삼랑진 간 마산포선이 일반에게 개방되자 일본인의 마산 이주는 크게 증가하여 1905년 12월 기준 1,248명이 되었다. 1908년에는 더욱 증가하여 3,687명(남자 2,009명, 여자 1,678명)이 되었고, 1910년에는 5,941명(남자 3,163명, 여자 2,778명)으로 급증했다. 1911년은 일제강점기 36년 동안 마산 일본인 인구가 가장 많았던 해로 총 6,262명(남자 3,315명, 여자 2,947명)이었다. 그러나 1911년 마산항이 폐쇄된 이후 부산이나 대구 등지로 전출하는 일본인이 늘어나며, 1912년부터는 조금씩 감소하였고 이후 마산의 일본인 수는 보통 5천 명 정도를 유지했다(『마산번창기』, 2021; 馬山商工會議所, 1987).

1907년 말부터 마산의 일본인들은 전통적으로 조선인이 모여 살던 마산포를 가리켜 구마산(舊馬山)이라 부르기 시작했다. 이는 일본인들이 거류지에 동네 이름을 붙이고 난 뒤 그곳을 신마산(新馬山)이라고 부르는 과정 속에 대비되어 생겨난 지명이었다. 구마산과 신마산은 마산부의 거의 중간에서 흐르는 장군천을 경계로 구분되었다(『마산항지』, 2021).

아래 <그림 1>은 1908년 『馬山繁昌記』에 수록된 당시 마산의 시가지도로, 본문의 내용과 관계가 있는 일부 장소들을 표시한 것이다. A는 신마산과 구마산을 구분하는 경계인 장군천, B는 조선인의 공원으로 활용된 추산공원, C는 마산신사, C-1은 마산공원, D는 이사청과 이사청관사, E는 마산역, F는 교마치와 혼마치의 입구쪽이다.

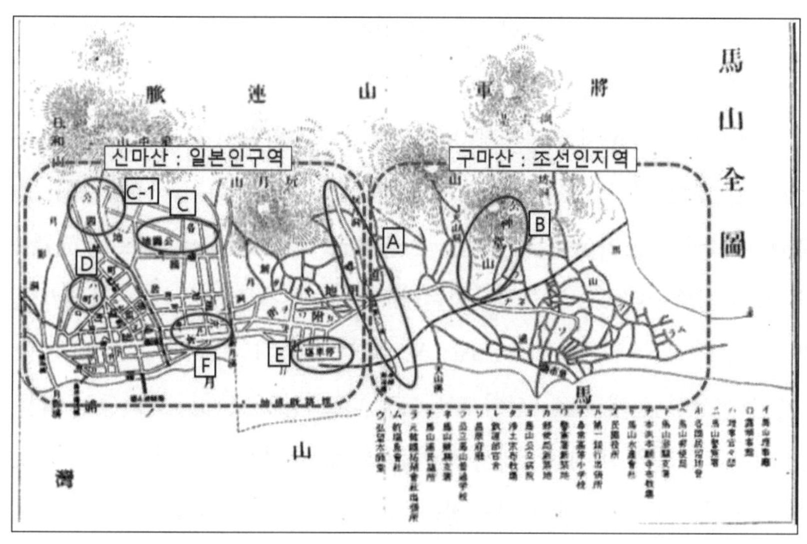

〈그림 1〉 1908년 마산전도
(출처: 『馬山繁昌記』, 1908, 序의 p.3)

마산신사의 창건

『마산번창기』에서는 1908년 무렵 마산의 일본인들이 "멀리 고향을 떠나 한국에 머물고" 있으며, "누구나가 이세신궁을 숭배하여 앞날의 안전을 기원"하고 있지만, 마산에는 "일본 고유의 신도(神道)에 관해서는 아직 아무런 시설"이 없어 안타까워하고 있다는 사실을 알리고 있다. 이런 상황 속에서 마산일본인사회의 유력자들이 마산 "제일의 경승지(景勝地) 속칭 호시오카(星岡)"를 공원부지(〈그림 1〉의 C위치로 추정됨)로 정해 그곳에 신사를 세울 것이라는 이야기가 돌았다(『마산번창기』, 2021).

마산신사의 창건에 누구보다 열의를 가졌던 것은 당시 거류민단회 회장이자 마산상업회의소 상의원이었던 히로시 세이조(弘清三)였다. 히로시는 지역 유지자 27명을 모아 신사창건을 지역의 급무로 제안하며 "해외 거류민으로서 조묘(朝廟) 애호"와 "진충보국(盡忠報國)의 정신"을 함양하기 위해 신사를 창건할 필요가 있다고 주장했다.

신사 창건의 기운이 높아지자, 마산일본인사회의 유지자 1백 명은 1909년 2월 8일 마산소학교에서 모여 10명의 마산신사 창건위원을 선출했다. 신전(神殿) 공사는 마산에 거주하던 기술자인 스에미쓰 이소고로(末光磯五郎)가 담당했는데, 스에미쓰는 신전건축 부지에 욕조를 두고 일꾼들과 함께 매일 아침 목욕을 한 후 일을 시작했다고 한다.

마산신사의 신체(神體, 신이 깃들어 있다고 믿는 종이, 위패 등의 사물)는 같은 해 10월 이세신궁에서 받아 왔으며, 부산에서 초대한 신직(神職, 신사의 각종 행사를 담당하는 전문인) 아사노 시노사부로(淺野四郎三郎)가 11월 15일 진좌식(鎮座式)을 올리며 아마테라스 오미카미(天照大神)를 모시는 마산신사의 신전이 완성되었다. 1910년 마산 개항 기념일인 5월 1일은 마산신사의 예제일(例祭日)로 정해졌으며, 매년 행사 때에는 이틀간 미코시(神輿)가 마산 전체를 순회하고, 마산공원에서는 개항기념 축하회가 열렸다(『마산항지』, 2021).

마산신사는 신전 등 당장 필요한 시설을 마련해 1909년 11월 창건하였고, 이후 필요한 시설들은 시일을 두고 추가하였다. 1915년 2월 마산학교조합회의원 혼다 쓰치고로(本田槌五郎)는 지역 유지자들로부터 기부금을 걷어 미즈야(水屋)의 건설 계획과 견적서를 제출했고, 같은 해 10월 6일 다이쇼 천황의 즉위를 기념해 미즈야가 신사에 헌납되었다 1925년 9월 무렵까지 마산신사로 향하는 길(參道)에는 대형 도리이(大鳥居)가 아직 건립되지 않았다. 이에 경남토목협회 마산지부가 제2회 총회에서 만장일치로 뜻을 모아 교마치 1, 2정목 사이의 길에 철근 콘크리트구조로 약 10m의 규모의 대형 도리이를 세우기로 했다(『朝鮮時報』, 1925.9.3.).

〈그림 2〉 1910년대 후반 마산신사
(출처 : 부경근대사료연구소)

2. 마산신사와 군·전쟁(제국의 신사)

조선총독부는 1930년대 이후부터 신사를 식민통치와 황민화의 적극적인 수단으로 활용하기 시작한다. 이는 1936년 8월 미나미 지로(南次郎)가 제7대 조선총독으로 부임하면서 더욱 강화되었다. 그의 내선일체론은 식민지조선을 대륙전진병참기지화하려는 군사적이고 경제적 목표였으며, 1937년 중일전쟁의 발발과 더불어 더욱 심화되어 '황민화 정책'으로 이어졌다(김백영, 2013). 이와 같은 1930년대 식민지조선의 상황을 염두에 두며 이하에서는 마산신사에서 진행된 군국주의적 행사에 대해 구체적으로 살펴보도록 하겠다.

1937년 9월 1일 오전 10시부터 일본여성단체인 애국부인회 마산지부 회원 수백 명이 마산신사에 모여 "국운의 융창(隆昌)과 황군(皇軍)의 무운장구(武運長久)"를 비는 기원제를 진행했고, 같은 날 후지에 도시코(藤江壽子) 회장은 "비상시에 처한 부인의 실무"에 대해 설명했다(『朝鮮新聞』, 1937.9.3.). 1930년대 이와 같은 단체들이 지역의 신사를 방문해 전쟁을 미화하고 승리를 기원하는 일은 흔히 볼 수 있는 모습이었다. 그렇다면 마산신사가 다른 지역의 신사와 비교해 군이나 전쟁과 관련된 부분에서 차별되는 점은 어떤 것이 있을까. 이에 관한 대표적인 사례는 러일전쟁 당시 사용된 대포가 마산신사 앞에 전시되었다는 사실을 들 수 있다.

1903년 마산에서 태어나 20대부터 신문기자로 활약했던 김형윤은 일제강점기 마산에 대한 기억을 『馬山野話』(1996)라는 책으로 엮은 바 있다. 책에는 「203고지의 巨砲」라는 글이 있는데, 그 내용을 소개하면 다음과 같다.

203고지의 巨砲

마산 神社(현 제일여중·고) 정문 앞 공지에 녹슨 대포 1門이 거치되어 있었는데, 어찌된 일인지 해방된 몇 해 안가서 포대와 동시에 흔적이 없다. 이 대포는 1904년에 발발한 러일전쟁 시 일본 최고의 군벌인 大山, 乃木 등 원수급에 의하여 일본 조병창에서 건조, 군함으로 여순항에 인양하여 격전장이던 203고지에서 공을 세운 것으로, 일본의 군사력을 과시하기 위하여 마산만 입구이며 중포병 대대 입구 까치나루(鵲津) 산정에 두었다가 1935년 대대장이던 堀口中佐가 마산부에 기증하였던 바, 부 당국은 이것을 전기 장소에 이전 거치함으로써 마산만을 한 눈에 보고 일본의 군국주의 사상을 환기했던 것인데, …… 누구의 소행인지 분해 盜取되고 말았다(金亨潤, 1996).

김형윤의 기억에 따르면 러일전쟁 당시 여순에서 사용된 대포가 마산신사 앞에 전시되어 있었다가, 해방 이후 사라진 것을 알 수 있다. 러일전쟁 때 사용된 대포가 마산신사에 전시된 배경에는 마산의 개항 이후부터 러일전쟁까지 마산을 무대로 일본과 러시아가 벌인 경쟁이 자리하고 있었다. 1899년 마산의 개항을 전후한 시기 러시아와 일본은 군사적 요충지인 마산지역을 차지하기 위해 경합을 벌였다. 일본은 러시아가 마산에서 세력을 확장하는 것을 막기 위해 하자마 후사타로(迫間房太郎) 등의 일본 자본가를 이용해 적극적으로 토지매수에 나서기도 했다.

한편, 러일전쟁 중 벌어진 쓰시마 해전 당시 마산에서는 함포소리가 들렸으며, 그로 인해 집들의 유리창까지 흔들릴 정도였다. 쓰시마 해전에서 승리했다는 소식이 전해지자 마산일본인사회는 천황과 제국일본 해군에 대한 만세를 부르며, 마산지역 전체를 순회하는 제등행렬을 꾸리기도 했다(『마산항지』, 2021). 결과적으로 일본은 러일전쟁의 승리로 한반도와 관동주에서 러시아를 몰아내며, 해당지역의 식민지배의 기반을 마련하게 된다. 1930년대 만주사변과 중일전쟁 등 전쟁이 일상이 되어버린 시기 마산신사에 러일전쟁 당시 사용되었던 대포가 전시된 사건은 일본이 러일전쟁의 의미를 얼마나 크게 생각하고 있었는지 보여주는 사례라고 할 수 있겠다.

러일전쟁 당시 사용된 대포를 마산신사로 옮기는 계획은 1936년 3월 무렵 세워진 것으로 보이며, 실제 전시된 것은 1939년 7월 6일이었다. 1936년 3월 28일자 『釜山日報』에 따르면 당시 마산중포병대대에는 쓸모가 없게 된 대포 2문이 있었는데, 이를 마산신사에 배치할 계획이 논의 되었다고 한다. 그 구체적인 내용은 다음과 같다.

> 마산중포병대대 연습포인 28센티 중포 2문은 중포병부대 병사의 연습용으로 20여 년 동안 묵묵하며 충실하게 작동했는데, 병기의 발전정밀화에 따라 대포사거리가 연장된 결과 이 해안포는 쓸모없게 되었다. 폐기된 중포의 가련한 운명을 안타깝게 여긴 마산향군에서는 쓰네마쓰(常松)회장의 알선으로 육군성에 청원하여 (대포를: 옮긴이) 마산으로 넘겨받아 마산신사 앞(社頭)에 배치하고, (이를 통해: 옮긴이) 일반 지방민의 군사사상을 함양하고 거포의 말로를 밝히고자 이번에 불하의 뜻을 본성(육군성: 옮긴이)에 제출했다(『釜山日報』, 1936.3.28.).

마산재향군인회에서는 마산중포병대대에서 연습용으로 사용하던 28센티 중포가 쓸모없게 된 사실을 알고 육군성에 불하해 줄 것을 요청했고, 불하받게 될 중포를 마산신사 앞에 전시해 마산지역민의 군사사상 함양에 활용하려고 했다. 아래의 <그림 3>은 위 신문기사에 함께 게재된 28센티 유탄포의 실제 모습이다.

〈그림 3〉 마산신사와 진해신사로 불하된 28센티 중포의 실제 모습
(출처: 『釜山日報』, 1936.7.24., 「奉納重砲 鎭海と馬山兩神社へ」)

불하가 결정된 28센티 중포 1문은 1939년 7월 6일 중일전쟁 2주년을 기념하여 마산신사에 봉납되었다. 당일 진행된 "대포 끌기 행사(大砲曳行)"는 오전 9시부터 시작되었다. 후지에(藤江) 부윤을 선두로 마산의 전 일본·조선인 남녀(內鮮男女) 300여 명은 포병들과 함께 오후 5시까지 대포를 마산신사 아래까지 이동시켰다. 당시 신문기사는 마산신사에 봉납된 대포에 대해 "러일전쟁 때 혁혁한 무훈을 세워 러시아군의 심장을 서늘케 한 거포이며, 총 중량 22톤 반, 그 웅장한 자태는 영원하게 기념물로서 마산신사 경내를 빛낼 것"이라고 소개했다(『朝鮮新聞』, 1939.7.10.).

이상을 통해 1930년대 황민화 정책 시기 마산일본인사회와 신사의 관계에 대해 군과 전쟁에 관한 사실들을 중심으로 살펴보았다. 러일전쟁 당시 사용된 대포를 신사에 전시한 행사는 "일반 지역민의 군사사상 함양"을 목적으로 진행된 것이며, 마산신사가 '제국의 신사'로서 마산지역과 중앙(=국가)을 수직적으로 연결시키는 힘을 보다 강화하는 데 기여했을 것이다.

한편, 마산지역의 특성이 신사에 반영된 사례는 마산지역을 대표하는 산업과의 관계에서도 살펴볼 수 있다. 마산지역을 대표하는 산업은 바로 청주 산업으로, 마산에서 판매되는 청주를 소비한 주 대상 중 하나가 해군이었다는 점에서, 이 역시 군과 무관하지는 않다. 다만, 이 글에서는 마산신사에 술의 수호신이 안치된 배경과 그 의미에 주목하여 살펴보고자 한다.

3. 마산신사와 청주산업(지역의 신사)

『마산번창기』에 따르면 1908년에 무렵 마산의 일본인상인들은 일본에서 수입하거나, 마산에서 생산한 청주를 해군 측에 판매했던 것을 알 수 있다. 이렇게 해군으로 판매된 술은 군부대 내 각종 행사 때 활용되었다.

> 일본술 여러 종류가 수입되고 있는데 최다량의 판매선은 해군부(海軍部)이다. 중등 이하는 이 고장에서 나오는, 즉 마산에서 빚은 향기로운 맛을 즐기는 이가 많은 것 같다. 내지(內地=일본: 옮긴이)에서 수입하는 한 말 단위의 항아리는 3천 개에 이르고 그 종류로는 사쿠라마사무네(櫻正宗), 시라츠루(白鶴), 칸야우이(韓陽一), 코도부(光武), 사와가메(澤龜), 후타바츠루(二羽鶴) 등으로 한 항아리 당 평균 20원이다. 절반이 진해방비대와 수시로 입항하는 함대에 공급된다. 그 판매점의 주된 곳으로는 히다카츠헤스케(比田勝兵助), 후쿠다이사이이치(福田祭一), 사카시후미오(酒肆文南)의 가게들이다.
>
> 또한 마산에서 청주를 제조하는 양조가(釀造家)는 신시에서는 아카마츠(赤松)상회, 나가타게(永武) 지점이, 완월동에는 고탄다 도미타로(五反田富太郎), 마산포에는 하라다(原田)지점이 있다(『마산번창기, 2021).

1909년 이전 마산에는 일본인이 경영하는 공장 10곳이 존재했고, 그중 절반은 청주를 생산하는 공장이었다. 이 시기 운영된 청주공장은 하라다 주조장(原田酒造場, 1904)을 비롯해 이시바시 주조장(石橋酒造場, 1905), 나가타케 주조장(永武酒造場, 1906), 니시다 주조장(西田酒造場, 1907) 등이었다.

경상남도의 청주 생산량은 일제강점기 동안 계속해서 1위라는 독보적인 지위를 유지했으며, 도내 대표적인 생산지는 마산과 부산이었다(김승, 2015). 1900년대부터 1920년대까지 마산의 일본식 청주 생산량은 부산에는 미치지 못했다. 그러나 1928년에 이르러 마산청주주조조합원 12개 공장에서 계획했던 제조수량인 1,773kℓ보다 207kℓ 많은 1,980kℓ를 생산하여, 1,800kℓ를 생산한 부산업계를 제치고 경남지역에서 1위를 차지하게 된다. 1932년 6월 3일자 『每日申報』 기사에서는 마산의 일본식 청주의 생산액이 조선에서 1위를 차지했음을 알리고 있다.

> 경남마산 청주는 연(年)생산 1만 1천 여석 환산고 1백만 원 이상의 생산을 하고 있으니, 전조선 연생산고 5만 8천여 석에 비하면 5분의 1의 생산을 마산에서 독차지한 셈이다. 따라서 산지별로는 조선의 제1위에 처해 있다. …… 주로 판로는 조선-만주(鮮滿) 지방이나, 현재 조선에서만 하더라도 연이입(年移入) 1만 2천여 석이 있으며, 만주국 성립과 동시에 더욱 긴밀한 지리적 관계를 가진 조선인만큼 앞으로 더욱 발전성을 충분히 가지고 있다 할 것이다. 현재는 양조업자(釀造業家) 13명으로 조합을 조직하고 있으니, 현 조합장은 청주 한모원(寒牡圓)을 양조하고 있는 하라데(原出)씨로 앞으로 만몽(滿蒙)에 새로운 판로를 개척하는 동시에 연이입고의 생산만은 증가시키고 싶다고 한다(『每日申報』, 1932.6.3.).

1930년대 초 마산 청주는 조선을 넘어 만주국까지 이름을 날리게 되었음을 알 수 있으며, 이러한 부흥을 이끈 대표적인 인물은 하라다 주조장의

朝鮮一の酒鄕

馬山の銘酒訪問 (三)

「寒牡丹」

原田酒造場

〈그림 4〉 하라다 주조장(原田酒造場)의 설명과 청주 상품『寒牡圓』에 관한 기사
(출처: 『釜山日報』, 1929.4.27., 「朝鮮一の酒鄕 馬山の銘酒訪問(三)『寒牡圓』原田酒造場」)

경영자 하라다 세이이치(原田清一)라고 할 수 있다. 그는 부산 하라다 주조장 경영주 하라다 가메키치(原田龜吉)의 큰 아들로, 러일전쟁을 전후한 시기 하라다 마산지점에서 근무하다 1923년부터 본격적으로 양조업에 뛰어들어 이후 마산주조조합장, 마산금융조합장, 마산기선주식회사 중역, 마산학교조합의원, 마산상공회의소의원 등을 역임하며 마산을 대표하는 지역유지로서 활동하였다(김승, 2015).

하라다는 1926년부터 마산주조동업조합장으로 활동하며 마산 청주의 부흥을 이끌었고, 그가 만든 청주는 여러 품평회에서 우수한 성적을 거두었다. 하라다의 청주는 1924년 3월 경남주류품평회 우등상을 수상한 이래 같은 품평회에서 1925년 3월 우등상 1926년 3월 최우등상, 1927년 최우등상 1928년 최우등상, 1929년 우등상을 수상하였다(『釜山日報』, 1929.4.27.).

마산 청주의 부흥을 이끈 하라다는 1935년 마산주조조합장으로서 마산신사의 경내에 술의 수호신을 모시는 신사인 마쓰오신사(松尾神社)를 건립하는 일에 앞장섰다. 1935년 3월 8일 마산주조조합에서는 하라다 조합장 외 5명이 술의 수호신을 모시는 교토 아라시야마(嵐山)의 마쓰오신사로 떠났다. 이들의 목적은 마산술(馬山酒)의 수호신으로 모실 신을 분사

(分社)받기 위함이었다. 같은 달 11일 오후 마산에 도착한 이들은 곧바로 마산신사 내에 마련된 사전(社殿)에 신을 안치하는 제사를 진행했다. 제사에는 마산주조조합 조합원 외 관계 관민(官民)이 참석했고, 식은 다음 날 오전 2시에 끝이 났다(『釜山日報』, 1935.3.14.).

다음 달인 1935년 4월 2일, 마쓰오신사에서는 대제(大祭)가 개최될 예정이었다. 행사 당일에는 마산 지역 주조동업자 및 유지자 약 3백 명과 전 조선의 주조업자 3백여 명이 초대될 예정이었으며, 마산신사 옆 공원에 무대를 설치해 기녀(美妓)의 손춤(手踊り)도 선보일 계획이 마련되었다(『釜山日報』, 1935. 3.31.).

〈그림 5〉 교토 아라시야마(嵐山) 마쓰오신사(松尾神社) 신원(神苑)에서 찍은 기념사진
(출처: 『釜山日報』, 1935.3.31., 「馬山酒守護神 松尾神社 分社大祭 來る二日擧行」)

1935년 3월 20일자 『釜山日報』에는 「馬山清酒の雄姿」이라는 제목의 기사와 함께 마산 마쓰오신사의 사전 사진(<그림 6>)과 "경상남도의 자랑, 마산청주의 판매망"이라는 제목의 전국 마산청주 판매점 위치(<그림 7>)가 검은 점으로 찍힌 지도가 게재되었다. 1935년 4월 2일 마산 마쓰오신사에서 첫 제사가 열린 뒤로, 매년 4월 2일 오전 10시에는 마산주조조합의 주최로 행사가 열렸으며, 1936년 4월 2일에는 마산부 내 약 200명의 손님을 초대할 계획이 세워졌다. 1940년 4월 2일의 행사 때는 마산청주주조조합에서 우량누룩기술자(麴師) 등 관련업계 종사자들에 대한 표창식이 예정되었다.

그런데 술의 수호신을 모시는 신사는 왜 1935년에 세워진 것일까?

만약 전국 1위의 생산량 달성을 기념하는 의미였다면 1932년 6월 3일자 기사에서 당시 전국 1위를 달성했다고 했으므로, 1933년 혹은 1934년에 마산 마쓰오신사를 세울 수도 있었을 것이다. 여기에 대한 답은 당시 조선총독부의 주조업 정책에 대한 마산주조조합의 불만과 대응이라는 맥락에서 찾을 수 있을 듯하다.

출처: 『釜山日報』, 1935.3.20., 「馬山淸酒の雄姿, 馬山稅務署長 大西勵治談」

〈그림 6〉 마산 마쓰오신사 사전(松尾神社 社殿)

〈그림 7〉 경남청주의 자랑, 마산청주의 판매망

일본은 식민통치의 재원확보 차원에서 1906년 이래 주세법(酒稅法) 제정을 시작으로 여러 차례 주조법을 개편했다. 그 결과 1910년 조선총독부의 전체 세수 중에서 1.8%에 불과했던 주세(酒稅)가 1934년에 이르면 29.5%로 증가하여, 지세(地稅)를 제치고 제1위의 총독부 재원이 되었다(김승, 2015). 이와 같은 주세수입의 증가는 조선총독부가 조선 내에서 생산되고 있는 술을 관리·통제하기 위해 마련한 연구기관과 지도기관의 설치와 관계가 있다고 할 수 있다.

일본은 통감부 시기부터 대한제국 내 주조업 관련조사를 위한 기술자를 두고 탁지부(度支部)에서 행하던 주류생산 및 주세, 주조상황에 대한 조사를 시작했다. 이후 총독부는 1916년 9월 주세령을 시행하고, 주세의 단속과 주조의 개선을 위해 경기 외 6도에 각각 기사를 배치해 주조의 지도개량을 담당하게 했다. 이 과정에서 마산, 원산, 장연, 북청, 회령, 순천의 6부군에 기수 각 1명, 기타 고용원 10여 명을 배치해 소주업의 합동 집약공업화와 청주주조 지도를 철저히 하도록 하였다. 그러다 1935년 조선총독부는 세무기관을 독립시킴과 동시에 종래 각 도 및 마산, 원산에 배치되었던 주조기술관을 경성, 대구, 평양의 세무감독국에 전보배치하여, 해당 기관에서 관할 지역의 주류감정 및 지도사무를 전담하게 하였다(배상면, 1997).

마산주조조합에서는 주조 지도기사를 대구세무감독국으로 배치한다는 소식을 1935년 이전부터 알고 있었고, 이에 불만을 품고 있었다. 1934년 5월 마산주조조합에서는 대구세무감독국을 찾아가 조선총독부가 마산에 배치한 주조 지도기사를 대구세무감독국으로 전보배치한 결정에 불만을 표했고, 이에 대구세무감독국에서는 양조시기가 되면 기술자를 특파하여 지도하겠다며, 조합원들을 돌려보냈다.

그러나 마산주조조합의 불만과 불안은 해소되지 못했고, 결국 1935년 2월 경남도지사에게 진정서를 제출하기에 이르렀다. 이에 관한 내용을 1935년 2월 16일자 『釜山日報』 기사의 내용을 통해 살펴보도록 하겠다.

총독부의 방침에 따라 마산에서는 주류분석소가 철폐되고 지도기술자와 관련 설비도 폐지되었다. 주조업의 기술이 날로 발전하는 상황 속에서 내려진 총독부의 위와 같은 결정에 대해 마산주조업계는 "암야(暗夜) 중 등불을 잃어버린 모양"과 같다고 생각했다. 이에 마산주조조합에서는 지도기관의 철폐는 마산주(酒)의 흥망성쇠에 미치는 영향이 심대하므로, 이를 대신할 수 있도록 도립양조시험소의 설치 혹은 주류분석실의 설비를 요구했다. 그러나 당국은 마산주조조합의 요청에 반응하지 않았고, 이에 조합원 "하라다(原田), 무라사키(村崎), 마쓰모토(松本) 세 명"은 "내지 양조계(內地釀造界)를 시찰"하고 돌아와, "마산주의 나침반 설치"를 위한 "맹운동을 개시"하기로 결정하였다. 이후 1935년 2월 12일 하라다 마산주조조합 조합장은 조합원 "무라사키(村崎), 기요미즈(清水), 도미와(富和)" 세 명과 함께 우노(宇野) 마산부윤을 방문해, 경상남도 도지사 세키미즈 다케시(關水武)에게 전달될 진정서를 제출했다. 진정서에는 '마산에 국립 혹은 도립의 양조시험장을 설치해 줄 것'과 만약 앞의 사항이 어려울 경우에는 '유력한 산업기술관을 마산부로 상시배치'해 줄 것을 요청하는 내용이 기재되어 있었다(『釜山日報』, 1935.2.16.).

이상의 사실로 미루어 볼 때 1935년 3월 11일 하라다 마산주조조합 조합장외 5명이 마산 마쓰오신사를 건립한 배경에는 조선총독부의 일방적인 주조업 관련 정책의 변화에 대한 불만과 저항감이 깔려 있었음을 알 수 있다. 이러한 사실은 다음과 같이 정리할 수 있다.

1930년대 초 주조업의 기술발전 속에서 마산주조조합은 전국 최고의 생산량을 달성하게 되었다. 그러나 1935년 조선총독부의 새로운 주조업관련 정책에 따라 주조기술을 지원하던 기관과 기술자가 마산에서 철수하게 되었고, 이에 마산의 주조업계는 불안과 불만을 갖게 되었다. 하라다를 비롯한 마산주조조합원은 이 상황을 극복하는 방법을 찾고자 1935년 2월 일

본 국내 양조업계(“내지 양조계”)의 시찰을 다녀왔고, 이후 두 가지 활동을 전개하였다. 하나는 “마산주의 나침반 설치”운동이고, 다른 하나는 마산신사 내, 술의 수호신을 모신 마쓰오신사를 건립한 것이다. “마산주의 나침반”이란 마산에 “국립 혹은 도립 양조시험장”을 설치하여 주조업 발전의 선두 혹은 기준이 되겠다는 의지가 담긴 용어로 보이는데, 당시 신문 기사에서 나침반이라는 용어는 “광업연구소의 신설예산을 승인, 광업진흥의 나침반(鉱業研究所の新設予算を承認, 鉱業振興の羅針盤)”(『京城日報』, 1927. 11.06.), “도로는 문명의 나침반, 동시에 정치의 나침반(道路は文明の羅針盤, 同時に政治の羅針盤”(『京城日報』, 1934.6.6.) 등과 같이 사용되었다.

“국립 혹은 도립 양조시험장”의 마산 설치요구가 기술적으로 마산주의 명성을 지키려는 방법이었다면, 마산주조조합의 마쓰오신사 건립은 술의 수호신의 힘을 빌려 마산주의 명성과 상징성을 지키려는 방법이었다고 볼 수 있다.

다른 한편으로 마산주조조합의 마산 마쓰오신사의 건립은 조선총독부의 일방적인 주조업 정책에 대한 불만을 대구세무감독국·마산부·경상남도에 표한 이후 진행되었다는 점에서 볼 때, 마산주조조합이 총독부 정책에 대해 가진 반발심 혹은 저항감을 드러냄과 동시에, 뜻을 함께하는 조합원들의 수평적 결집과 유대강화를 위한 지역 커뮤니티의 상징적 공간, 즉 ‘지역의 신사’의 구축이라는 관점으로도 이해할 수 있을 것이다.

3. 결론

이상의 글에서는 식민지 조선의 지역사회와 신사의 관계를 파악하는 방법으로서, 마산일본인사회의 특징(군·전쟁과 청주산업)이 해당 지역의 신사에 반영된 사례와 그 의미에 주목하여 살펴보았다.

마산지역은 1899년 개항을 전후한 시기부터 러시아와 일본의 군사적 경쟁이 계속되었고, 이는 러일전쟁을 통해 극적으로 드러났다. 마산의 군사도시적 특징이 신사에 반영된 대표적인 사례는 1939년 7월 6일 중일전쟁 2주년을 기념해 러일전쟁 당시 여순공략에 사용된 28센티(280미리) 중포가 마산신사에 전시된 사실을 꼽을 수 있다. "군사사상의 함양"을 목적으로 기획된 대포전시행사에는 300여 명의 마산지역 조선인·일본인 남녀와 마산중포병대대의 포병들이 함께 참여했다. 마산신사에 전시된 대포는 마산지역이 군·전쟁과 밀접한 관계를 맺고 있었다는 사실을 상징적으로 보여준다.

한편, 마산지역은 개항 직후부터 일본인 주조업자에 의해 청주가 판매·생산 되었는데, 해군은 마산의 청주를 소비하는 큰 손이었다. 마산의 청주는 1920년대 중반까지는 부산의 청주생산량에 뒤졌으나, 1928년 이후부터 1934년 무렵에는 부산의 생산량을 넘어 전국 1위의 생산량을 달성할 정도로 성장했다.

1935년 조선총독부는 새로운 주세정책과 주조지도방침을 추진하였고, 이에 대해 마산주조조합은 해당 방침이 마산의 주조업의 발전과 명성을 유지하는 데 불리하게 작용할 것으로 판단했다. 이에 마산주조조합의 하라다 조합장 외 조합원은 마산주의 명성을 지키기 위한 행동에 나서, 1935년 2월 "국립 혹은 도립 양조시험장"건립 등을 요구하는 내용의 진정서를 경남도지사에게 제출했고, 그 다음 달인 3월 11일에는 마산신사의 경내 신사로 술의 수호신을 모시는 마쓰오신사를 건립했다. 1935년 3월 마산에 술의 수호신을 모시는 신사가 건립된 배경에는 당시 조선총독부가 추진한 주조업 관련 정책의 일방적인 변화에 대한 마산주조조합의 불만과 대응이라는 상황이 반영되었다고도 볼 수 있다.

결론적으로 1930년대 마산신사에서 일어난 두 가지 사건, 즉 러일전쟁 당시 사용된 대포의 전시와 마쓰오신사의 건립은 다음과 같이 해석할 수 있을 것이다. 러일전쟁 당시 사용된 대포의 전시는 마산신사가 마산지역을 대표하는 신사이자 '제국의 신사'로서 지역과 중앙을 수직적으로 연결하는 힘을 강화시키는 데 기여했다고 볼 수 있다. 이에 반해 마산 마쓰오신사는 마산주조조합이 조선총독부의 일방적인 주조업 정책의 전환에 저항과 불만을 표하며, 조합원의 결집을 수평적으로 공고히 하려 한 상황 속에서 건립되었다는 사실을 고려할 때, 마산신사가 '지역의 신사'로서 작동하는 데 기여했다고 할 수 있을 것이다.

식민지 조선의 각 지역을 대표하는 신사들은 대부분 신사 경내에 여러 가지 성격을 가진 소규모 신사를 경내신사(혹은 섭사)로 두는 구조를 취하고 있었다. 본 연구에서 살펴본 마산신사와 그 경내신사인 마쓰오신사의 사례는 일제강점기 식민지 조선 내 각 지역의 신사가 '제국의 신사'로서 제국의 상징이자 식민통치의 수단이면서, 동시에 '지역의 신사'로서 지역 커뮤니티의 장소로 기능한 방식을 보여준다고 할 수 있다.

참고문헌

스와 시로, 하동길 역, 『마산항지』, 창원시정연구원 창원학연구센터, 2021.

스와 부코쓰, 하동길 역, 『마산번창기』, 창원시정연구원 창원학연구센터, 2021.

김승, 「식민지시기 부산지역 주조업(酒造業)의 현황과 의미」, 『역사와 경계』 95, 부산경남사학회, 2015.

김백영, 「제국 일본과 식민지 동화주의의 공간 정치」, 『제국 일본과 식민지 조선의 근대도시 형성』, 인천대학교 일본문화연구소, 2013.

배상면, 『조선주조사』, 우곡출판사, 1997.

金亨潤, 『馬山野話』, 도서출판 경남, 1996.
諏方武骨, 『馬山繁昌記』, 耕浦堂, 1908.
馬山商工會議所, 『馬山商工會議所九十年史』, 慶南印刷工業協同組合, 1987.
『京城日報』, 1934.5.27., 「馬山酒造組合鑑定所で陳情」.
『每日申報』, 1932.6.3., 「馬山淸酒產額 朝鮮內第一位」.
『釜山日報』, 1915.2.9., 「水屋建設」.
『釜山日報』, 1915.10.13., 「馬山神社水屋奉納」.
『釜山日報』, 1916.4.5., 「馬山神社の祭典」.
『釜山日報』, 1929.4.27., 「朝鮮一の酒鄕 馬山の銘酒訪問(三) 『寒牡圓』 原田酒造場」.
『釜山日報』, 1935.3.14., 「馬山酒の守護神 松尾神社の分社 鎭座祭行」.
『釜山日報』, 1935.3.20., 「馬山淸酒の雄姿, 馬山稅務署長 大西勵治談」.
『釜山日報』, 1935.3.31., 「馬山酒守護神 松尾神社 分社大祭 來る二日擧行」.
『釜山日報』, 1936.3.28., 「馬山重砲隊の二十八珊砲 神社に奉納! 鄕軍から拂下を出願」.
『釜山日報』, 1936.7.24., 「奉納重砲 鎭海と馬山兩神社へ」.
『釜山日報』, 1940.3.28., 「酒の神さま, 松尾神社大祭 從業員表彰式擧行」.
『朝鮮時報』, 1925.9.3., 「馬山神社に大鳥居, 土木協會支部から奉納」.
『朝鮮時報』, 1925.9.25., 「馬山神社の鳥居建設府協議會で可決」.
『朝鮮新聞』, 1936.3.28., 「馬山酒造組合で 酒の守護神 松尾神社の祭典」.
『朝鮮新聞』, 1937.9.3., 「愛婦馬山分會 武運長久 祈願祭, 一日馬山神社で執行」.
『朝鮮新聞』, 1939.7.10., 「馬山神社へ大砲奉」.

이민진의 『파친코』에 나타난 한인 디아스포라와 식민지인의 삶*

노종진

1. 들어가며

현재 미국문단에서 주목받는 한국계 미국작가들의 소설은 주로 미국사회에서 타자로 간주되어 주변부에 머물거나 경계의 안과 밖에서 정체성 혼란을 겪는 인물들의 삶을 재현한다. 소설의 주인공들은 주로 주류사회로 진입하려고 시도하다가 제도나 인종주의의 벽에 부딪혀 좌절하는 모습을 보여준다. 이는 작가 자신들이 1.5세대로서 고국과의 일정한 관계를 맺고 있고 고국과 미국이라는 두 세계의 양면적 가치와 이중적 정체성에서 벗어날 수 없기 때문이다. 이창래의 뒤를 이어 크게 주목받고 있는 이민진의 경우도 비슷한데, 둘 다 한국에서 태어나 미국으로 이주한 가족을 따라 미국에서 성장하여 작가가 되었다. 그들의 데뷔소설은 바로 그들 자신의 고민이자 생존의 과정에서 마주쳤던 정체성과 동화의 문제를 다루고 있다. 이민진의 첫 소설은 2007년에 발표한 『백만장자를 위한 공짜 음식』이다. 이 소설은 한국이민자 2세대의 미국주류사회 진입과 부와 명예에

* 이 글은 2022년 3월 30일 국제해양문제연구소의 콜로키움에서 <이민진의 『파친코』에 나타난 한인 디아스포라와 식민지인의 삶>으로 발표한 것을 수정보완한 글이다.

대한 욕망과 이민자 가정의 세대 간의 문화차이의 갈등을 그린다. 그 후 10년 만에 출간한 『파친코』는 현재 많은 상을 받고 대중적 인기를 누리고 있다. 이민진은 현재 『파친코』의 후속 작품으로 '한국인 디아스포라 3부작'의 마지막이 될 소설을 현재 집필하고 있는데 제목은 『Korean Hagwon』이라 한다.

홍미로운 점은 이창래의 경우에서와 마찬가지로 이민진의 『파친코』가 베스트셀러로 극찬을 받자 한국에서 번역본이 바로 나오고 그녀에 관한 관심이 놀랍고 대단하다는 것이다. 작품에 대한 학술논문도 오히려 국내에서 더 많이 이루어지고 있다. 이런 현상은 이창래의 경우에도 확인할 수 있었는데, 국내의 평자들은 흥미롭게도 이민진의 소설을 이주민 소수자 문학, 한국문학의 한 범주에 속한 디아스포라 문학 또는 한인교포문학으로 바라본다. 몇 명의 평자들의 논문은 이러한 시각을 고수하고 있다. 이들은 거의 한국어 번역본을 가지고 소설을 분석하고 있다. 반면 미국문학 전공자인 경우에 영어로 쓰여지고 미국에서 출판된 소설이므로 한국계 미국작가의 작품으로 보고 미국소설로 간주한다. 실로 이 소설은 출간되자마자 미국의 다양한 언론매체에서 서평을 내고 갈채를 보냈으며 2017년 뉴욕타임즈, 영국 BBC에 의해 '올해의 책'으로 선정되고 전미도서상(National Book Award)의 최종후보에 오르기도 하였다. 현재 유트뷰에 올라온 서평이나 인터뷰, 유명한 대학에서의 강연 등을 보면 실로 이 작품과 이민진에 대한 관심과 평가가 얼마나 대단한지를 실감할 수 있다. 애플티비에서 8부작 드라마로 만들어 방영하기 시작한 것을 보면 미국에서 이 소설에 대한 대중적 관심과 인기가 얼마나 대단한지를 보여준다.

이민진의 소설이 어떤 문학의 범주에 속하느냐에 대한 논의는 사실 그렇게 중요하지 않을지도 모른다. 우리는 현재 지구가 지역적으로 연결되어있는 글로벌시대에 살고 있을 뿐만 아니라 경계가 무너지고 나와 타자의 구분이 점점 무의미해지는 시대에 살고 있다. 그러나 코로나19 상황으로 인해 국경이 닫히고 도시가 봉쇄되기도 하며 이동이 제한되었던 시기를 경험한 바 현재는 전 세계적으로 국민국가에 대한 태도와 인식이 강화되고 있다. 또한 러시아의 우크라이나 침공을 통해 경험하고 있듯이, 우리는 지구의 한 지역에서 벌어지고 있는 전쟁과 같은 상황이 전 세계적으로 엄청난 파장과 영향을 미치고 있는 것을 실감하고 있다. 실로 어떤 면에서 이 소설은 한국어 번역본의 표제의 소개에 있듯이 "나라 잃은 유랑의 후예로서 뼈아픈 학대를 무릅쓰고 피어난 처절한 망국민의 애처로운 역사"를 쓰고 있다. 소설은 식민지배의 결과로 가족의 해체와 이주 때문에 타자의 삶을 살아갈 수밖에 없었던 조선인들의 이산과 이방인으로서의 쟁투를 생생히 재현한다. 이 소설에 등장하는 재일조선인의 디아스포라뿐만 아니라 작가를 포함한 많은 한인 디아스포라의 삶을 생각해 볼 때, 이 작품은 세계의 도처에서 살아가는 디아스포라 한인들의 삶에 대한 인내와 삶에 대한 강인한 의지를 생생하게 그려낸 감동의 서사라 할 수 있다. 이 글은 식민지배로 인해 나라와 주권을 박탈당한 재일조선인들이 디아스포라의 고통 가운데에도 가족의 연대와 사랑을 통해 자기보존과 주체적 삶을 추구하는 양상을 짚어보려 한다.

2. 재일조선인의 디아스포라와 격랑의 삶

이 소설의 특이한 점은 한국계 미국인 작가에 의해 쓰인 재일조선인에 관한 이야기라는 것이다. 사실 그동안 재일한인 작가들(이양지, 양석일, 유미리, 현월 등)은 세대별로 작가별로 다양한 문학을 보여주었지만, 이들의 작품을 관통하는 주제는 역시 한국인과 일본의 정체성 사이의 이중적 문제에 초점을 맞추고 있다. 그러나 이민진은 외부자의 시선으로 일본 내의 경계의 안과 밖에서 사는 한인들을 그려냈다는 점에서 특이할 뿐만 아니라, 일본에서 짧은 기간 살았던 경험과 수년간의 리서치와 재일조선인과의 인터뷰를 토대로 한인 이주의 질곡의 역사를 감동적으로 형상화해냈다는 점에서 높이 평가받을 만하다. 이 소설의 주요 독자들이 한국인과 미국인임을 고려해 볼 때 소설의 역사적 상황과 이국적 배경은 그들에게 현해탄과 저 태평양 건너 이국땅에서 이방인으로서 투쟁적 삶을 살아야 했던 재일조선인(한국인)에 대한 연민과 공감을 자아내게 하는 힘을 지니고 있다. 따라서 이 소설은 경계가 해체되고 국민국가의 담론이 약화되는 글로벌 시대에 디아스포라나 난민 담론의 중요성을 환기시키고 타자의 삶을 사는 디아스포라인의 상황을 생생히 재현하고 있다.

소설은 일본에 조선이 합방되던 1910년부터 1989년까지의 거의 20세기 전반에 걸쳐 한 가족의 4대의 가족 연대기이자, 부산영도에서 오사카를 거쳐 도쿄와 요코하마에 이르는 이들 가족의 이주, 이동, 정주의 역사를 서사화한다. 소설은 3권으로 이뤄져 있고 각각의 권은 소제목과 함께 연대가 포함되어 있고 1권은 17장, 2권은 20장, 3권은 21장으로 이루어져 있으며 485페이지에 달한다(1권 고향 1910~1933, 2권 모국 1939~1962, 3권 파친코 1962~1989). 소설은 20세기 식민지 조선과 일본의 시대별 역사적 사건을 비교적 충실하게 따라가면서 그 역사의 격랑에 크게 영향을 받는 한 조선인 가족의 생존과 투쟁을 그리고 있다.

이민진이 추구하는 소설의 주제는 일견 명확하다. 소설은 일본제국주의의 폭력과 차별로 인한 식민지인의 파괴된 삶을 통해 제국주의의 야욕과 부정을 비판함과 동시에 일본 내 소수민족으로서 타자의 삶 속에서도 주체적으로 이를 극복하고자 투쟁하고 끈질기게 살아남은 재일조선인들의 회복력과 정신력을 높이 평가한다. 소설의 첫 문장으로 유명해진, “역사가 우리를 망쳐 놨지만 그래도 상관없다."(5)에서 알 수 있듯이 이것이 바로 작가가 말하려고 하는 주제이다. 소설은 역사의 주체적 위치에 있는 인물들의 서사가 아니라 평범한 사람들의 삶에 관한 것이다. 왜냐하면 이들은 역사의 거대한 소용돌이 속에 휩쓸려 희생당할 수밖에 없는 운명 앞에서도, 어떤 방식으로든 그것에 패배하는 것이 아니라 맞서 싸우며 주체적으로 행동하려던 사람들이다. 중요한 것은 이민진의 문학이 추구하는 것은 국민국가 내의 민족적, 인종적, 계층적 경계짓기와 차별을 자행하던 내셔널리즘의 폭력과 행태의 역사를 비판하는 태도와 경향을 강화하고 이에 대한 재인식을 강조한다기보다, 트랜스내셔널 시대에 다양한 이유와 상황에 의해 디아스포라의 삶을 살 수밖에 없는 타자화된 사람들에 대한 온전하고 제대로 된 인식과 이들에 대한 연민과 이해를 요청하는 것이다.

소설은 바로 부산의 영도에 사는 가족의 이야기로 시작되는데, 당시의 영도는 식민지의 열악한 환경을 보여주고 있다. 언청이에 한쪽 다리를 저는 훈이는 양진과 결혼하여 하숙집을 꾸리며 살고 있다. 이들은 유일한 딸 선자를 두었는데 그녀가 어릴 때 아버지 훈은 결핵으로 사망한다. 그래서 양진은 딸과 함께 하숙을 치며 생계를 유지한다. 소설의 처음부터 일본에 나라를 잃은 조선인들은 고된 노동을 온종일 해야만 살아갈 수 있는 상황에 있다. 양진은 딸과 함께 하숙집을 운영하며 쉴 틈 없이 일해야 하지만 간신히 집세를 낼 수 있을 정도로 가난을 면치 못한다. 그녀의 하숙집에 머무는 사람들도 고기잡이로 생계를 꾸려가는 가난한 어부들이거나 고아인 자매가 그녀를 도와 하숙집을 함께 꾸려간다. 그러면서도 양진과 선자는 인간에 대한 연민과 따뜻한 마음으로 사람들을 대한다. 나라를 잃은 당시 식민지 조선인들의 삶의 상황은 매우 열악했다. "자연재해로 황폐해진 나라에서는 으레 그렇듯이 노인과 과부, 고아 같은 약자들은 식민지 땅에서 더없이 절박한 처지였다. 한 명이라도 더 먹여 살릴 수 있다면,

보리쌀 한 되 만 받고도 온종일 일하려는 사람들이 수도 없이 많았다."(6) 일본제국주의가 조선땅과 조선인에 강요한 수탈과 착취는 조선인들을 경제적으로 궁핍하게 만들었으며 절박한 상황으로 내몰았다.

선자 모녀의 이러한 가난과 힘든 노동의 삶은 고한수라는 남자를 운명적으로 만나게 되어 완전히 급변한다. 선자는 십 대였을 때 일본과 조선을 오가는 부유한 생선 중개상인 고한수를 만나게 되어 관계를 맺는다. 이들의 관계는 서로의 이해관계 때문인데 선자에게는 그를 기쁘게 하려는 욕망에서, 고한수는 어린 선자와 성관계를 원한다. 오빠처럼 다정하게 선자의 신뢰를 얻은 그는 순진한 그녀를 유혹하여 임신시킨다. 고한수를 사랑한다고 믿은 그녀는 새 가정을 꿈꾸지만, 그가 일본에 처자식을 둔 유부남이라 결혼할 수 없다고 하자 단호하게 그와의 관계를 정리한다. 그러나 고한수와의 관계는 선자의 삶의 마지막까지 끈질기게 지속된다. 양진의 하숙집에 머물며 형이 있는 일본으로 가기 위해 준비를 하던 백이삭 목사는 결핵으로 병이 나고, 그곳에서 더 머물게 되는데 그는 양진과 선자의 돌봄으로 회복한다. 이삭이 양진의 하숙집에 머물게 된 것은 사실 그의 형 요셉의 추천 때문이었는데 요셉도 십 년 전에 이곳에서 머물렀던 경험 때문이었다. 양진은 이제 아버지 없는 애를 낳아 손가락질 받으며 살아야 하는 선자의 딱한 상황을 백이삭에게 토로하게 되는데, 그가 선자와 결혼하여 자기 아이로 키우겠다고 말한다. 병든 이삭을 잘 보살핀 양진의 배려도 연민에서 나온 것이고, 이삭의 이러한 제안도 그의 성품과 기독교 정신의 사랑에서 나오게 되는데 이삭과 선자는 이런 운명적 상황을 뛰어넘어 사랑하게 된다. 이들이 가족으로 만나게 되는 운명은 이미 형을 통해 그리고 이삭이 이곳에서 머물렀기 때문에 가능한 것이었다. 이렇게 이 소설은 인물들의 끊임없는 이동과 이주를 통해 서사가 진행된다.

그러나 이삭과 선자의 일본으로의 이주는 일차적으로는 일본의 제국주의 침략 때문이다. 이들은 나라를 잃고 식민지인으로 살아야 하는 처지에서 운명적으로 부부가 되어 이삭의 형 요셉이 자리 잡고 있던 오사카로 이주한다. 이삭의 가족은 평양 출신으로 신식교육을 받은 집안으로 형 요셉은 이미 직업을 얻기 위해 일본으로 건너 갔는데 오사카에서 공장에서 주임으로 일하던 중 이삭을 위해 선교할 교회에서의 일도 마련하고 그를 초청을 한 것이다. 오사카에서 새 삶을 시작한 이삭과 선자는 요셉의 집에서 함께 거주하며 생활한다. 이들이 사는 곳은 이카이노(Ikaino)라는 지역인데 이곳은 조선인들이 함께 모여 사는 지역으로 주로 판자로 된 집에 세를 얻어 산다. 이곳은 빈민가로서 화장실 냄새보다 더 지독한 동물냄새와 음식냄새가 풍기는 장소이다. 다양한 조선인들이 사는 곳으로 범죄가 자주 일어나는 장소이며 요셉의 집도 두 번이나 도둑이 들고 결혼반지와 팔찌 등을 도둑맞았다. 조선인은 이곳에서 일본의 최하층 천민인 부라쿠민보다도 더한 차별과 억압을 받으며 살아간다. 이곳 조선인들의 거주지는 어떤 면에서는 오히려 조선의 영도보다도 더 열악한 환경을 보여준다. 이와 같이 조선인 이주민들이 정착하여 생활할 수 있는 장소는 매우 제한된 곳이고 경계 지어진 곳으로 누구도 거주하고 싶지 않으며 악취가 풍기고 집들은 초라하기 이를 데 없다. 요셉이 이삭과 선자에게 이곳은 "돼지들과 조선인들만 살 수 있는 곳"이라고 소개한다.(102) 실제로 요셉의 이웃집은 아이 넷과 돼지 세 마리를 한 집에서 기르며 살고 있다고 말한다. 이곳에서 그래도 유일하게 집을 소유한 요셉의 가족은 이삭의 가족을 따뜻하게 맞아주고 요셉의 아내인 경희는 선자를 친자매처럼 여기며 한 가족으로 지낸다. 요셉 혼자서 버는 수입으로는 자기 가족도 살기 힘든데 그는 동생 이삭의 가족을 부양해야 하는 희생을 기꺼이 무릅쓴다.

작가는 이 소설에서 이삭과 요셉을 주축으로 하는 남성들의 삶을 통해 당시 일본 내 조선인들의 가장이 어떠한 취급을 받았으며, 이를 통해 어떤 방식으로 조선인 가족의 생활이 전개되었는지를 극화하여 보여준다. 요셉은 비스킷공장의 주임으로 형 사무엘이나 동생 이삭과는 다른 인생관을 보여주는데, 사무엘과 이삭이 기독교 집안의 전통에 따라 선교에 집중하거나 독립운동에 앞장서며 일본의 제국주의에 싸웠다면, 그는 아버지와 싸운 후에 돈을 벌기 위해 일본으로 떠났다. 그는 자신의 욕망에 따라 생계를 꾸려갈 직업을 얻는 행운만 있으면 자족하며 조용히 자기의 삶을 유지할 태도를 보인다. 그래서 오사카에 도착한 이삭에게 처음부터 정치나 조선 독립운동에는 절대로 연루되지 말라고 경고하며 그럴 때 감옥에 갇히게 될 것이라 말한다. 가장으로서 가족을 부양하고 낯선 이국땅에서 생계를 유지하는 것 자체도 힘들 뿐 아니라 그들의 힘과 권위는 약화해 있다. 그러면서도 요셉은 남성가부장적 의식과 태도로 일관된 모습을 보여주는 인물이다.

일본제국주의의 통치방식과 타민족, 인종에 대한 차별 짓기와 억압은 여러 방식으로 드러난다. 이카이노가 지역적, 계층적, 민족적 경계와 구별 짓기를 통해 주변부로 밀려난 타자들에게 고통과 힘든 노동을 강요하는 곳이라면, 정신적으로 더 고통스런 압박을 통해 인간의 육체와 정신을 극한으로 밀어붙이는 것이 바로 식민통치의 한 방식인 신사참배 강요이다. 제국주의의 야욕과 통치의 야만이 극대화되던 시기에 오사카의 한 재일조선인교회에서 일하던 이삭은 신사참배 강요 때문에 종교적 양심을 시험받게 된다. 재일조선인들이 일본 사회에서 극단의 상황으로 내몰려 겪어야 했던 고통의 끝은 목숨을 잃는 것이다. 황제에 대한 충성서약을 강요하는 일본제국주의 앞에서 동포들을 대상으로 선교하는 류목사와 백이삭 목사는 교회에 있던 섹스톤 후(Hu)와 함께 신사참배에 참석하곤 한다. 이는 그들이 기독교 신앙을 배반하려는 것이 아니라 신도들이 억울하게 희생되지 않기를 바랐기 때문이다. 그런데 후가 참배의식에서 절을 하거나 물을 뿌리는 의식 동안에 주기도문을 외우다가 발각이 된다. 이로 인해 류목사와 백이삭 목사는 후를 옹호한다는 이유로 체포되고 선자, 경희, 요셉은 경찰서에 방문하여 해명하려 하나 경찰은 듣지 않고 고문과 폭력을 사용한다. 가족은 캐나다 선교사에게 도움을 요청하려 한다. 결국 선자의 남편 백이삭은 이 고초 때문에 나중에 풀려나와 집에 돌아온 후 얼마 지나지 않아 죽는다. 제국주의의 만행은 식민지인의 생명을 한순간에 빼앗는 극단적 폭력으로 나타나며 조선인들은 종교의 자유도 박탈당한 채 아무 저항도 할 수 없는 "벌거벗은 생명"에 지나지 않음을 보여준다. 작가는 법적 절차는 무시되고 국가의 권위와 위력이 가차 없이 행사되는 시대에 희생됐던 조선인의 고초와 삶을 그린다. 여기에서 우리는 자신들의 신앙을 지키려 했던 기독교인들이 철저하게 일본 제국주의와 국수주의의 광신적 폭력에 의해 희생되는 극단의 경우를 보게 된다. 이들은 모두 중국인과 조선인으로서 당시 일본 정부가 타종교인들에 대해 얼마나 가혹하게 천황에 대한 충성과 복종을 강요하고 이에 반하는 생각이나 행동을 처벌하였는가를 알 수 있다.

이삭이 감옥에 갇힌 후에 설상가상으로 요셉이 빚진 돈을 갚지 못하자 찾아온 남자들은 대출금이 두 배 이상 늘어났다고 알린다. 선자가 가지고 있던 시계를 팔러 전당포에 함께 온 경희는 선자가 거리낌 없이 침착하게 물건을 흥정하여 제값을 충분히 받아 요셉의 빚을 갚는 것을 보고 놀란다. 선자는 요셉과 경희가 생각했던 바와는 다르게 순진함과 수줍은 성격에도 불구하고 이처럼 영리함과 자립심이 강한 놀라운 모습을 보여준다. 또한 이제 가족의 수입이 요셉이 벌어오는 것 외에 거의 없는 상황에서 선자는 김치와 단무지를 팔아 돈을 벌려고 아이디어를 생각해낸다. 그리하여 그녀는 경희와 함께 역 근처에서 김치를 팔기 시작한다. 요셉은 이들의 결정에 반대하며 자신의 가부장적 위신이 위협받고 약화되는 것에 화를 내며 그만둘 것을 강요지만, 이들의 확고한 생각은 남성에 의존하지 않는 자립의 의지를 나타내며 김치 장사는 꽤 큰 성공을 거둔다. 결국에 김창호라는 사람이 찾아와 그가 운영하는 갈비집 식당에 김치를 정기적으로 공급하기를 원하며, 원한다면 이들이 식당에 나와서 김치를 만들어도 된다고 제안한다. 이들은 요셉이 벌어들이는 수입 이상의 돈을 벌어들이기 시작한다. 조선을 상징하는 김치는 이들의 재정적 수입에 이바지할 뿐만 아니라 여성들이 가부장의 그늘에서 독립하는 매개로 상징된다.

소설은 경제적, 계층적, 인종적 차별로 고통을 겪으며 경계 밖 주변인으로 살아가는 재일조선인들이 일본 사회에서 선택할 수 있는 생존전략이 제한적일 수밖에 없는 상황에서도 어떤 방식으로 이에 대처하고 자기보존의 욕망을 추구하는지 생생하게 재현한다. 주목해야 할 인물들 가운데 조선인이지만 일본에서 어려움 없이 부유하게 지내는 고한수와 그의 밑에서 일하다 자신의 길을 찾는 김창호이다. 또 다른 부류는 일본에서 태어나 자란 조선인 2세들이다. 그들은 조선과 일본의 경계에 서 있는 자들이며 이쪽도 저쪽도 속하지 않는 이중의 경계밖에 존재한다. 이들은 자발적으로 일본본토의 중심으로 이주하거나 그곳에서 태어난 사람들로서 어쩔 수 없는 상황 때문에 이주한 사람들보다는 더 나은 상황에 처한 것처럼 보인다. 그러나 이들은 디아스포라인의 고통과 어려운 처지를 받아들여 자기들만의 방식으로 생존의 전략을 추구하지만 결국에는 온전하게 그 나라의 중심으로 진입하지 못하게 되는 인물들이다.

고한수는 선자를 처음 만났을 때는 부유한 생선중개인으로 등장하다 백이삭과 선자가 오사카로 이주한 이후 줄곧 선자의 가족 주변에 그림자처럼 따라다니며 존재하는 인물이다. 일본에서 별다른 고생을 하지 않고 성공한 인물로 나오며 야쿠자 간부의 눈에 들어 그의 딸과 결혼하여 세 딸을 두고 있는 사람이다. 선자와의 관계와 아들 노아 때문에 그는 이 가족이 어려울 때 여러 번 도움을 준다. 백이삭은 감옥에서 모진 고초와 폭력으로 심신이 약해져 거의 죽음에 가까운 상태에서 집에 돌아온 후 얼마 지나지 않아 사망한다. 전쟁이 막바지로 끝나갈 때 고한수의 준비로 요셉의 가족은 한 일본인 농장으로 가서 농사와 가축업 일을 도우며 지낸다. 요셉은 나가사키에 더 많은 수입을 보장하는 일자리를 찾아 떠났다가 원자폭탄 투하 후 피폭되어 불타는 조각에 맞아 상처를 입은 후 타마구치 농장으로 이송된다. 고한수가 이곳을 방문하게 되는데 요셉은 고한수가 노아의 아버지인 것을 단번에 알아차린다. 그리고 고한수는 선자의 어머니 양진을 이곳으로 데리고 와 선자가족과 다시 만나게 한다. 타마구치 농장은 일본군에 공급하는 야채와 농산물을 재배하는 곳으로 고구마와 감자로 많은 재산을 불린 일본인의 농장인데 어떤 면에서 이곳은 조선인들이 이카이노와는 다른 대접을 받는 장소이다. 이곳으로 이들 가족의 장소 이동이 가능했던 것은 고한수가 자신의 인맥과 수단을 동원하여 이들을 전쟁 말기에 안전한 곳으로 도피하게 한 것이다. 그가 이 가족에게 자신의 지위와 힘을 발휘하여 경제적인 도움을 주는 행위는 결국 그의 아들 노아 때문이다. 그는 노아가 와세다 대학에 입학하고 등록금이 없을 때 그를 도와주는 것을 포함해 백씨 가족의 모든 일에 배후 인물로서 영향을 미치고 있음이 드러난다. 요셉이 나가사키에 높은 임금의 일자리를 얻는 것도, 경희와 선자가 자신이 운영하는 고깃집 식당에 김치를 공급하게 하는 일도, 선자의 어머니인 양진을 일본으로 모셔오는 것도 전부 고한수의 능력으로 가능한 일이었다. 고한수의 이런 역할은 백씨 가족의 생존에 큰 도움을 주며 그는 소설에서 매우 독특한 위치를 차지하는 인물이다.

그러나 고한수는 선자가족에 대한 선의의 도움을 베푸는 것에도 불구하고 뭔가 불순한 의도가 있는 사람으로 인식된다. 그는 야쿠자이기 때문에 불법적인 일에 연루되어 있다고 믿게 하며, 자신의 여자친구에 건방지다는 이유로 폭력을 행사한다. 이런 점에서 그는 자신의 계획하에 사람들과 사건을 조정하고 자신의 통제하에 두려는 조종자이다. 그는 또한 자신의 혈통을 지키려는 욕망 때문에 노아의 미래를 위해 할 수 있는 일은 무엇이든지 할 의향을 보이는 개인적인 욕망에 사로잡혀 있는 사람이다. 그는 조선인으로서 선자의 가족을 포함하여 조선인을 돕는 일에 관여하지만, 떠나온 나라에 대한 애국심이나 애정은 없는 사람이다. 자신의 주체적인 결정과 행동을 고수하려는 선자는 그가 관여하려는 도움은 단호히 거절하지만, 아들 노아의 대학 등록금이 절실할 때는 어쩔 수 없이 그의 도움을 받아들인다.

홍미롭게도 소설에 나오는 인물 가운데, 자기 생존과 보존을 선택하여 일본을 떠나 타국으로 이주하는 인물이 김창호다. 그는 고한수를 위해 식당관리인으로 일하지만 조선에 두고 온 가족 때문에 고국에 대한 향수와 그리움을 지니며 사는 사람이다. 요셉은 병들어 백씨 가족의 기둥으로서 역할을 하지 못하고 죽어가면서 창호에게 자신이 죽으면 재를 북한에 가져가 달라고 한다. 그리고 그는 김창호가 경희에 대해 품고 있는 감정을 알기 때문에 자신이 죽고 난 후 경희와의 결혼을 넌지시 말하자, 김창호는 경희에게 품어오던 자신의 사랑을 고백하고 남편이 죽으면 함께 고국으로 돌아가자고 청혼한다. 하지만 그는 남편에 대한 애정과 책임을 버리지 못하는 경희를 남겨두고 북한으로 향하는 배에 오른다. 그는 식민지 조선과 분단으로 인해 두 동강이 난 조선의 역사의 격랑에 희생된 자로서 일본 땅에서 살아가 보려 했지만 결국에는 북한을 택한다. 재일조선인의 한 유형으로 그 시대 역사의 질곡에서 북한을 선택한 김창호의 예에서 볼 수 있듯이 재일조선인의 생존과 자기보존의 선택의 폭은 매우 제한된 것이었음을 알 수 있다. 고한수가 말하는 것처럼 남한은 재일조선인을 변절한 일본인으로 여기거나 북한은 공산주의가 득세하여 죽음이 기다리고 있거나 이용만 당하는 곳으로 간주될 때, 그는 부모의 고향도 아닌 북한을 택하여 나라를 다시 세워야 한다고 결심하며 떠난다.

소설에서 재일조선인의 생존과 관련하여 더 구체적으로 그려지는 인물들은 일본에서 태어나 자란 재일조선인 2세와 3세이다. 백이삭과 선자의 아들인 노아와 모자수는 성격 면에서나 자기 삶에 대한 선택에서 완전히 다른 형제로 나온다. 고한수의 피가 섞인 노아는 근면하고 공부를 잘하는 모범생이지만 예민한 성격의 소유자이고, 자신의 조선인 정체성에 대해 고뇌하는 인물로 나온다. 반면 모자수는 백이삭의 아들로서 모범생은 아니지만, 일찍이 자신의 정체성에 대해 나쁜 조선인 이미지를 고수하며 파친코 사업으로 뛰어드는 인물이다. 노아는 친부가 아니지만 백이삭에 더 가깝고 모자수는 백이삭의 친자이지만 고한수에 더 가까운 모습으로 보인다. 작가는 이 두 재일조선인 2세의 성장기가 어떻게 이들의 삶에 영향을 끼치는가를 추적하며 그려낸다. 이들은 일본에 속하지도 못하고 조선인의 정체성을 유지하지도 못하는 상황에서 각자 완전히 다른 선택을 한다. 노아는 와세다 대학에 진학하여 영문학을 전공하는 수재이지만, 항상 조선인의 정체성을 애써 감추려 하고 어느 민족성이건 이 자체를 거부하려는 듯해 보인다.

와세다대학에서 공부하며 가끔은 조선인 정체성을 숨기기도 하지만 노아는 급진적인 일본인 여성인 아키코와 친해지며 가까운 연인 사이가 된다. 노아는 일본인으로 행세하며 조선인 정체성을 지우려 한다. 서로의 가족을 만나는 것을 이야기하던 이 둘의 관계는 노아가 고한수를 만나는 자리에 아키코가 불쑥 나타나자 악화한다. 그녀가 노아가 고한수를 닮았다고 말하고 그가 노아의 아버지인가를 묻자 노아는 그녀와의 관계를 끊는다. 그녀는 자신의 부모님이 인종차별주의자인 것에 분노하고 그런 사회적 지위에 있는 사람들을 비판하지만, 조선인을 포함하여 다른 민족집단에 대해 일반화하자 노아는 그녀의 긍정적인 일반화도 인종차별로 받아들인다. 왜냐하면 그녀도 그가 조선인이기 때문에 호감이 있다고 말하기 때문이다. 그녀는 노아에게 자신을 향한 외부인의 시각을 인지하게 하는 매개이지만, 그에게 아버지가 야쿠자이기 때문에 소개해 주지 않았느냐고 그녀가 비난하자 그녀에 대한 감정이 변하며 이제까지 고한수가 자신에게 해준 모든 것들을 떠올리게 된다. 집에 오자마자 그는 선자에게 고한수가 그의 아버지인가를 묻고 이에 대해 진실을 말하는 선자에게 어떻게 자기를 속일 수 있냐고 묻는다. 그는 이 사실에 압도되어 반감을 갖게 되고 그의 생부가 교묘한 사기꾼이고 자신은 더러운 피가 섞여 있다는 자기혐오에 크게 분노하고 그의 가족을 떠나게 된다. 조선인임을 부정하고 단지 자기 자신됨을 원하던 그는 이제 더 이상 자신이 위장해오던 생존전략이 가능하지 않음을 깨닫게 된다.

따라서 가족을 떠나 나가노로 이주하여 새로운 삶을 시작하는 노아는 이름도 반 노부오로 개명하고 일본인으로 행세한다. 그는 일본인이 운영하는 파친코에 경리로 취직하여 리사라는 일본여성과 결혼하여 한 가정을 꾸리며 산다. 그러나 이곳에까지 고한수의 손길이 미쳐 그를 찾아내어 선자와 함께 만나러 오자, 노아는 자살로 생을 마감한다. 그는 16년째 일본인으로 행세하던 자신을 찾아온 어머니와 만난 후 이제 더 이상 자신의 정체성을 숨길 수도 일본인으로 살아갈 수도 없는 상황에 직면하여 자살을 선택한 것이다. 그의 자살은 일본사회의 배타적 인종차별의 시스템에서 불안하게 유지되던 자신의 정체성 폭로가 가져올 수치와 그것이 가져올 압박에서 기인한 것이다.

모자수는 노아와 대조적으로 자신의 조선인 정체성을 인정하고, 일본사회에서 어떻게 살아갈 것인가를 일찍부터 체득한 인물로 나온다. 형과 다르게 공부는 멀리하고 학교에서는 나쁜 조선인의 이미지를 고수하며 다른 아이들을 두들겨 팬다. 그는 파친코를 인생의 돌파구로 보고 그곳에 자신의 운명을 맡긴다. 그는 조선인 고로가 운영하는 파친코에서 일을 시작하여 더 많은 운영장에서 관리직으로 인정받게 되고 나중에는 자신의 파친코 장을 소유한 사업가가 된다. 파친코는 많은 재일조선인이 택한 사업으로 일본 사회의 주변인으로서 주류사회로 진입하기 어려운 장벽과 맞서 싸우기보다 쉽게 선택할 수 있는 것 중의 하나이다. 이 소설의 제목이기도 한 파친코는 재일조선인의 운명을 상징적으로 보여준다. 파친코는 돈을 걸고 자신의 행운을 시험하는 도박의 일종인 게임이다. 노아와 같이 좋은 대학 교육을 받는다 해도 주류사회로 진입하는 데 어려움이 많았던 재일조선인들이 택할 수 있는 사업이었는데, 소설에 나오는 것처럼 야쿠자나 불법적인 일과 관련되는 경우가 있다.

소설에서 조선인들이 택할 수 있는 자기보존 방식의 하나로 모자수의 아내인 조선인 유미의 경우를 생각해 볼 수 있다. 그녀는 부모님의 신분이 천한 사실도 알고 있고 부모에게 구타당해 집을 뛰쳐나와 추운 겨울에 밖에서 자다 동생을 잃은 비운의 여성이다. 옷 만드는 가게에서 일하던 중 모자수를 만나 결혼하게 되어 솔로몬을 낳은 여성이다. 그녀의 꿈은 차별이 심한 일본을 떠나 미국으로 이주하는 것이다. 노아 형이 그곳으로 갔을까 상상해보는 모자수도 미국은 "일본에 사는 많은 조선인들이 생각하는 그 마법같은 나라"(342)라고 생각한다. 그러나 유미의 꿈은 이뤄지지 않고 교통사고로 죽는데, 남겨진 솔로몬이 장례식에서 "엄마는 캘리포니아에 계세요"(347)라고 중얼거리는 것처럼 어린 솔로몬의 의식에서도 항상 미국을 입버릇처럼 이야기하던 엄마가 갈 곳은 미국으로 생각되는 것이다.

실제로 솔로몬은 모자수의 물질적 성공으로 요코하마의 국제학교에 다니는 등 좋은 교육을 받는다. 노아가 와세다대학교에 입학하자 온 가족이 등록금을 위해 희생하고 도왔듯이 교육은 재일조선인들에게 차별과 억압에서 벗어날 수 있는 기회의 하나로 여겨진다. 모자수는 "아들이 국제적인 인재가 되기를 바랐다."(409) 이는 모자수의 내면 의식에 솔로몬은 미국에서 공부하여 자신과는 다른 더 좋은 기회를 얻게 하고자 하는 욕망이 있었음을 보여준다. 그러나 솔로몬은 일본의 재일조선인에 대한 차별이 얼마나 배타적이고 부당했나를 몸소 체험하는 인물로 그려진다. 요코하마에서 국제학교에 다니고 있던 14살이 되던 해에 솔로몬은 재일조선인들이 반드시 거쳐야 하는 지문날인 외국인 등록증을 발급받는 사건을 경험한다. 이는 일본인과 재일조선인을 구별 짓기 위한 법적조치로 일본에서 태어나 자란 조선인이라도 14살이 되면 지문날인 등록을 해야 하고 3년마다 갱신해야 하며, 외국에 나갔다 재입국할 때는 반드시 재입국허가증을 받아야 한다는 것을 말한다.

미국에서 대학교를 졸업하고 영국계 은행에 취업하여 도쿄에 결혼할 한국계 미국인인 피비(Phoebe)와 일본으로 돌아온 솔로몬은 여전히 현지인이면서 외국인으로 취급받고 그의 조선인 신분을 이용당하는 처지에 이른다. 피비는 일본이 아직도 일본에서 4대째 사는 조선인들의 국적을 왜 구분하려 드는지 이해하지 못하며 분노한다. 당시 재일조선인들은 북한과 남한중에서 한쪽을 선택해야 하는 경우가 잦았고, 그 선택으로 그들의 거주자 신분도 달라진다. 좋은 교육과 사회적 지위로 이제는 다르게 취급받을 것으로 생각했던 솔로몬은 그러나 은행의 투자기회에 걸림돌이 되는 조선인 소유의 건물을 협상하여 사들이는 임무를 부여받고, 모자수와 고로사장의 도움으로 해결하였으나 회사에서 해고된다. 자신이 조선족과의 관계와 문제를 해결하는데 적격자로서 철저히 이용만 당했음을 깨닫고는 그는 이 분야에서 일하는 것을 포기한다. 그는 원하면 피비와 결혼하여 미국에서 살 수도 있지만, 그녀와의 결혼도 포기하고 아버지 곁에 남아 파친코 사업을 거드는 일을 할 결심을 한다.

소설의 제목인 파친코는 일본에서 부정적인 이미지를 자아내며 부정직한 것으로 인식된다. 그러나 이러한 평판이 안 좋은 장소이지만, 노아와 모자수와 솔로몬이 경제적 기회, 부, 지위를 찾을 수 있는 장소이기도 하다. 이 점에서 이 장소는 재일조선인의 정체성과 매우 가깝게 관련을 맺고 있는 곳이기도 하다. 파친코 게임은 매니저가 매일 다른 결과를 내도록 구슬의 무게와 핀의 방향 등을 조절하고 조정함으로써 그 예측이 불가능하도록 준비된다. 이점에서 파친코 게임은 소설에 등장하는 많은 재일조선인의 삶이 운명적으로 얽히고 전개되는 여러 방식을 상징한다. 손영희는 "이민진은 파친코를 슬픔과 상실의 공간으로 그려내지 않고 비결정적인 삶에 자신을 내던지는 능동적인 삶의 태도를 예시하는 자이니치의 삶의 터전으로 묘사한다."(81)고 지적한다. 이들은 자신의 운명이 다른 힘의 조정이나 우연에 내맡겨진 상황에서도 과감히 맞서는 자기방식의 생존을 추구하는 것이다.

3. 나가며

이 소설에서 재일조선인들의 이주와 디아스포라의 삶의 투쟁과 생존의 방식을 살펴보았다. 이들의 유랑과 이산의 근본적인 발단은 일본 제국주의의 전쟁과 식민주의에서 시작된다. 백이삭은 형 요셉의 요청으로 일본에 갈 계획이었고, 그와 결혼하게 된 선자는 어머니와 고향을 떠나 오사카로 이주하게 된다. 식민지를 떠나 타국에 정착하게 된 이들의 삶은 이후 한국전쟁으로 인해 돌아갈 수도 없는 처지에 놓인다. 이들이 처음부터 일본에 계속 남아 살려는 계획은 없었음을 알 수 있는데, 선자는 계속해서 고향을 그리워하며 고국에 돌아갈 날을 기다린다. 이처럼 나라를 잃고 전쟁으로 인해 고향을 떠나 타향살이를 하는 선자의 가족은 모든 것이 낯설고 이질적인 타국에서 차별과 멸시를 받으며 생존하기 위해 끊임없이 밤낮으로 일해야 하는 상황에 부닥친다. 이런 상황은 영도에서의 삶과 비교하면 경제적인 어려움뿐만 아니라 일본 사회에 속하지 못하고 다양한 제도적 억압과 폭력에 시달려야 하는 고통스러운 삶이다. 고향 영도에서 어머니와 하숙집을 꾸리며 살 때는 하숙인들뿐만 아니라 이웃과도 따뜻한 인정과 인간적인 이해와 관심을 나누던 시절이었는데, 이곳에서는 폭력적 차별과 억압으로 생존이 위태롭기도 하고 심신이 녹초가 되어 일해야만 한다. 그러나 이들이 이런 상황을 헤쳐 나가고 버티는 힘은 가족간의 연대와 사랑을 통해서이다.

이런 연대와 사랑의 모범을 보여주는 인물이 바로 선자와 경희이다. 이 두 사람은 서로 피를 나눈 가족은 아니지만, 남편을 따라 일본에서 새로운 가족을 이루며 인내와 사랑으로 무너져가는 가문이 회생하도록 기둥이 되어 일으켜 세운 인물이다. 이들은 삶의 희망과 안정을 희구하며 끈기와 투지로 어려움을 극복하고 주체적으로 삶을 추구했던 인물이다. 선자는 소설의 마지막에 이삭의 무덤에 들러 인사하고 경희의 집으로 향한다. 아들과 손자가 머무는 요코하마가 아니라 경희에게로 가는 마지막 장면은 과연 이 둘의 끈끈한 자매애를 상징적으로 보여준다. 아울러 피를 통한 가족의 유산의 계승이 아니라, 두 여성이 함께 여생을 보내게 되는 것처럼 이들의 사랑과 이해는 피가 섞이지 않은 관계에서도 가능함을 보여준다.

참고문헌

손영희, 「디아스포라의 문학의 경계 넘기: 이민진의 『파친코』에 나타난 경계인의 실존 양상」, 『영어영문학』 25(3), 미래영어영문학회, 2020.

이민진, 이미정 역, 『파친코』 1,2. 문학사상, 2021.

영화 〈리칭 포 더 문〉에 나타난 엘리자베스 비숍의 해양성과 도시생태학적 비전*

심진호

1. 서론

20세기 미국의 여성 시인 엘리자베스 비숍(Elizabeth Bishop, 1911~1979)은 당대 여성 시인들 중 일평생 노마드(Nomad)로서 유랑적인 삶을 살았다. 비숍은 새로운 세계로 끊임없이 이동하면서 정형화된 패러다임에 안주하기를 거부함으로써 낯선 장소에서 '타자들'과 접촉과 교감을 통해 체득한 새로운 시각을 시로 승화시키고자 했다. 비숍은 일평생 끊임없이 초국가적인 이동을 통해 타문화와 직접적인 접촉과 교감을 이룸으로써 백인중심주의의 편협한 시각에서 탈피하여 타문화, 타인종에 대한 더욱 열린 시각을 지니고 경계와 단절을 허무는 글쓰기를 실천하였다. 특히 비숍은 1951년부터 약 20년 동안 브라질에서 장기 체류하며 단순히 여행객의 시각에서 탈피한 새로운 시각을 지니고 서구 남성주심주의의 이분법적 사유에 저항하면서 끊임없이 낡은 고정관념을 뛰어넘는 탈영토화를 추구해

* 본고의 초고는 2023년 4월 12일에 개최된 한국해양대학교 국제해양문제연구소 콜로키엄에서 발표되었음을 밝힙니다. 콜로키엄에 참석하여 발표를 경청해 주신 여러 참석자와 토론을 맡아 비판과 조언을 건네주신 선생님들께 감사드립니다.

나갔다.

그림 1

비숍이 1951년부터 브라질에 장기간 거주하게 된 계기는 남미(South America)로의 여행 중 첫 방문지였던 브라질에서 운명적으로 로타 소아레스(Lota de Macedo Soares, 1910~1967)라는 여성 건축가를 만나 사랑에 빠지게 된 것에서 연유한다. 동성 연인 소아레스와 각별한 애정을 바탕으로 비숍은 주변부 '타자'들과의 접촉과 교감을 가속화함으로써 북미에서는 지닐 수 없었던 새로운 시각을 확장해 나간다. 비숍과 소아레스 사이의 동성애적 사랑과 낯선 브라질 문화를 체득해 나가는 시인의 문화변용(acculturation) 과정은 2013년에 상영된 영화 <리칭 포 더 문(*Reaching for the Moon*)>(그림 1)[1]에서 흥미진진하게 묘사되어 있다. 이런 맥락에서 비숍의 세 번째 시집 『여행에 관한 질문들(*Questions of Travel*)』에는 그녀의 이전 시들에서는 찾기 어려운 타문화와의 소통과 교감에서 체득한 상상력이 시인이 간파한 브라질 내부 사회에 대한 비판 의식과 긴밀하게 맞물려 재현되고 있다.

소아레스와 육체적, 정신적 사랑을 불태웠던 리우데자네이루(Rio de Janeiro) 근교 페트로폴리스(Petropolis)의 사맘바이아(Samambaia)에 위치한 별장은 비숍이 일평생 꿈꾸었던 "원초적 꿈의 집(proto-dream house)"(*CP 179*)[2]이었다. 사맘바이아에서 비숍은 정서적 안정감과 더불

---

1) Barretto, Bruno, *Reaching for the Moon (Flores Raras)*, DVD, 2013.

2) 이하 본문에서 『엘리자베스 비숍: 시전집(*Elizabeth Bishop: The Collected Poems,*

어 소아레스와 함께 사랑을 키워나가면서 많은 훌륭한 시를 쓸 수 있었다. 소아레스와의 사랑이 깊어지면서 시인은 낯선 타자들, 즉 브라질 사람과 주변화된 자연 대상과 점점 공감을 이루면서 자신의 이전 작품에서는 찾기 힘든 새로운 통찰을 보여주는 시를 발표한다. 이를테면 사맘바이아의 별장과 주변 환경을 모티프로 삼은 「우기를 위한 노래("Song for the Rainy Season")」라는 시를 대표적인 예로 볼 수 있다. 여기서 시인은 "브로멜리아", "이끼", "좀벌레", "쥐", "나방", "곰팡이" 등 동식물은 물론 미생물까지 망라한 생태계 전체와 친밀한 결연관계를 맺음으로써 "우리"가 사는 집을 어떤 차별도 존재하지 않고 공생할 수 있는 "열린 집(open house)"(*CP* 101)으로 간주하는 통찰, 즉 생태학적 사유를 드러낸다. 이처럼 비숍이 시적 상상력을 발휘하여 훌륭한 시를 창작하게 한 영감의 원천은 주변부 '타자들'에 대한 남다른 애정이다.

낯선 브라질의 고유한 문화와 언어를 배우고 적응하는 비숍의 문화변용 과정과 동성애적 사랑에 토대를 둔 새롭고 독창적인 글쓰기 작업은 브라질 출신의 브루노 바레토(Bruno Barretto) 감독이 연출한 영화 〈리칭 포 더 문〉에서 흥미진진하게 묘사되어 있다. 〈리칭 포 더 문〉은 브라질 작가 카르멘 올리비에라(Carmen L. Oliveira)가 1995년에 발표한 논픽션 『희귀하고 평범한 꽃들(*Rare and Commonplace Flowers*)』(그림 2)[3]에 토대를 둔 비숍의 전기 영화이다. 특히 〈리칭 포 더 문〉에서 재현되는 "사랑했던 두 도시(two cities, lovely ones)"(*CP* 178)의 메타포가 되는 사맘바이아와 리우데자네이루에서의 거주지는 시인의 적나라한 동성애와

1927-1979)』은 *CP*로 약칭하고 괄호 속에 면수를 표시함.

3) Oliveira, Caremen L., *Rare and Commonplace Flowers: The Story of Elizabeth Bishop and Lota de Macedo Soares*, New Brunswic: Rutgers University Press, 2002. 〈www.amazon.com/Rare-Commonplace-Flowers-Elizabeth-Bishop-ebook/dp/B000RY51MQ?ref_=ast_author_mpb〉

백인-남성중심주의의 이분법을 해체하는 시인의 새로운 상상력을 잉태하게 한 장소로 부각된다.

그림 2

본고는 영화 <리칭 포 더 문>과 『여행에 관한 질문들』의 「브라질 시편("Brazil")」에 수록된 시들을 중심으로 초국가적이며 낯선 브라질 문화를 체득해 나가는 비숍의 문화변용 과정이 그녀의 남다른 해양적 감수성과 맞물려 풍요로운 해양 풍경으로 형상화되고 있음을 살펴보고자 한다. 나아가 브라질에서의 문화변용 과정을 통해 체화된 비숍의 시각에서 연유한 시와 산문을 밀도 있게 분석함으로써 비숍의 도시생태학적 상상력이 리우데자네이루와 같은 대도시의 슬럼화 문제를 해결하는 데 단초가 되고 있음을 심도 있게 조명할 것이다.

2. 비숍 시에 나타난 핵심 이미지로서 해양성

영화 <리칭 포 더 문>의 오프닝은 1951년 가을 뉴욕 센트럴 파크(Central Park)에서 비숍은 동료시인이자 멘토로 활동한 로웰과의 대화로 시작된다. 카메라는 센트럴 파크의 인공 연못 옆의 벤치에서 비숍이 로웰에게 자신의 시를 읊으며 시 창작에 어려움을 호소하는 장면을 담아낸다. 여기서 비숍은 로웰에게 조언을 구하는데, 이 시가 바로 영화의 주제를 관통하는 그녀의 대표시 「하나의 예술("One Art")」이다.

상실의 기술을 숙달하기는 어렵지 않다.
많은 것들은 잃을 요량으로 채워져 있는 것 같기에
상실은 재앙이 아니다.

매일 무언가를 잃어버려라. 방문 열쇠를 잃어버렸거나
시간을 허무하게 써 버린 낭패를 받아들여라.
잃어버리는 기술을 통달하기란 어렵지 않다.

The art of losing isn't hard to master;
so many things seem filled with the intent
to be lost that their loss is no disaster.

Lose something every day. Accept the fluster
of lost door keys, the hour badly spent.
The art of losing isn't hard to master. (*CP* 178)

원래 「하나의 예술」은 전체 6연 19행으로 구성된 작품이지만, 비숍은 단지 두 구절(two verses)만을 낭송한다. 시를 듣고 난 직후 로웰은 "단지 두 구절인가? 좀 불안한 느낌이군, 엘리자베스. 관찰한 걸 그대로 옮겨놓은. 막 흥미로워질 때 끝나버리는 것 같아. 미안해"라고 말하며 그녀의 시에 비판적인 논평을 가한다. 이에 비숍은 "전 지쳤어요. 여행을 다녀올 거에요 . . . 여기선 진전이 없어요"라고 대답하며 새로운 장소에서 새로운 경험을 통해 미완성의 시를 더욱 깊이 있고 탁월한 작품으로 완성하려는 의지를 드러낸다. 이렇게 비숍은 남미로 여행을 떠나는데, 이때가 바로 그녀의 나이 40세가 되던 1951년 11월이었다.

이어지는 장면은 보름달이 비치는 밤바다를 배경으로 여객선을 타고 여행 중인 비숍의 모습을 담아낸다. 비숍은 남미로의 여행을 계획했고 첫 목적지는 브라질의 리우데자네이루였다. 무엇보다 영화의 오프닝에는 비숍의 시에서 넘쳐나는 핵심 이미지인 해양성을 암시적으로 보여준다. 비숍이 「하나의 예술」을 낭송하는 장면에서도 카메라는 인공 연못 위를 가로지르는 모형 여객선을 포착한다. 이 모형 여객선은 실제로 1951년 11월 비숍이 세계 일주를 꿈꾸며 뉴욕항에서 탑승한 노르웨이 화물선 보플레이트(SS Bowplate)를 은유적으로 형상화한 것이다. 뒤이어 카메라는 비숍이 리우데자네이루로 향하는 화물선의 갑판에 서서 밤바다와 달을 응시하면서 다가올 새로운 모험에 대해 생각하는 모습을 담아낸다.

〈리칭 포 더 문〉의 오프닝 시퀀스에서 뚜렷이 볼 수 있는 것처럼 비숍의 시에는 배, 바다, 해안, 항구 등을 망라한 다채로운 해양성이 두드러지게 나타난다. 이것은 시집 『여행에 관한 질문들』에 수록된 「브라질 시편」에서 구체적으로 살펴볼 수 있다. 「브라질 시편」에 등장하는 첫 번째 시 「산투스에 도착("Arrival at Santos")」은 그 대표적 예다. 이 시의 서두에서 시적 화자는 산투스 항구에서 마주한 이국적 경관을 묘사하지만 대상들과 혼연일체가 되지 못한 채 '완전한 몰입(total immersion)'(*CP* 65)에 이르지 못한 한계를 보인다.

> 여기가 해안이다. 여기가 항구이다.
> 지평선을 불충분하게 맛본 후에, 여기 약간의 풍경이 있다.
> 비실용적인 형상의—누가 알까?—자기 연민에 빠져 있는 산들
> 경박한 푸른 나무들 아래 슬프고 가혹한 모습이다.

> Here is a coast; here is a harbor;
> here, after a meager diet of horizon, is some scenery;
> impractically shaped and—who knows?—self-pitying mountains,
> sad and harsh beneath their frivolous greenery. (*CP* 89)

"경박한 푸른 나무들", "슬프고 가혹한 모습" 등의 부정적인 뉘앙스를 풍기는 표현에서 알 수 있듯이 산투스 항구와 주변의 이국적 경관은 화자의 상상력을 자극하여 공감을 끌어내지 못한다. 오랜 항해 끝에 육지에 도착했음에도 불구하고 화자의 눈이 포착한 "비실용적인 형상의 산들"에서 단적으로 드러나듯이 스쳐 지나가는 관광객의 시선에 불과하다. 낯선 산투스항의 풍경은 화자에게 그로테스크한 느낌을 불러일으키며 "자기 연민에 빠져 있는 산들"처럼 불편하게 다가오고 있다. 하지만 진정한 브라질 문화와의 접촉과 이해를 통해 새로운 시각을 얻기 위해서 시인은 단순한 관광객의 시선에서 벗어나야 한다고 인식함으로써 "우리는 내면으로 질주한다(We are driving to the interior)"(*CP* 90)라는 통찰에 이른다.

「산투스에 도착」에서 볼 수 있는 것처럼 『여행에 관한 질문들』에 수록된 시들은 브라질의 이국적인 풍경과 더불어 다채로운 해양성이 넘쳐난다. 『여행에 관한 질문들』에 수록된 표제시 「여행에 관한 질문들("Questions of Travel")」은 그 대표적 예라 할 수 있다. 「여행에 관한 질문들」에서 시인은 서두에서부터 "바다", "배", "따개비" 등의 시어를 사용하여 브라질의 이국적 풍경을 해양성과 연계시키고 있다.

> 너무 많은 폭포가 여기에 있다. 붐비는 개울들이
> 지나치게 서둘러 바다로 내닫고,
> 그리고 산꼭대기에 많은 구름들이 그것들을 짓눌러
> 부드럽고 느린 움직임으로 산비탈에 넘치게 하여
> 바로 우리 눈앞에서 폭포로 바뀐다. . . .
>
> 그러나 개울들과 구름이 여행하고 또 여행한다면,
> 산들은 전복된 배 모양으로
> 점액을 늘어뜨리고 따개비를 달고 있다.

There are too many waterfalls here; the crowded streams
hurry too rapidly down to the sea,
and the pressure of so many clouds on the mountaintops
makes them spill over the sides in soft slow-motion,
turning to waterfalls under our very eyes. . . .

But if the stream sand clouds keep traveling, traveling,
the mountains look like the hulls of capsized ships,
slime-hung and barnacled. (*CP* 93)

시인은 지나치게 서두르며 "바다"로 내닫고 있는 "많은 폭포"와 "붐비는 개울들"과 산꼭대기의 "많은 구름들"을 "폭포"로 변화시키는 자연의 마법적인 힘에 경외심을 느끼고 있다. 이처럼 낯설고 이국적인 브라질의 자연경관 중에서 비숍을 매료시킨 것은 "바다"로 향하는 "폭포", "개울", "구름"과 더불어 "전복된 배 모양의 산들", "따개비를 달고 있는 산들" 등 북미에서는 볼 수 없었던 다채로운 해양적 상상력을 불러일으키는 자연환경이다.

3. 『여행에 관한 질문』과 소아레스와의 동성애적 사랑

비숍은 불과 6살이 되기 전에 고향인 부모님과 이별하고 캐나다 동북부의 노바스코샤(Nova Scotia)의 해안 마을인 그레이트 빌리지(Great Village)의 외갓집에서 어린 시절을 보내야만 했다. 비숍은 어린 시절부터 만(灣)에 접한 외가댁에서 지내게 됨으로써 바다와 해양 풍경을 접하며 풍요로운 상상력을 키워나간다. 이후 비숍은 뉴욕주에 있는 바사 대학(Vassar

College)에 진학하면서 레즈비언이라는 성 정체성을 지니고 시작(poetry writing) 활동을 해나갔다. 레즈비언 시인으로서 비숍의 삶과 상상력에 중요한 영향을 미친 동성 연인들 중에서 가장 오랜 기간 긴밀한 교류를 했던 인물은 브라질 출신의 건축가 로타 소아레스였다. 비숍은 1951년 12월 리우데자네이루에 도착하여 바사 대학 시절의 친구인 매리(Mary Morse)를 만난다. 이때 비숍은 매리의 동성 연인이었던 소아레스와 우연히 알게 되었고(그림 3)[4] 그녀와 급격하게 사랑에 빠지게 된다. 소아레스와의 운명적인 만남과 사랑으로 인해 비숍은 브라질에서 처음으로 그렇게 염원했던 진정한 자신만의 집을 가지게 된다. 〈리칭 포 더 문〉에는 비숍과 소아레스가 서로 격렬한 육체적 사랑을 나눈 후에 소아레스가 사맘바이아의 전망 좋은 곳에 비숍을 위한 특별한 공간인 단독 스튜디오를 만들어주는 장면이 자세히 묘사되어 있다.

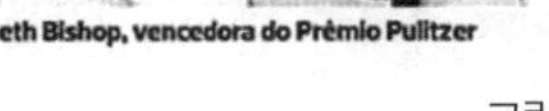
Elizabeth Bishop, vencedora do Prêmio Pulitzer

Lota Soares, Idealizadora do Aterro do Flamengo

그림 3

4) The Real Photograph of Elizabeth Bishop and Lota Soares. *As Mina na História.*, 2016. <https://pt-br.facebook.com/asminasnahistoria/posts/maria-carlota-costallat-de-macedo-soares-paris-16-de-mar%C3%A7o-de-1910-nova-york-25-/1074854405933122/>

생애 처음으로 '진정한 집'을 가지게 된 시인은 시적 상상력을 극대화함으로써 북미에서는 쓸 수 없었던 동성애와 상실을 모티프로 한 시를 드디어 쓸 수 있게 된다. 1952년 10월 사맘바이아의 별장 높은 곳에 위치한 자신의 스튜디오가 완공되었을 때 비숍은 너무나 감격하여 친구인 카진(Pearl Kazin)에게 쓴 편지에서 "그 스튜디오가 막 지어졌고 나는 너무나 압도되어 그것에 대한 꿈을 매일 저녁 꿔. . . . 나는 틀림없이 몇 주 동안 기쁨으로 울면서 앉아서 시를 한 줄도 쓰지 못할 거야"(*OA* 251)[5]라고 말하며 흥분을 감추지 않았다.

〈리칭 포 더 문〉에서는 퓰리처상을 수상한 여성시인이라는 비숍의 공적인 삶 뒤에 가려진 비숍과 소아레스의 동성애적 사랑을 밀도 있게 담아낸다. 사맘바이아에 있는 자신만의 스튜디오에서 비숍은 본격적으로 시 창작에 매진하게 됨으로써 많은 훌륭한 시를 창작할 수 있게 되었다. 그리고 그 결과물은 비숍이 1955년에 처음으로 발표한 두 시집인 『북과 남(*North & South*)』과 『차가운 봄(*A Cold Spring*)』의 출판으로 성취되었다. 비숍은 이 두 권의 시집으로 1956년에 퓰리처상을 수상함으로써 미국 문학사에서 20세기 미국을 대표하는 시인이라는 위상을 얻게 되었다. 더욱이 브라질에서 체류한 이래 15년이 지나서 발표한 세 번째 시집 『여행에 관한 질문들』에는 비숍의 이전 시들에서는 쉽게 찾을 수 없는 초국가적이며 낯선 브라질 문화를 체득해 나가는 시인의 문화변용 과정이 두드러지게 나타난다.

사맘바이아에서 자신만의 스튜디오를 가지게 된 비숍은 북미에서는 체험할 수 없었던 타문화와 타인종에 대한 이해와 열린 시각을 지니고 더욱 깊숙이 브라질 내부로 파고든다. 〈리칭 포 더 문〉의 중반부에 사랑에 빠

---

5) 이하 본문에서 『하나의 예술: 편지들(*One Art: Letters*)』은 *OA*로 약칭하고 괄호 속에 면수를 표시함.

진 소아레스는 자신의 차로 비숍을 데리고 다니며 값비싼 옷을 선물하고 코파카바나(Copacabana) 해변이 내려다보이는 리우데자네이루 레미(Leme) 지역에 있는 자신이 소유한 고급 아파트로 데려가서 구경시켜준다. 사맘바이아의 별장은 물론 리우데자네이루의 아파트에서도 거주하게 된 비숍은 더할 나위 없이 행복에 겨워 잠재된 시적 상상력을 극대화하게 된다. 이렇게 사맘바이아와 리우데자네이루는 비숍에게 "사랑했던 두 도시"라는 메타포가 되었다.

소아레스와 함께 한 행복의 보금자리에서 비숍은 시적 상상력을 발휘하여 더욱 새롭고 참신한 시를 쓸 수 있게 되었다. 바레토 감독은 사맘바이아의 스튜디오에서 타자기를 앞에 두고 본격적으로 시를 창작하는 비숍의 모습을 풀 쇼트, 버스트 쇼트 및 클로즈업을 통해 자세히 담아낸다. 이 장면에서 시인의 목소리로 낭송되는 시는 「불면증("Insomnia")」과 「생선 창고에서("At the Fishhouses")」이다. 시 낭송이 끝난 직후 비숍은 자신의 시를 여러 번 다듬고 수정하는 고된 작업 후에 마침내 타자기로 마무리한다. 이렇게 엄청난 노력과 에너지를 들여 완성된 자신의 시들을 수록한 시집의 제목이 다름 아닌 시인의 첫 번째와 두 번째 시집인 『북과 남』과 『차가운 봄』이라는 사실을 바레토 감독은 사실적으로 담아내고 있다. 이후 카메라는 소아레스의 동료 정치인 카를로스 라세르다(Carlos Lacerda)가 1960년에 구아나바라 주지사(Guanabara)로 임명되는 장면과 더불어 소아레스가 라세르다의 동의를 얻어 리우데자네이루 해변의 공터에 센트럴 파크(Central Park)에 비견되는 거대한 플라멩고 공원(Aterro do Flamengo) 설립을 위해 헌신하는 모습을 담아낸다.

소아레스와의 사랑을 통해 점점 더 깊이 브라질 내부로 질주하게 됨으로써 비숍은 북미에서는 감추어왔던 레즈비언으로서의 자신의 성적 정체성과 더불어 낯선 타자들, 즉 브라질 사람과 주변화된 자연 대상과 점점 공감을 이룸으로써 이전 작품에서는 찾기 힘든 새로운 통찰을 드러내는데, 이것은 그녀의 시에 충만한 생태학적 사유와 상통한다. 대개 비숍의 시에서 동성애라는 주제는 전도, 역전, 치환의 이미지들을 통해 감추어지거나 간접적으로 암시된다. 1955년에 발표한 「샴푸(“The Shampoo”)」라는 시는 그 대표적 예다.

『차가운 봄』에 수록된 마지막 시 「샴푸」에서 비숍은 소아레스와의 동성애적 사랑을 에둘러 표현한다. 중요한 점은 『차가운 봄』에 뒤이어 출간한 시집 『여행에 관한 질문들』은 소아레스에게 헌정되었다는 사실이다. 1952년 9월 16일 비숍이 자신의 주치의 보먼(Dr. Anny Baumann)에게 쓴 편지에 따르면 자신의 잦은 음주 문제로 인해 어려움에 처한 일상 활동의 급격한 호전은 소아레스의 친절함 때문이라고 밝힌다. 〈리칭 포 더 문〉에서 「샴푸」는 비숍이 소아레스의 머리를 감겨주는 장면에서 나온다. 「샴푸」는 소아레스에 대한 비숍의 남다른 애정을 자신의 두드러진 시적 특징인 “에두르고 간접적인 접근방식(the oblique, the indirect approach)” (*CP* 140)으로 절묘하게 형상화한 시로 감각적인 느낌을 물씬 풍기고 있다.

바위 위의 고요한 폭발,
이끼는 회색빛, 동심원을 펼치면서
충격으로 자란다. . . .

그대의 검은 머리칼에 밝은
형태로 떨어지는 별똥별은
어디로 몰려가는가,
그렇게 똑바로, 그렇게 일찍?
—오라, 달처럼 오그라지고 반짝거리는,
이 큰 양철 대야에 머리를 감겨 줄게.

The still explosions on the rocks,
the lichens, grow
by spreading, gray, concentric shocks. . . .

The shooting stars in your black hair
in bright formation
are flocking where,
so straight, so soon?
—Come, let me wash it in this big tin basin,
battered and shiny like the moon. (*CP* 84)

"바위 위의 고요한 폭발"이란 구절은 소아레스를 향한 애정의 폭발성을 함축적으로 보여주는 표현이다. <리칭 포 더 문>에서도 이 장면은 버스트 쇼트와 클로즈업을 통해 매우 감각적으로 형상화되고 있다. 특히 거품이 묻어있는 소아레스의 흑발을 자신의 양손으로 부드럽게 어루만지는 순간에 시적 영감을 얻게 된 시인이 「샴푸」의 시구를 읊는 모습은 매우 육감적이고 관능적이다.

시인은 "브라질이라는 신세계에 불을 붙인 불꽃"(Hicok 18)이라는 메타포가 된 소아레스와 자신의 긴밀한 관계를 "우리"라는 대명사로 표현한다. "하늘은 오래도록 우리를 / 보살필 것이기에, / 친애하는 친구, 그대는 / 급작스럽고, 실용적이다(And since the heavens will attend / as long on us, / you've been, dear friend, / precipitate and pragmatical)"(*CP* 84). 이런 점에서 「샴푸」는 브라질에 오기 직전까지 발표한 초기 시들과 확연히 구별된다. 1951년 6월 발표한 초기 시 「불면증("Insomnia")」은 그 대표적 예다. 말하자면 "「불면증」에서 '당신(you)'과 '나(I)' 대신에 여기서는 1인칭 복수 대명사인 '우리(we)'를 사용"(김양순 677)함으로써 동성애적 사랑의 행위를 스스럼없이 드러내는 것은 이런 맥락에서 이해될 수 있다. 이렇듯 「샴푸」는 연인 소아레스를 만나기 전까지 백인 여성이라는 고정된 자의식을 지닌 시인의 초기 시들과 선명한 차별성을 보여준다.

4. 리우데자네이루와 비숍의 도시생태학적 비전

<리칭 포 더 문>의 중반부는 소아레스의 비즈니스로 인해 비숍이 리우데자네이루를 자주 방문하게 되면서 더욱 깊이 브라질 내부를 탐색하는 장면을 담아낸다. 시인은 레미 지역의 아파트에서 지내면서 사맘바이아에서는 체험할 수 없었던 대도시의 다양한 계층의 사람들과 소통하고 사회 문제를 직접적으로 마주함으로써 브라질 내부로 침잠해 들어간다. 특히 시인이 1966년 한 인터뷰에서 언급하고 있듯이 브라질 사람들과 문화를 접촉하고 이해해 나감에 따라서 자신의 고착된 패러다임을 바꾸어 놓았다는 사실은 중요하다. "대부분의 뉴욕 지성인들이 '후진국들'에 대해 갖는 견해는 부분적으로 틀렸습니다. 그리고 완전히 다른 문화를 지닌 사람들 속에서 살아가는 것은 나의 오랜 정형화된 아이디어를 많이 바꾸어 놓았습니다"(Brown 19). 말하자면 자신이 "오랜 정형화된 아이디어"에서 탈피하여 지속적으로 새로운 정체성을 확장해 나갈 수 있었던 동인은 "후진국들"로 은유되는 타자들, 즉 브라질 사람들과의 접촉과 교감 때문임을 비숍은 역설하고 있는 것이다. 나아가 시인은 『뉴욕타임즈(*New York Times*)』의 의뢰로 쓴 「기쁨이라는 철로 위에서("On the Railroad Named Delight")」라는 에세이에서도 리우에서의 타문화, 타인종에 대한 접촉과 이해를 통해 자신의 편협한 시각, 즉 "오랜 정형화된 아이디어"를 허물어 나갔음을 밝힌다. 그래서 시인은 리우의 '삼바(samba)'에 관한 작품들을 영어로 번

역함으로써 고유한 브라질 문화에 대한 남다른 애착을 드러낸다. 나아가 비숍이 "얼마나 아름다운 도시인가! 아니다, 리우는 아름다운 도시가 아니다. 리우는 세계에서 도시를 위한 가장 아름다운 환경일 따름이다"(*PPL* 439)[6]라고 언급하며 리우에 대한 양가적인 감정을 드러내고 있다는 사실은 중요하다. 비숍의 모순적 언급은 리우가 아름다운 해변, 바다, 산을 지니지만 브라질에서 가장 많은 수의 슬럼가인 파벨라(favelas)에 수많은 가난한 사람들과 소외계층이 밀집해서 살아가며 사회적 불평등이 만연한 도시라는 것을 간파한 예리한 통찰이 아닐 수 없다.

파벨라와 관련해 미국의 도시계획가 재니스 펄만(Janice E. Perlman)은 '파벨라'라는 이름에 담긴 의미를 다음과 같이 정의한다. "'파벨라'라는 단어는 매우 부정적인 의미를 지니고 있어서 현재 대부분의 사람들은 모후(morro, 언덕), 꼬무니다지 뽀뿔라르(communidade popular, 사람이 많은 동네), 또는 그냥 꼬무니다지(communidad, 동네)라고 부른다. 파벨라 주민을 가리키는 파벨라두(favelado)라는 단어는 경멸적이고 모욕적으로 여겨진다. 파벨라 및 파벨라 거주자에 대한 정의는 아직 논의할 부분이 많다. 웹스터 사전에서는 '파벨라'를 '브라질 도시 외곽에 위치한 날림으로 지은 판자촌'이라고 표현하고 있다"(Perlman 27). 펄만은 '파벨라'에 대한 기존의 정의가 잘못되었음을 지적하면서 '파벨라'라는 단어를 정확하게 정의하기는 어렵지만 문화적으로 파벨라는 현재까지도 '배제의 공간'이라는 오명을 지니고 있다(Perlman 28)고 주장한다. 이런 점에서 "리우는 아름다운 도시가 아니다"라고 주장한 비숍의 시각에는 선견지명이 있다. 비숍은 1962년 발표한 『브라질(*Brazil*)』이라는 산문에서 수많은 파벨라로 넘쳐나는 리우의 문제점을 날카롭게 간파한다.

---

6) 이하 본문에서 『엘리자베스 비숍: 시, 산문, 그리고 편지들』(*Elizabeth Bishop: Poems, Prose, and Letters*)은 *PPL*로 약칭하고 괄호 속에 면수를 표시함.

> 리우의 지형은 환상적으로 아름답지만 그것은 어떤 종류의 체계적인 도시 계획에 저항한다. 그 도시는 화강암 산봉우리와 가파른 원뿔모양의 언덕들 사이에 있는 손의 손가락들같이 뚫고 들어가 있다. 가난한 사람들은 항상 언덕들(morros)에서 살아가고 있지만 이 언덕들이 파벨라로 불리는 판잣집 집단으로 뒤덮여가고 있는 것은 단지 지난 20년 정도밖에 되지 않았다. 그리고 대부분의 파벨라에는 브라질의 북동쪽에서 온 이주민들이 거주하고 있다. 현재 이 슬럼에는 리우의 3백 3십만 거주민들 중 대략 70만 명이 살고 있다고 추정되는데, 그것 때문에 그 도시의 많은 문제들 중에서 최악의 문제를 만들고 있다. (*Brazil* 55-56)

"어떤 종류의 체계적인 도시 계획에 저항한다"라는 언급에 뒤이어 북동부에서 이주해 온 가난한 사람들이 밀집해 살고 있는 파벨라를 예시함으로써 시인은 리우의 지속가능한 발전을 가로막는 최대 장애물이 다름 아닌 파벨라 때문이라고 본다. 하지만 시인은 이런 리우의 당면한 문제에도 불구하고 리우의 인종적 다양성과 삼바와 같은 고유한 지역 문화가 리우의 열악한 도시 환경을 개선시키는 자양분이 될 것임을 간파한다.

비숍은 북미와 달리 브라질에서는 상류층의 사람들도 "인종적 관대함"을 지니고 있다는 사실에 주목한다. "브라질인은 인종관계에서의 훌륭한 성적에 큰 자부심을 가집니다. 그들의 태도는 상류층 브라질인이 대개 인종적 관대함에 자부심을 가지며, 하류층 브라질인은 그의 인종적 관대함을 인식하지 못하고 있다고 말함으로써 가장 잘 설명될 수 있다"(*Brazil* 114). 나아가 시인은 "가난한 사람들을 위한 살아있는 시"(the living poetry of the poor)로서 "삼바"가 쇠퇴하고 있는 것을 "지역 문화의 죽음"으로 간주한다. 이것은 1962년 로웰에게 쓴 편지에서 뚜렷이 살펴볼 수 있다.

지역 문화의 죽음은 내게 이 세기의 가장 비극적인 일들 중 하나인 것처럼 보입니다. 그리고 그것은 내가 생각하건대 어쨌든 브라질에서는 어디에서나 진실입니다. 강 위에 있는 먼 내륙의 작은 마을들은 진정한 중심지입니다. 말하자면 그 마을들은 음악, 춤, 그리고 언어의 선생님들을 가졌고, 아름다운 가구들을 만들었으며 또한 아름다운 교회들을 지었습니다. 그리고 현재 그 마을들은 모두가 막다른 골목에 도달해 있습니다. 그리고 망가진 트럭들이 분유와 일본 보석류 그리고 『타임』(*Time*)지를 가지고 도착합니다. (*OA* 408)

브라질에서 체험한 "인종적 관대함"과 더불어 "삼바"에 대한 시인의 남다른 애착은 지속가능한 도시 공간의 창조를 위해 도시는 거주자들로 하여금 그들의 삶의 장소와 연계시키는 실천을 펼칠 수 있게 해야 함을 강조한 도시 생태학자들의 견해와 부합된다. 이것은 "장소에 대한 정서적 애착을 고취시키고 인간 공동체와 삶의 장소에 뿌리를 두고 있다는 소속감"(Newman 104)이 도시의 지속가능성을 성취하게 해준다고 역설한 호주의 환경주의자이자 도시계획가인 피터 뉴먼(Peter Newman)의 주장과 상통한다.

리우의 랜드마크이자 동시에 가장 드러내기 꺼려하는 '배제의 공간'으로서 파벨라에 대한 시인의 날카로운 인식은 산문에서뿐만 아니라 시에서도 나타난다. 『여행에 관한 질문들』에 있는 11편의 「브라질 시편」 중 마지막 시 「바빌론의 절도범("The Burglar of Babylon")」은 그 대표적 예로 볼 수 있다. 「바빌론의 절도범」에는 비숍이 리우데자네이루 레미 지역의 아파트에서 거주했을 때 목격한 미쿠수(Micuçú)라는 이름의 탈옥수를 통해 브라질이 당면한 과제인 파벨라와 소외계층의 문제를 날카롭게 보여준다. 비숍의 멘토로 활동했던 미국 시인 메리앤 무어는 「바빌론의 절도범」을 비숍의 시 중에서 "가장 훌륭한 시"(*WIA* 560)[7]로 간주한다. 더욱이 당대의 브라질 시인 안드라데는 이 시를 "리우의 파벨라의 사회적 조건에 대한 가장 감동적인 시"(Neely 211)로 평가하기도 했다.

「바빌론의 절도범」은 소아레스가 소유했던 리우의 아파트 위에 위치한 파벨라 중 하나인 '바빌론의 언덕(Morro da Babilonia)'을 배경으로 미쿠수라는 탈옥수와 그를 추적하는 군인들의 이야기를 소재로 하고 있다. 브라질에서 군사 쿠테타가 일어났던 1964년에 발표된 이 시는 당시 리우의 주지사이자 소아레스와 가까운 친구로 지냈던 정치인 라세르다의 파벨라 철거 및 기존 거주민 이주정책에 대해 상당히 직접적으로 비판하고 있다. "리우의 청결한 초록빛 언덕 위로 / 끔찍한 얼룩이 자란다. / 리우에 왔지만 다시 고향으로 / 돌아갈 수 없는 가난한 사람들.(On the fair green hills of Rio / There grows a fearful stain: / The poor who come to Rio / And can't go home again.)"(*CP* 112)이라는 시구로 시작하는 이 시는 서두에서부터 당대는 물론 오늘날까지도 브라질 사회가 직면한 최대 난제인 "끔찍한 얼룩"을 상징하는 파벨라에 관한 비숍의 예리한 시각을 보여준다.

언덕들 위로 백만 명이 사람들이
  백만 마리의 참새들이 둥지를 튼다
혼란스러운 이주처럼
  불을 켜고 쉬어야 했었던,

그것의 둥지나 집들을 짓고 있다
  무에서 혹은 허공에서
한 번의 입김으로 그것들은 끝장날 수 있을 것이다,

---

7) 이하 본문에서 『대기 중의 말들(*Word in Air*)』은 *WIA*로 약칭하고 괄호 속에 면수를 표시함.

그것들은 너무나 가볍게 그곳에 올라앉아 있다.

On the hills a million people,
A million sparrows, nest,
Like a confused migration
That's had to light and rest,

Building its nests, or houses,
  Out of nothing at all, or air.
You'd think a breath would end them,
  They perch so lightly there. (*CP* 112)

화자는 이곳 파벨라에 사는 가난한 사람들의 사회적 위상을 "참새"나 "이끼"에 비유하며 매우 존재감이 미미한 대상으로 형상화한다. 리우의 "초록빛 언덕" 위에 난잡하고 흉하게 자리 잡은 파벨라를 "끔찍한 얼룩"으로 표상하는 것에서 알 수 있듯이 "목가적인 가치관과 인간의 의지는 약화되어 있으며 사람들은 의식적인 생각이나 목표 없이 본능적으로 행동한다"(Travisano 164). "한 번의 입김으로"도 쉽게 무너질 수 있는 파벨라에 세워진 빼곡한 판잣집의 불안전성은 마치 횟대에 앉아 있는 참새처럼 "너무나 가볍게" 세워져 있다. 비숍은 이런 파벨라의 끔찍한 환경과 쓰러질 듯한 무허가 판잣촌을 접하고 받은 충격을 『브라질』에서 파벨라가 "수돗물이나 하수도도 없이 리우의 호화로운 아파트 건물에서 문자 그대로 아주 가까운 거리에 있다"(*Brazil* 140)라고 고발한다.

「바빌론의 절도범」의 서두에서부터 비숍은 전통 민속 발라드의 관습에 저항함으로써 "이 발라드의 변화하는 시점, 구성 장치 및 감시의 형태가 브라질에 관한 정치적 논의뿐만 아니라 냉전시대의 기록물과 유사하게 만들고”(Hicok 111) 있다. 「바빌론의 절도범」의 첫 번째 연(stanza)에서 다섯 번째 연에 이르기까지 빈곤하고 열악한 환경이 만연한 파벨라의 경관을 묘사한 후에 시인은 “절도범이자 살인자”인 미쿠수의 삶과 행적에 대해 자세히 언급한다. 미쿠수는 현재 두 명의 경찰에게 부상을 입히고 감옥에서 탈출하여 이곳의 파벨라인 ‘바빌론의 언덕’으로 도망쳐서 추적을 받고 있는 상태에 놓여있다. 리우를 배경으로 한 그녀의 시에서 자주 볼 수 있듯이 비숍은 해변을 경계로 평온한 바다와 대도시의 소외계층의 사람들의 모습을 병치하여 극명한 대조를 보여준다.

그의 아래에는 대양이 있다.
　그것은 멀리 하늘 끝까지 뻗어있다.
벽처럼 평평하고 그것 위에는
　화물선이 지나가고 있거나,

혹은 벽을 오르고, 오르고 있다
　각각의 화물선이 하나의 파리처럼 보일 때까지
그런 다음 굴러 떨어지고 사라졌다;
　그리고 그는 자신이 죽게 될 것임을 알았다.

Below him was the ocean.
　It reached far up the sky,
Flat as a wall, and on it
　Were freighters passing by,

Or climbing the wall, and climbing
　Till each looked like a fly,
And then fell over and vanished;

And he knew he was going to die. (*CP* 113-14)

위로부터 바다의 시점으로 포착한 경관 속에서 미쿠수와 그를 추적하는 군인들이 등장하기 전까지 광활한 대양을 느리게 지나가는 "화물선"의 풍경에서처럼 시간은 평온하고 정지되어 있는 것처럼 보인다. 시인은 리우의 항구로 향하는 "화물선"과 "하늘 끝까지 뻗어있는" 대양을 캔버스에 그려진 그림처럼 그려낸다. 화물선이 대양이라는 "벽"을 오르면서 그림 바깥으로 떨어져 사라지는 장면을 마치 "파리"에 비유함으로써 시인은 미쿠수가 결국 죽게 될 운명에 처했음을 은유적으로 표현하고 있다. 이와 관련해 엘리자베스 닐리(Elizabeth Neely)는 "여기서 비숍의 보는 방식은 다르다. 이전의 시에서 시인은 풍경의 프레임 바깥에서 안을 응시했다. 지금 시인은 미쿠스가 그 전경을 취하고 그것의 일부분이 되게 한다"(Neely 217)라며 이 시에서 변화된 시인의 시각에 주목한다.

이어지는 대목에서 시인은 레미 지역의 부유층이 사는 아파트에서 "부자들"이 쌍안경을 통해 미쿠수와 그를 추적하는 군인들의 이벤트를 흥미있게 지켜보고 있는 장면을 형상화한다. 부자들에게는 이런 이벤트가 마치 한 편의 액션 영화를 보듯이 해가 진 이후에도 "밤새도록" 지켜볼 만큼 여유롭다.

아파트에 부자들이
  쌍안경을 통해 지켜보고 있다
해가 지속되는 한
  그리고 별 아래서 밤새도록.

Rich people in apartments
Watched through binoculars

As long as the daylight lasted.
And all night, under the stars, (*CP* 115)

추적의 이벤트를 마치 영화처럼 지켜보는 부자들과 대조적으로 수풀에 몸을 숨기고 있는 미쿠수는 생사의 갈림길에 처해있다. 부자들과 미쿠수의 대조를 통해 시인은 한계 상황에 내몰린 미쿠수의 절박한 처지를 "귀 기울여 소리를 들으며 먼 바다에서 / 등대를 응시하면서(Listening for sounds, and staring / At the lighthouse out at sea.)"(*CP* 115)라고 묘사함으로써 더욱 긴장감을 불어넣고 있다.

『여행에 관한 질문들』에 수록된 첫 번째 시 「산투스에 도착」에서 자신을 특권을 지닌 백인여성이자 상류층으로 생각하면서 '타자들'과의 긴밀한 소통 없이 이국적인 풍경과 그 프레임의 먼 바깥에서 피상적인 이벤트를 응시하던 여행객의 시선은 더 이상 찾아볼 수 없다. 「바빌론의 절도범」의 결론에 이르러 시인은 "불쌍한 미쿠수"가 결국 군인들에 의해 사살되지만 계속해서 또 다른 두 명의 범죄자들이 그들에게 추적당하는 장면을 보여준다. "미쿠수는 이미 묻혀 있다, / 그들은 다른 두 명의 범죄자를 추적 중이다 / 하지만 그 범죄자들은 불쌍한 미쿠수만큼 위험하지 않다고 그들은 말한다(Micuçú is buried already. / They're after another two, / But they say they aren't as dangerous / As the poor Micuçú.)"(*CP* 117). 이어지는 마지막 연에서 시인은 시의 서두에서 제시된 파벨라인 '바빌론의 언덕'의 암울한 경관을 다시 한 번 부각시키며 우리에게 지속가능한 도시 구현을 위한 해결책에 대한 화두를 던지고 있다.

등유의 언덕이 있다,
  그리고 해골의 언덕이,

경악의 언덕이 있다,
　그리고 바빌론의 언덕이.

There's the hill of Kerosene,
And the hill of the Skeleton,
The hill of Astonishment,
And the hill of Babylon. (*CP* 118)

비숍은 공권력을 동원한 폭력적 진압에 의한 미쿠수의 죽음이 궁극적으로 파벨라에 만연한 억압적인 가난과 범죄를 일소할 수 없음을 간파한다. "해골의 언덕"과 "경악의 언덕"이라는 표현에서 암시되듯이 현재도 여전히 범죄와 죽음이 만연한 수많은 파벨라에서는 미쿠수와 유사한 범죄가 끊임없이 일어나고 군인들은 그런 범죄자들을 추적하는 악순환이 진행 중이기 때문이다. 이런 점에서 미쿠수에 대한 추적을 "가난한 사람들에 대한 공식적인 억압의 알레고리"(McCabe 182)로 보는 수잔 맥카베(Susan McCabe)의 견해는 적절해 보인다.

비숍은 파벨라로 넘쳐나는 리우의 가난과 범죄를 근원적으로 일소하기 위해서 해결해야 할 최우선 과제로 "리우의 3가지 고질적인 문제들: 물, 전기, 그리고 교통"(*PPL* 443)의 개선을 주장한다. 나아가 시인은 "거리 표지판"과 "공원" 등이 쇠락해가는 리우의 재생을 위해 필요하다고 역설한다. 이런 시인의 도시에 대한 선구적 비전은 도시를 오염과 단절의 공간으로 간주함으로써 단순히 소박한 전원적 삶을 예찬하는 자연주의자로서의 시각을 탈피하고 있다. 이는 「기쁨이라는 철로 위에서」라는 에세이에서 더욱 구체적으로 드러난다.

리우의 일부는 새로운 거리 표지판을 가지고 있으며 또한 절실히 필요

> 하다. 리우가 요즘 매우 어두운 도시이기 때문에 밤에 이 표지판들은 유익하다. 하지만 그 표지판들은 거리 이름뿐만 아니라 광고를 지니고 있어서 상업적이고 천박한 것으로 비판되고 있다. 일반적인 노쇠와 대조적으로 새로운 해변, 정원, 야외 음악당과 댄스 플로어, 아이들을 위한 인형극장과 놀이기구 등을 갖춘 최신 플라멩고 공원이 있다. . . . 플라멩고 공원은 현재 바다 위로 막 솟아오른 초록 열대 환초(atoll)처럼 보인다. 하지만 그것은 오래 동안 '매립지'로 알려진 비관적이고 흉물스럽게 뻗어있는 진흙, 먼지, 파이프와 고속도로에 관한 3년간의 정말로 힘든 작업의 산물이다. (*PPL* 441)

상업적이거나 천박하지 않은 "거리 표지판"과 모든 계층의 사람들과 아이들이 향유할 수 있는 도시 공원을 리우의 재생에 필수적인 치유제로 간주하는 비숍의 시각은 반도시적이고 반자본주의적인 사유를 지닌 자연주의자의 시선을 뛰어 넘고 있다. 더욱이 시인은 "플라멩고 공원"을 "바다 위로 막 솟아오른 초록 열대 환초"에 비유하면서 변함없이 풍요로운 해양적 상상력을 펼치고 있다.

어둡고 노쇠해 가는 리우의 도시 공간에 밝고 유익한 "거리 표지판"과 남녀노소 모두가 이용할 수 있는 시설과 문화예술 프로그램을 갖춘 치유제로서 "플라멩고 공원"에 대한 시인의 예리한 통찰은 지속가능한 도시를 구현하고자 했던 현대 도시계획가의 시각과 부합하고 있다. 말하자면 리우에 대한 시인의 진단과 해결책은 도시에서 치유와 문화공간의 역할을 하는 다양한 "이벤트"와 "프로그램"을 갖춘 도시 공원의 중요성을 역설한 미국의 도시계획가인 제인 제이콥스(Jane Jacobs)의 주장과 긴밀하게 상통한다. 제이콥스는 "단지 공원의 경관만으로 사람을 끌 수 있는 수요품(demand goods)으로는 부족하다. 그것은 부가적인 것으로서 사용되어진다"(Jacobs 107)라는 언급을 통해 이용시간에 따른 이벤트와 고정적 프로

그램의 조화를 통해 공원이용자의 목적은 물론 계층의 다양성까지 만족시킬 수 있는 도시 공원의 필요성을 지적한다. 나아가 오스트리아 출신의 생태학자 프리초프 카프라(Fritjof Capra)는 도시의 역동성과 도시가 당면한 난제를 해결하기 위해서 "지속가능한 생태계로서 도시(Cities as Sustainable Ecosystem)"라는 사유가 무엇보다 선행되어야 한다고 주장한다. "우리 시대의 큰 도전인 우리 아이들과 미래 세대를 위한 지속가능한 사회를 건설하기 위해 그리고 인간 디자인과 생태학적으로 지속가능한 자연의 시스템 사이의 큰 간극을 메우기 위해 우리는 많은 우리의 기술과 사회적 제도를 근원적으로 새롭게 디자인해야 한다"(Capra 99).

〈리칭 포 더 문〉의 엔딩 시퀀스에서 카메라는 비숍과 헤어진 후 장기간 신경쇠약으로 치료를 받으며 병약한 상태의 소아레스가 주변의 만류에도 불구하고 1967년 미국에 와서 비숍과 재회하는 장면을 담아낸다. 하지만 비숍과 재회한 직후 소아레스는 다음날 약물 과다복용으로 57세의 나이에 생을 마감한다. 아침에 거실의 소파에서 자고 있는 소아레스를 본 비숍은 그녀를 흔들어 깨우지만 일어나지 않는 그녀 옆에서 수면제를 발견한다. 소아레스는 수면제 과다복용으로 목숨을 잃은 것이다. 소아레스의 죽음을 마주하고 슬퍼서 흐느끼는 비숍의 모습을 포착한 장면과 더불어 소아레스가 완성한 일생의 역작인 플라멩고 공원에서 불을 밝히고 있는 조명등이 꺼지는 쇼트를 교차 편집으로 담아낸 장면은 매우 인상적이다.

아이러니하게도 소아레스의 죽음을 바로 곁에서 지켜본 비숍은 사랑했던 연인의 상실을 통해 오랜 기간 미완성한 채로 남겨둔 시 「하나의 예술」을 마침내 완성한다. 영화의 엔딩은 오프닝과 마찬가지로 비숍이 센트럴 파크의 벤치에 앉아 동료 시인 로웰과 나란히 앉아 「하나의 예술」을 낭송하는 장면으로 끝난다. 이렇게 영화의 오프닝에서 미완성으로 남겨둔 「하나의 예술」은 소아레스가 죽은 후 9년이 지난 1976년에 마침내 완성되었다. 전통적인 전원시의 형식인 빌라넬(villanelle)로 구성된 이 시의 네 번째 연에서 마지막 연에 이르기까지 시인은 잃어버린 소유물과 더 큰 상실을 상징하는 시어들을 열거하지만 "그것이 재앙은 아니었다"라고 역설한다.

> 나는 어머니의 시계를 잃어버렸다. 그리고 보아라! 세 개의 사랑했던 집들 중, 마지막 집, 아니 끝에서 두 번째 것을 잃었다.
> 상실의 기술을 숙달하는 것은 어렵지 않다.
>
> 나는 사랑했던 두 도시를 잃었다. 그리고 내가 소유했던,
> 더 광범위한 얼마간의 영토를, 두 개의 강을, 하나의 대륙을.
> 그것들이 그립기는 하지만, 그렇다고 그것이 재앙은 아니었다.
>
> —심지어 당신을 잃는 것도 (그 장난스런 목소리, 내가 사랑하는
> 어떤 몸짓) 거짓말이 아니다. 이건 분명하다.
> 상실의 기술을 숙달하기는 그리 어렵지 않다.
> 그것이 마치 재앙처럼 보일지라도 (그것을 *써라!*)
>
> I lost my mother's watch. And look! my last, or
> next-to-last, of three loved houses went.
> The art of losing isn't hard to master.
>
> I lost two cities, lovely ones. And, vaster,
> some realms I owned, two rivers, a continent.
> I miss them, but it wasn't a disaster.
>
> —Even losing you (the joking voice, a gesture

I love) I shan't have lied. It's evident
the art of losing's not too hard to master
though it may look like (*Write* it!) like disaster. (*CP* 178)

사맘바이아와 리우데자네이루에서 소아레스와 뜨겁게 나누었던 동성애적 사랑과 브라질 내부에서 '타자들'과의 소통과 교감은 비숍에게 풍요로운 시적 상상력의 원천이 되었다. 네 번째 연에서 "세 개의 사랑하는 집"이라는 말로 정확한 숫자를 제시함으로써 자신이 소유하였던 집을 구체적으로 밝힌다. 다시 말해 시인은 플로리다주 키웨스트(Key West)에서 첫 번째 집을 가졌고, 브라질의 사맘바이아와 오루프레투(Ouro Preto)에서 각각 두 번째와 세 번째 집을 가졌음을 고백하고 있다.

"두 개의 강"의 상실은 추억, 기억 및 상실이 모두 결합된 장소로서 과거와 현재의 고통을 악화시키는 것이 아니라 상실의 고백을 통해 상처의 치유에 대한 시인의 염원을 암시하고 있다. 특히 첫째 연과 마지막 연에서 반복되고 있는 "상실의 기술을 숙달하기는 어렵지 않다"라는 시인의 언급은 상실의 아픔에서 초월하여 더욱 새롭고 성숙한 통찰을 지니게 되었음을 의미한다. 따라서 비숍의 성숙한 통찰은 '타자들'과의 교감을 통해 체득한 생태학적 상상력에서 연유하기 때문에 「하나의 예술」을 "비개성적인 시학 혹은 생태중심적 시학의 절정"(Huang 9)으로 평가할 수 있는 것이다. 시인은 새로운 시적 영감의 원천이 된 대륙과 도시, 즉 "하나의 대륙" 브라질과 "사랑했던 두 도시"의 메타포가 되는 사맘바이아와 리우데자네이루를 물리적으로 상실했음에도 불구하고 "그것을 씀"으로써 "재앙"을 "상실의 기술의 숙달"이라는 예술로 승화할 수 있게 되었다.

V. 결론

영화 〈리칭 포 더 문〉의 오프닝과 엔딩을 장식하고 있는 비숍의 대표시 「하나의 예술」을 조명하면서 바레토 감독은 시인에게 문화변용 과정을 성취하게 해준 소중한 연인과 장소가 다름 아닌 소아레스와 브라질이라는 사실을 강조한다. 이것은 「하나의 예술」에서 시인이 남다른 애착을 드러낸 "사랑하는 집들", "두 도시", "두 개의 강", "하나의 대륙"은 모두 자신과 소아레스 그리고 브라질과의 불가분적 연관성을 보여주는 메타포로 기능한다는 사실에서 여실히 입증된다. 무엇보다 1952년 로웰에게 보낸 편지에서 자신이 점점 더 "브라질 집-몸(a Brazilian home-body)이 되어가는 것 같다"(*WIA* 133)라는 비숍의 고백은 브라질에서 체득한 새로운 시각이 시인에게 미친 지대한 영향력을 집약하는 표현이다. 이처럼 〈리칭 포 더 문〉은 브라질에서 문화변용을 경험한 비숍의 체화된 시각, 즉 "오랜 정형화된 아이디어"를 허물고 새롭고 성숙한 통찰을 지니게 된 과정을 탁월한 영상 언어로 재현해낸다.

비숍의 시에 두드러지는 해양성은 『여행에 관한 질문들』의 「브라질 시편」에 수록된 시들에서 더욱 절묘하게 형상화되고 있다. 「여행에 관한 질문들」에서 시인은 브라질의 이국적 풍경을 "바다", "배", "따개비" 등으로 형상화하면서 풍요로운 해양적 상상력을 펼쳐낸다. 나아가 리우데자네이루의 슬럼가인 파벨라를 배경으로 한 「바빌론의 절도범」에서도 광활한 대양을 느리게 지나가는 "화물선"의 풍경을 한 폭의 수채화처럼 그려내고 있다.

소아레스와 사랑에 빠지면서 시인은 더욱 깊이 브라질 내부로의 탐색을 통해 도시생태학적 상상력을 극대화할 수 있었는데, 이것은 리우데자네이루를 모티프로 삼은 시와 산문에서 뚜렷이 나타난다. 비숍의 도시생태학적 상상력은 리우데자네이루의 고질적인 문제인 파벨라에 대한 도시 환경의 개선이라는 인식으로 확장된다. 「기쁨이라는 철로 위에서」라는 에세이에서 "리우는 세계에서 도시를 위한 가장 아름다운 환경일 따름이다"라는 언급을 통해 리우의 3가지 문제들인 "물, 전기, 그리고 교통"과 더불어 "거리의 표지판" 및 "플라멩고 공원"과 같은 치유책을 제안하는 비숍의 날카로운 시각은 도시계획가로서 시인의 면모를 드러내고 있다. 나아가 "삼바"와 같은 브라질의 고유문화의 보존과 더불어 수많은 파벨라로 인해 쇠락해가는 도시 리우를 "바다 위로 막 솟아오른 초록 열대 환초"의 메타포가 되는 공원이라는 치유제로 친환경도시로 탈바꿈시킬 수 있다고 본 시인의 통찰은 오늘날 지속가능한 도시를 구현하기 위해 노력하는 도시 생태주의자의 시각과 상통한다.

백인중심주의의 이분법적 사유에서 탈피하여 지속가능하고 포용적이며 문화적으로 활기찬 도시 리우로 재생시킬 수 있다고 본 비숍의 도시생태학적 비전은 오늘날 파벨라로 대표되는 도시의 슬럼화 문제와 같은 난제를 해결해줄 수 있는 단초가 되고 있다. 따라서 영화의 오프닝과 엔딩 신에서 낭송되는 시 「하나의 예술」은 생태주의 시인으로서 비숍의 면모를 암시하는 것으로 볼 수 있다. 「하나의 예술」의 결론에서 시인은 "사랑했던 두 도시"에서 주변부 '타자들'과 함께 했던 새로운 체험이 "오랜 정형화된 아이디어"의 근절로 이어져 도시생태학적 상상력을 만개시켜 주었다는 사실을 암시적으로 전달함으로써 '타자들'과의 소통과 교감의 중요성에 대한 비전을 제시하고 있다.

참고문헌

김양순, 「엘리자베스 비숍의 연기—성적 정체성 감추기와 드러내기」, 『영어영문학』 60.4, 2014, pp.669-694.

Barreto, Bruno, DVD. *Reaching for the Moon (Flores Raras)*, 2013.

Bishop, Elizabeth, *The Complete Poems 1927-1979*, New York: Farrar Straus Giroux, (Abbreviated as CP), 1980.

Bishop, Elizabeth, *One Art: Letters*. Ed. Robert Giroux, New York: Farrar Straus Giroux, (Abbreviated as OA), 1994.

Bishop, Elizabeth, "On the Railroad Named Delight," *Elizabeth Bishop: Poems, Prose, and Letters*, New York: The Library of America, 2008, pp.438-48.

Bishop, Elizabeth, *Elizabeth Bishop: Poems, Prose, and Letters*, New York: The Library of America, (Abbreviated as *PPL*), 2008.

Bishop, Elizabeth, *Words in Air: The Complete Correspondence Between Elizabeth Bishop and Robert Lowell*, Ed. Thomas Travisano with Saskia Hamilton. New York: Farrar Straus Giroux, (Abbreviated as *WIA*), 2008.

Bishop, Elizabeth and The Editors of LIFE, *Brazil*, New York: Life World Library, Time Inc., 1962.

Braidotti, Rosi, *Nomadic Subjects: Embodiment and Sexual Difference in Contemporary Feminist Theory*, New York: Columbia UP, 2011.

Brown, Ashley, "An Interview with Elizabeth Bishop," Conversations with Elizabeth Bishop. Ed. George Monteiro, Jackson: UP of Mississippi, 1996, pp.18-19.

Capra, Fritjof, *The Hidden Connections: A Science for Sustainable Living*, London: Flamingo, 2002.

Devall, Bill and George Sessions, *Deep Ecology: Living as if Nature Mattered*, Salt Lake City: Gibbs M. Smith, Inc., 1985.

Hicok, Bethany, *Elizabeth Bishop's Brazil*, Charlottesville: U of Virginia P., 2016.

Huang, Iris, "Landscapes, Animals and Human Beings: Elizabeth Bishop's Poetry and Ecocentrism," *Intergrams* 10.2-11.1, 2010, pp.1-24.

Jocobs, Jane, *The Death and Life of Great American Cities*, New York: Random

House, 1993.

McCabe, Susan, *Elizabeth Bishop: Her Poetics of Loss*, University Park: Pennsylvania State UP, 2010.

Neely, Elizabeth, "Elizabeth Bishop in Brazil: An Ongoing Acculturation," Dissertation, U of North Texas, 2014.

Newman, Peter. and Isabella Jennings, *Cities as Sustainable Ecosystems: Principles and Practices*, New York: Island P., 2008.

Oliveira, Caremen L., *Rare and Commonplace Flowers: The Story of Elizabeth Bishop and Lota de Macedo Soares*, New Brunswic: Rutgers University Press, 2002.

Perlman, Janice, *Favela: Four Decades of Living on the Edge in Rio de Janeiro*, New York: Oxford UP, 2010.

Travisano, Thomas, *Elizabeth Bishop: Her Artistic Development*, Charlottesville: U of Virginia P., 1988.

제4부

해양자원과 환경오염:

탄소중립으로의 여정과 도전

해양수산분야 2050 탄소중립 로드맵과 시사점*

김동구

2021년 12월 16일 해양수산부는 "해양수산분야 2050 탄소중립 로드맵"을 공표하며 장관이 직접 언론에 브리핑하였다. 저자는 해당 로드맵 수립을 위한 연구용역의 공동 연구책임자로 활동하였으며, 해양수산부의 해당 로드맵을 소개하고 설명하기 위해 본고를 작성하였다. 본고는 추진 배경, 해양수산분야 온실가스 배출 현황, 해양수산분야 2050 탄소중립 시나리오, 부문별 주요 내용, 시사점으로 구성된다.

1. 추진 배경

인간 활동으로 유발된 기후변화로 인해 지구의 환경이 크게 변화하고 있다. 기후변화에 관한 정부간 협의체(IPCC)는 인간 활동으로 인해 산업

* 본고는 해양수산부가 2021년 12월 공표한 "해양수산분야 2050 탄소중립 로드맵"의 주요 내용을 소개하고 설명하는 자료임. 저자는 해당 로드맵 수립을 위한 연구용역의 공동 연구책임자로 활동하였음. 본고에서 별도의 참고문헌 표기가 없는 자료는 대부분 해양수산부(2021)에 기반하였음.

화 이전 대비 약 1.0℃의 지구 온난화가 유발되었으며, 현재 추세에 따르면 늦어도 2040년에 1.5℃까지 상승할 전망이다(IPCC, 2021). 이러한 지구 온난화는 만년설과 빙하를 녹여 세계 평균 해수면이 지속 상승하도록 만들 전망이다. 이로 인해 21세기 말에는 해수면이 1995~2014년 대비 0.28~1.01미터 상승할 것으로 전망된다(IPCC, 2021). 해수 온도도 현재의 추세가 지속된다면 1.4~3.7℃ 상승할 것으로 전망된다(국립기상과학원, 2020). 대기에 방출된 이산화탄소는 해양에 흡수되어 2100년 예상 해수 표층 pH는 약 7.65-8.05로, 현재 기준(pH 8.1) 대비해 계속적인 산성화가 진행될 전망이다(IPCC, 2021).

〈그림 1〉 기후변화로 인한 해수면 및 해수 표층 pH 변화 전망

〈1900년 대비 시나리오별 전 세계 평균 해수면 변화〉 〈시나리오별 해수 표층 pH 변화〉

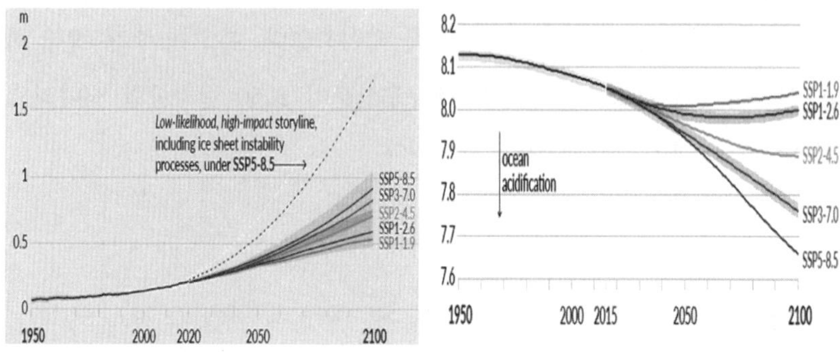

자료: IPCC(2021)
주: SSP(Shared Socio-economic Pathway)는 IPCC의 기후변화 6차 보고서(AR6)에서 채택한 신규 온실가스 경로 시나리오

이러한 기후변화는 해양수산부문에 큰 영향을 미칠 전망이다. 현재 수준으로 온실가스가 배출될 경우(RCP 8.5 시나리오)[1], 21세기 말에 최대

[1] RCP(Representative Concentration Pathways: 대표농도경로)는 인간 활동으로 인해

어획 잠재력은 20.5~24.1% 감소할 것으로 예상된다(IPCC, 2021). 이러한 수산 부문의 영향은 수산업 분야 자원 재분배와 취약지역 관련 갈등 리스크를 증대시킬 것이다(IPCC, 2019). IPCC(2021)에 따르면 21세기 말에 해빙(海氷)은 북극에서 19-76%, 남극에서 20-54% 감소할 것으로 전망되며, 해수면 상승 등으로 특히 모래해안 연안침식 가속화가 예상되어 2100년 연안 침수피해 규모가 현재 대비 2~3배 증가할 전망이다.

한반도의 기후변화도 이러한 전 지구적인 기후변화와 맞물려 점차 가속화되고 있다. 한반도의 연평균 기온은 1980년대 12.2℃에서 2010년대 13.0℃까지 꾸준히 높아지고 있다. 또한, 1990~2019년 우리나라 연안 해수면은 매년 3.12mm씩 상승해, 현재 수준의 온실가스 배출 추세가 지속될 경우 2100년 연안 해수면은 최대 73cm 증가할 전망이다. 특히, 지난 10년간 해수면 상승률은 지난 30년간 해수면 상승률의 118%로 우리나라의 해수면 상승은 점차 가속화되는 상황이다. 해수온 상승의 경우, 우리나

〈그림 2〉 한반도 주변해역과 전지구 표층수온 변동 비교

〈한반도 연근해 연평균 표층수온변동('68~'20년)〉 〈전지구 연평균 표층수온변동('68~'20년)〉

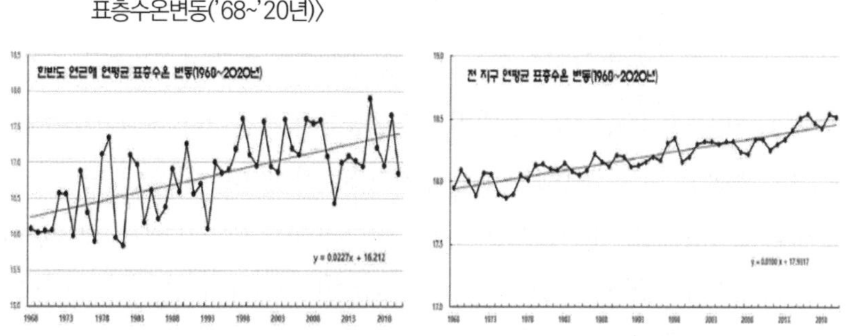

자료: 국립수산과학원(2021). 해양수산부(2021)에서 재인용

초래될 대기 중 온실가스 농도를 예측하는 여러 시나리오 중 대표적인 시나리오를 말함.

라의 상황은 더욱 심각하다. 1968~2020년 기간 우리나라의 연근해 표층 수온은 약 1.23℃ 상승해 동기간 세계 평균 상승률 약 0.53℃의 2배 이상 상승했다(국립수산과학원, 2021).

한반도의 기후변화도 해양수산부문에 큰 영향을 미칠 전망이다. 특히, 해수온 상승으로 1980년 이후 한류성어종인 명태, 도루묵 등의 어획량이 감소했고, 난류성 어종인 고등어, 오징어, 멸치의 어획량은 증가 추이이다. 이에 더하여 한반도 주변 아열대성 어종 출현이 더욱 빈번해지고 있고, 고수온과 적조로 인한 어업피해가 증가하거나, 수산질병의 취약성이 증가하고 있다. 또한, 동해안은 표사이동으로 연안침식이 발생하고, 서해안은 포락과 해수 범람으로 인한 연안피해가 주로 발생하는 등 연안침식 및 피해가 증가하고 있다. 실제로 2019년 기준으로 전국 250개소의 연안 중 침식이 심각하거나 우려된다고 평가된 '침식 우심지역'의 비율은 5년 전에 비해 18%p 증가한 것으로 파악된다.

2. 해양수산분야 온실가스 배출 현황

2018년 기준, 우리나라의 온실가스 총배출량은 총 7억 2,760만 톤으로 1990년 대비 149.0%, 2017년 대비 2.5% 증가한 수준이다(온실가스종합정보센터, 2020). 이는 2018년 기준 유엔기후변화협약(UNFCCC) 당사국 중 11위의 배출량으로, 전 세계 온실가스 배출량에서 약 1.51%를 차지한다. 참고로 중국이 128억 5,600만 톤을 배출해 전 세계 1위 배출국이며, 미국 66억 7,700만 톤, 인도 30억 8,400만 톤 순으로 온실가스 배출량이 많다. OECD 회원국을 기준으로 우리나라의 온실가스 배출량은 미국, 일본, 독일, 캐나다에 이어 5위에 해당한다.

한편, 2018년 기준, 우리나라의 온실가스 흡수량(LULUCF)[2]은 총 4,130만 톤으로 1990년 대비 9.3% 증가, 2017년 대비 0.5% 감소한 수준이다. 2018년 우리나라의 온실가스 흡수량(LULUCF)은 유엔기후변화협약(UNFCCC) 부속서 I 국가 중 미국, 러시아, 터키, 일본에 이어 5위에 해당한다.

〈그림 3〉 우리나라의 온실가스 배출량 및 흡수량

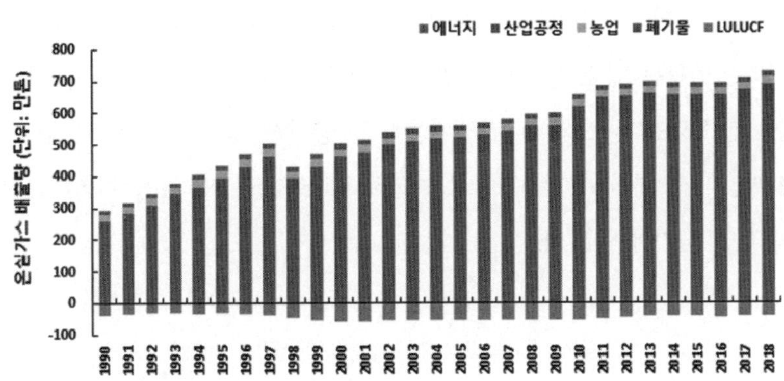

자료: 온실가스종합정보센터(2020)

해양수산분야 온실가스 배출총량을 살펴보면, 2018년 배출량은 총 406.1만 톤으로 국가 총배출량의 0.56%에 해당한다(해양수산부, 2021). 배출 추이는 1990년 481.8만 톤에서 1995년 779.0만 톤까지 증가한 후 완만한 하락 추세를 유지하고 있다.

부문별로 살펴보면, 먼저 해운 부문의 2018년 온실가스 배출량은 101.9만 톤으로, 유류 사용에 따른 직접배출량으로 구성된다. 이러한 국가 온실가스 배출량에는 IPCC 지침에 따라 국내 해운만 포함되며, 국제 해운은 국

2) LULUCF(Land Use, Land-Use Change and Forestry: 토지이용, 토지이용 변화 및 임업): 관리되는 토지에서 발생하는 모든 인위적인 온실가스 배출량 및 흡수량을 산정하는 부문임.

제해사기구(IMO)의 탄소규제 목표에 따른 별도 관리를 받기 때문에 국가 배출량에 포함되지 않는다. 해운 부문 온실가스 배출량은 1993년 431.8만 톤으로 배출 정점을 기록한 이후에 연안 물동량 감소, 선박 고효율화 등으로 완만한 하락세를 유지하고 있다.

수산·어촌 부문의 2018년 온실가스 배출량은 304.2만 톤으로, 유류 사용에 따른 직접배출량 253.8만 톤과 전력 사용에 따른 간접배출량 50.4만 톤으로 구성된다. 직접배출량은 1997년 435.9만 톤을 기록한 후 어선 세력 및 조업활동 감소 등으로 완만한 하락세를 유지해 2018년 253.8만 톤까지 감소하였다. 그러나 간접배출량은 양식장 등의 전기사용 증가로 1990년 4.3만 톤에서 지속적으로 증가해 2018년 50.4만 톤을 기록하는 등 지속적인 증가세에 있다.

〈그림 4〉 우리나라의 해양수산분야 온실가스 배출량

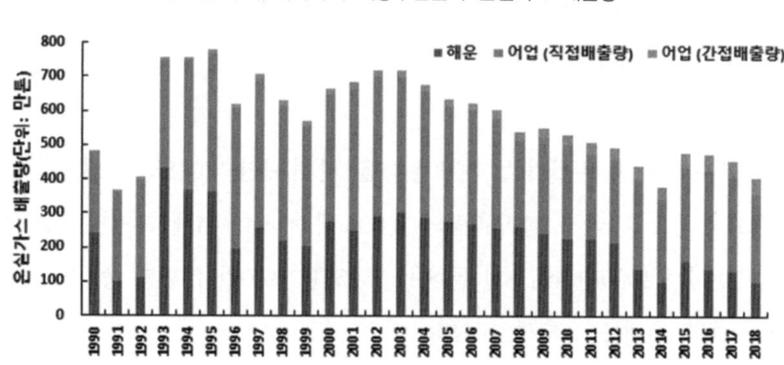

자료: 해양수산부(2021)

3. 해양수산분야 2050 탄소중립 시나리오

이러한 배경과 온실가스 배출 현황을 토대로 우리나라 해양수산부는 기후변화 대응 노력에 동참하고 나아가 탄소중립을 선도하기 위해 "2050 해양수산 탄소 네거티브(Negative)"를 비전으로 설정했다. 구체적으로 해운, 수산·어촌, 해양에너지, 블루카본, 항만의 5대 부문을 중심으로 온실가스 감축 강화와 흡수원 확대로 2050년까지 해양수산분야의 탄소 배출량보다 흡수량을 더 많아지도록 해, 탄소 네거티브(Negative)를 달성하겠다는 것이다. 앞 절에서 확인한 바와 같이 2018년 기준으로 해양수산분야 온실가스 배출량은 해운 101.9만 톤, 수산·어촌 304.2만 톤으로 합계 406.1만 톤에 달한다. 이를 2050년까지 해운 분야는 2018년 대비 69.9% 감축한 30.7만 톤으로 줄이고, 수산 분야는 96.2% 감축한 11.5만 톤, 해양에너지 분야는 기존 화석연료 기반 발전에서 비롯된 온실가스 배출량을 229.7만 톤 줄이고, 블루카본 분야에서도 136.2만 톤을 흡수하는 형태로 2050년 온실가스 순배출량이 -323.7만 톤이 되도록 하겠다는 계획이다. 즉, 2018년 해양수산분야 배출량 406.1만 톤 대비 2050년까지 총 729.8만 톤을 감축하겠다는 것이다.

〈표 1〉 해양수산분야 2050 탄소중립 시나리오(국가 시나리오 기준)

부문	2018년 배출량	2050년 목표배출량
해운	101.9	30.7(△69.9%)
수산·어촌	304.2	11.5(△96.2%)
해양에너지	-	-229.7(순감)
블루카본	-	-136.2(순감)
합계	**406.1**	**-323.7**

주: 온실가스 해양 지중저장(CCS) 6,000만 톤 별도
자료: 해양수산부(2021)

〈표 1〉에 제시된 국가 시나리오 기준의 4개 부문 외에도 항만, 해양폐기물, 관공선 등과 같이 국가 온실가스 통계 체계상 별도로 분류되지 않아 이행실적 파악이 곤란한 경우도, 해양수산분야 정책 영역은 감축 노력을 추진할 계획이다. 현재 항만과 관공선 부문은 국가 통계 체계상 에너지부문의 상업·공공에 포함된 것으로 추정되나 세부적으로 분류 및 산정되지 않고, 폐기물도 현재 육상 및 해상 폐기물이 세부적으로 분류되지 않아 별도 산정 및 관리가 불가능한 상태이다. 이에 별도의 산정·관리 방안을 마련하여 온실가스 배출량을 모니터링하고 온실가스 감축수단을 지속적으로 확대하고 다양화할 계획이다. 한편, 다부처협업을 통해 추진하는 CCS (Carbon capture and storage: 이산화탄소 포집 및 저장)에서도 해양지중

〈그림 5〉 해양수산분야 2050 탄소중립 비전과 목표, 미래상

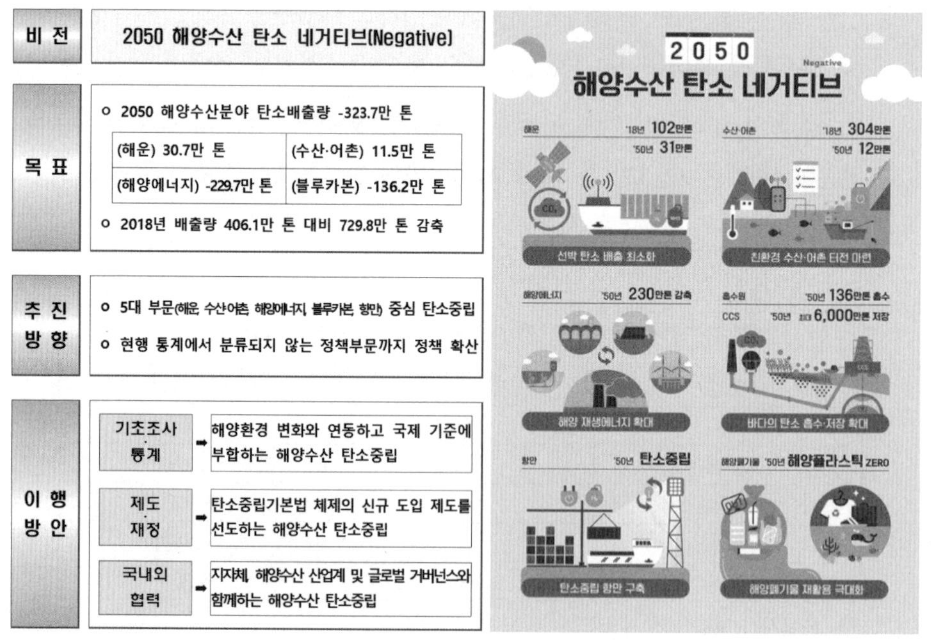

자료: 해양수산부(2021)

탐색 및 적지 발굴, 해양 환경영향 검토 등 해양에서의 역할을 적극 수행할 계획이다.

즉, 해운, 수산·어촌, 해양에너지, 블루카본, 항만의 5대 부문을 중심으로 탄소중립을 달성하고, 현행 통계에서 별도로 분류되지 않는 정책 부문까지도 탄소중립 촉진 정책을 확산시키는 형태로 해양수산분야 2050 탄소중립을 추진하겠다는 계획이다. 구체적인 이행방안으로는 기초조사 및 통계를 해양환경 변화와 연동하고 국제 기준에 부합하는 해양수산 탄소중립을 이행하겠다는 것이고, 제도 및 제정 측면에서는 탄소중립기본법 체제의 신규 도입 제도를 선도하겠다는 것이며, 국내외 협력 측면에서는 지자체, 해양수산 산업계 및 글로벌 거버넌스와 함께 하겠다는 것이다.

4. 부문별 주요 내용

앞 절에서 제시된 해운, 수산어촌, 해양에너지, 블루카본, 항만, CCS, 해양폐기물 순으로 부문별 주요 추진방향과 정책수단 등을 살펴보겠다.

해운 부문

먼저, 해운 부문은 2018년 온실가스 배출량 101.9만 톤을 2050년까지 30.7만 톤까지 줄이겠다는 시나리오이다. 해운 부문의 2050년 해운 부문 목표배출량은 영(0)이 아니라 30.7만 톤인데, 이는 선박의 내구연한이 길고 아직 무탄소기술의 대형선박 적용 등은 상용화 이전이므로 2050년에도 화석연료 사용량 일부 잔존할 것으로 전망되기 때문이다. 한편, 국내 민간 선박뿐만 아니라 관공선을 저탄소·무탄소 선박으로 대체 건조하거나 개조하는 등 추가적인 감축 노력도 추진할 계획이다. 관공선의 온실가스 배출량은 국가 온실가스 통계 체계상 해운에 포함되지 않으나 「친환경선박법」에 따른 친환경관공선 발주 의무화, 제1차 친환경선박 기본계획 수립 등으로 정책적 노력을 추진할 계획이다.

해운 부문의 탄소중립 달성을 위한 정책 수단은 친환경 관공선 건조, 민간선사 친환경 전환, 친환경선박 기술개발 등을 계획 중이다. 국내 해운을 저탄소 선박으로 전환하고 궁극적으로는 무탄소 선박으로 단계적이고 체계적으로 전환하기 위한 기술개발, 보급 및 기반 확충으로 글로벌 친환경선박 시장의 주도권 확보하겠다는 내용이다. 먼저, 기술개발 측면에서는 온실가스 저감을 위한 연료원별 선박을 기술개발 및 실증할 계획이다. LNG, 하이브리드, 혼합연료 등 저탄소 선박 기술을 고도화하고 수소·암모니아 등 무탄소 선박 기술을 확보하며 기존 선박용 보급형 온실가스 저감장치를 개발하겠다는 것이다. 또한, 안전성과 신뢰성 검증을 위한 해상실증용 테스트베드를 구축하고, 신기술을 적용한 '그린쉽-K 시범선박 건조 프로젝트'를 추진할 계획이다. 암모니아, 하이브리드 등 친환경 연료 추진 기술을 개발하고 이를 연안선박 대상으로 실증하는 정책을 2022~2031년 기간에 해양수산부와 산업부가 공동으로 추진할 계획이다.

수산·어촌 부문

수산·어촌 부문은 2018년 온실가스 배출량 304.2만 톤을 2050년까지 11.5만 톤까지 감축하겠다는 시나리오이다. 수산·어촌 부문도 2050년 목표배출량이 영(0)이 아니라 11.5만 톤인데, 이는 어선의 긴 내구연한과 초기단계인 저탄소 및 무탄소기술 수준으로 2050년 온실가스 배출량이 일부 잔존할 것으로 전망되기 때문이다. 다만, 고효율 수산 장비 보급, 재생에너지 활용 확대 등 다양한 감축 방안을 모색하여 배출량 최소화를 추진할 계획이다.

수산·어촌의 탄소중립 달성을 위한 정책 수단은 친환경 어선 개발 및 확산, 양식 및 수산가공 에너지 효율 향상, 재생에너지 활용 등을 계획 중이다. 수산분야 전반에 대한 탄소중립 기반 마련을 위해 저탄소 및 전력공급 기반 수산업 장비나 시설로 전환하고 어선 교체와 감척을 추진하겠다는 내용이다. 먼저, 저탄소·전력공급 기반 장비 및 시설 전환 측면에서는 노후어선 기관교체 및 대체건조 가속화, 온실가스 多배출 연근해어선 중심의 감척 방안을 마련하여 어업부문의 에너지 효율화를 촉진하겠다는 계획이다. LNG, 전기 등을 이용한 친환경 어선 기술을 개발하고 중장기적으로 널리 보급하며, 히트펌프, 인버터 등 양식장 에너지 절감장비 보급을 통해 탄소 저감형 수산업을 구축하겠다는 내용이다. 또한, 수산가공업에 에너지 효율화 장비를 보급하고, 냉동·냉장창고 등 수산 유통가공 기반시설에서 친환경 대체 냉매 사용을 촉진할 계획이다. 재생에너지 측면에서는 양식장이나 국가어항의 유휴부지 및 유휴수역을 활용한 태양광, 소수력 등 친환경에너지 생산 기반을 확대확대할 계획이다. 예를 들어, 양식장 배출수 활용 소수력발전, 국가어항 유휴수역 활용 수상태양광 발전 등을

〈표 2〉 어선 기술개발 추진 단계

1세대 (현재 어선)		**2세대** (차세대 안전·복지 어선)		**3세대** (친환경 전기복합 어선)
	⇨		⇨	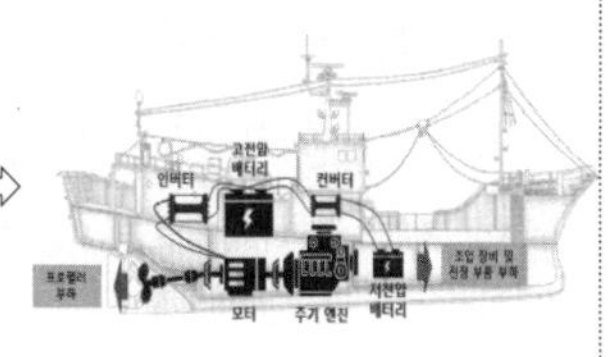

자료: 해양수산부 (2021)

고려할 수 있다. 스마트 수산 기술 구축 측면에서는 실시간 정보 분석으로 온습도 및 사료투입을 최적 조절하는 스마트양식 기술을 개발하고, 사물인터넷(IoT) 기반 가공공정을 최적화하는 스마트 가공기술 개발을 추진할 계획이다.

해양에너지 부문

해양에너지 부문은 현재 온실가스 배출량이 없고 오히려 시화조력발전소 등을 통해 온실가스 무배출 전력을 생산해 국가 온실가스 총배출량을 낮추는 데 기여하고 있다. 해양수산부는 여기에서 더 나아가, 해양에너지 활성화를 통해 기존 화석연료 기반 발전에서 비롯된 온실가스 배출량을 229.7만 톤 줄이겠다는 시나리오이다.

해양에너지 부문의 탄소중립 달성을 위한 정책 수단은 해양에너지 발전 확대와 해양그린수소 생산이다. 즉, 시화조력발전소를 통해 상용화된 조력발전을 확대하고 나아가 조류 및 파력발전을 조기 상용화하며, 해양그린수소 생산으로 에너지 전환을 가속화하겠다는 계획이다. 참고로, 현재 시화조력발전소(설비규모 254MW)는 연간 552GWh의 전력을 생산해, 매년 온실가스 31.5만 톤 감축에 기여하는 것으로 평가된다. 또한, 수소항만 및 연안지역 수소 인프라 구축의 기반 기술로서, 해양에너지 및 해양바이오와 연계된 수소생산 기술을 개발하겠다는 계획이다. 즉, 파력과 풍력을 활용한 그린수소 생산 기술개발을 통해 단계적으로 연안에서부터 외해로 실증을 추진하고 나아가 상용화까지 추진할 계획이다. 한편, 해양미생물을 활용한 고순도 및 대규모 수소 생산 기술을 개발하고, 발전소와 연계하는 등 민간 기술 이전을 통해 상용화를 추진한다는 구상이다.

〈표 3〉 해양에너지 발전 사례

조력 발전	조류 발전	파력 발전
	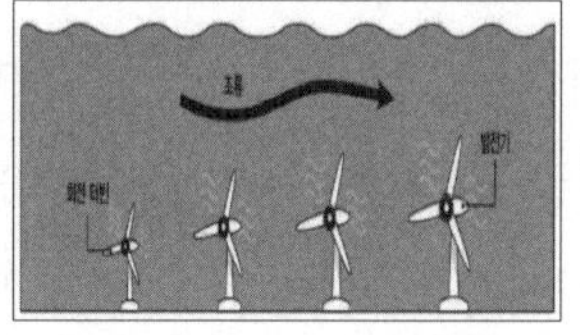	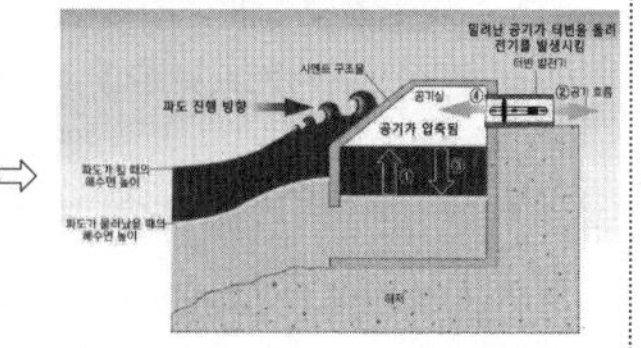

자료: 해양수산부 (2021)

블루카본 부문

블루카본(Blue Carbon) 부문은 갯벌 및 연안습지 식생 복원, 바다숲 조성, 신규흡수원 발굴 등을 통해 2050년 목표흡수량 136.2만 톤을 달성하겠다는 시나리오이다. 블루카본은 IPCC에 의해 국제적으로 공인된 연안 및 해양 생태계의 탄소흡수원으로이다. 예를 들어, 미국과 호주는 2017년부터 맹그로브, 연안 식생 등 블루카본을 온실가스 흡수원으로 산정하고 있다. 다만, 우리나라는 관련 통계 구축을 위한 R&D 추진 단계에 있는 상태인데, 현재 공인된 산정방법이 마련된 연안습지(식생)과 잘피림부터 통계 구축을 추진하고, 갯벌이나 바다숲 등의 흡수능력을 장차 인증받고 온실가스 흡수 수단으로 활용하는 형태로 확산시킬 계획이다.

블루카본 부문의 탄소중립 촉진을 위한 정책 수단은 갯벌과 바다숲을 중심으로 해양의 탄소흡수능력 제고, 신규 흡수원 발굴, 연안 및 해양을 탄소중립 공간으로 리(Re)디자인하겠다는 것이다. 먼저, 흡수능력 제고 측면에서는 갯벌 복원 확대, 보호구역 추가 지정 검토, 연안습지의 염생식물 서식지 복원 등으로 흡수능력 확보 및 생태계 복원을 추진할 계획이다. 구체적으로, 해수 유통, 폐염전 및 양식장 개선 등에서 복원 유형 다양화를 추진하고, 물리적 및 생태적 특성을 고려한 자연친화적 식생 복원 공법을 모색하겠다는 내용이다. 또한, 연안 무인도서 중심으로 바다숲 조성 최적 식생 및 공법을 개발하여 조성 효과를 높일 계획이다. 추가로, 연안 암반지역에서 해조류가 사라지고 암반이 흰색으로 변하는 등 바다사막화로 표현되는 "갯녹음"에 선제적으로 대응하기 위해 천연 해조숲을 보존 및 복원할 계획이다. 흡수원발굴 측면에서는 잠재 블루카본 후보군에 대한 탄소흡수능력 산정기술 개발하고, 국제인증 획득 및 국가 온실가스 통계 반영을 추진할 계획이다. 기존에는 맹그로브, 염습지, 잘피림 등만이 블루카본으로 인정받았으나, 향후에는 해조류, 패류, 조하대-대륙붕 퇴적물, 미세조류 등도 잠재적인 블루카본 후보군으로 인정받고 통계에 반영시키겠다는 내용이다. 리(Re)디자인 측면에서는 연안 및 해양을 탄소흡수의 공간으로 전면 재설계하는 '숨쉬는 해안뉴딜'을 추진할 계획이다. 즉, 콘크리트 구조물 중심의 기존 해안선을 굴패각 등 친환경·탄소흡수 소재를 이용하여 복원하고, 인공해안선 연성화를 통해 연안의 흡수기능을 재생시킨다는 내용이다.

항만 부문

항만 부문은 사실 현행 국가 온실가스 통계 체계상 별도로 구분해 배출량 산정이 불가능하나, 항만운영사를 대상으로 실시한 2019년 유류 및 전력 사용량 조사를 기반으로 배출량 추정해 2019년 온실가스 배출량이 30만 톤으로 분석되었다. 이를 하역장비 친환경 전환, 항만 내 재생에너지 발전, 에너지 효율화, 수소항만 등의 수단을 이용해 2050년에는 탄소중립을 달성하겠다는 시나리오이다.

항만 부문의 탄소중립 촉진을 위한 정책 수단은 항만 내 탄소배출 제로화 및 수소항만 구축이다. 먼저, 배출제로 측면에서는 야드 트랙터, 트랜스퍼 크레인 등 항만 장비를 친환경 전환하고, 재생에너지 발전과 에너지 효율화를 통한 탄소배출을 제로화하겠다는 계획이다. 구체적으로, 항만 구역 내 태양광 발전시설을 설치하고, LED 조명 교체 및 항만 탄소저감 건설기술 마련 등 에너지 효율화를 추진하겠다는 것이다. 또한, 수소항만 측면에서는 수소 에너지 생태계를 갖춘 수소 생산·물류·소비거점으로서의 수소항만을 구축하기 위한 민관협력을 선도하겠다는 계획이다. 즉, 충전소, 발전시설 등을 모은 수소복합스테이션을 구축하고, LNG와 재생에너지 등을 활용한 수소 생산, 수소 벙커링설비 등 수소 생태계 기반을 마련한다는 내용이다.

CCS 부문

CCS(탄소포집 및 저장) 부문은 2018년 기준으로 국내 이산화탄소 저장량이 영(0)이지만 2050년에는 국내외 저장소를 활용해 최대 6천만 톤을 저장하겠다는 시나리오이다. CCS 부문의 주요 정책 수단은 국내외 저장소 확보에서 적지 탐색 및 국제협약 이행, 해양환경 안전성 검토 등 CCS 관련 정책 활동에서 해양수산부가 핵심적인 역할을 수행하겠다는 것이다. 국내적인 측면에서는 CCS 실증 및 상용화 지역의 안전 및 환경영향 등을 검토하는 활동에 적극 참여하고, 사업자나 지역주민 등 이해관계자 협의체 구성 및 의견수렴 등 수용성 제고를 위한 정책 노력을 주도하겠다는 계획이다. 국외적인 측면에서는 국외 저장소 적지 확보를 위한 탐색과 기술교류 등 국제협력은 물론이거니와 향후 이산화탄소 스트림 해외 수출을 위한 당사국 간 교섭도 추진하겠다는 계획이다.

해양폐기물 부문

해양폐기물 부문은 현재 육상 및 해상 폐기물이 세부적으로 분류되지 않아 별도 산정 및 관리가 불가능한 상태이나, 해양폐기물의 에너지화와 플라스틱 제로화 등 발생량 저감, 처리 개선, 재활용 확대를 통해 직간접적인 탄소배출량을 저감하겠다는 계획이다. 구체적으로, 열에너지 회수 측면에서는 도서 및 어촌형 해양폐기물 에너지화 기술개발을 통해 재활용이 불가능한 해양폐기물은 열에너지로 회수하고 직매립을 제로화하겠다는 내용이다. 발생량 저감 측면에서는 어구 및 부표 보증금제도 도입, 친환경 어구 개발·보급 및 사용연수·재활용 고려 인증 기준을 개선할 것이다. 또한, 처리 여건 개선 측면에서는 어항별 해양폐기물 집하시설 확충, 해양폐기물 전처리시설 확대 보급(3개→11개 연안 시도)으로 처리 인프라 마련을 추진할 계획이다. 마지막으로 재활용 측면에서는 나일론, PET 등 재생섬유의 원료 공급망 확충, 물리적 재활용 제품 확대 및 산업생태계 조성을 추진할 것이다.

5. 시사점

해양수산분야는 국가 온실가스 총배출량에서의 비중으로만 보면 사실 탄소중립에 기여할 수 있는 정도가 작은 것이 사실이다. 그러나 우리나라는 수출입 등 국제무역에 경제활동이 의존하는 정도가 매우 높고, 특히 해상운송으로 인한 물동량은 중량 기준으로 2022년에 9억 2,463만 톤에 달해 전체 수출입 물류량의 99.7%를 담당한다(관세청, 2023). 따라서 해양수산분야는 국내 온실가스 배출량에만 국한되기보다는 우리나라의 수출입의 핵심 토대인 국제 해운과의 연계성 측면과 해양에너지, CCS, 청정수소 등 미래 온실가스 감축수단의 관점에서 다룰 필요가 있다. 또한, 아직 국가 통계에 구분해 취급되지는 않지만, 블루카본 등 해양수산분야의 온실가스 감축 잠재력이 큰 만큼 관련 정책역량을 집중해 탄소중립을 선도할 필요가 있다고 판단된다.

참고문헌

관세청, 수출입화물통계(unipass.customs.go.kr/ets) (접속일: 2023.08.23), 2023.

국립기상과학원, 「한반도 기후변화 전망보고서 2020」, 2020.

국립수산과학원, 「한반도 주변해역과 전지구 표층수온 변동 관련 내부자료」, 2021.

온실가스종합정보센터, 「2020 국가 온실가스 인벤토리 보고서」, 2020.

해양수산부, 「해양수산분야 2050 탄소중립 로드맵」, 2021.

2050 탄소중립위원회, 「2050 탄소중립 시나리오 초안」, 2021.

IPCC, "Special Report on the Ocean and Cryosphere in a Changing Climate", 2019.

IPCC, "AR6 Climate Change 2021: The Physical Science Basis", 2021.

제주 2030 카본프리(carbon-free) 아일랜드 정책의 성과와 도전과제

에너지 부문을 중심으로

한희진

1. 들어가며

기후위기 가속화, 경기 침체, 코로나-19와 같은 글로벌 보건 위기의 발생이라는 일련의 위기 상황 속에서 EU, 미국 등 선진국들은 경제적 난관을 해결함과 동시에 기후변화라는 전 지구적 도전에 대응하기 위하여 경제 및 사회구조의 대 전환을 모색해 왔다. 국제사회는 이번 세기 말까지 지구 표면의 평균 온도가 산업혁명 대비 섭씨 1.5도씨 이상 상승하는 것을 저지하기 위하여 2050년을 전후로 탄소중립(carbon neutrality; 온실가스 순 배출이 0이 되는 net zero와 혼용)을 달성해야 하는 과제에 직면해 있다. 이에 오늘날 130여 개 이상의 국가가 탄소중립 목표를 도입했으며 탈탄소 혹은 저탄소 경제, 산업, 사회로의 구조적 대전환을 강구하고 있다(Elkerbout et al., 2020; Galvin & Healy, 2020).

한국 정부 역시 2020년 12월 문재인 정부에서 2050 탄소중립 목표를 선언하고 장기저탄소발전전략을 발표하였다(대한민국정책브리핑, 2021). 윤석열 정부에서도 문재인 정부에서 수립된 2030년까지 2018년 온실가스 배출량 대비 40%를 감축한다는 목표를 재확인하고 2050 탄소중립 사회로의 이행을 위하여 제1차 국가 탄소중립·녹색성장 기본계획('23~'42)을 발표하고 온실가스 감축 정책 및 이행기반을 강화하는 정책을 도입하였다(환경부, 2023). 지방자치단체(지자체)들도 각 지역 특성 및 요구를 반영한 그린뉴딜 정책을 채택하며 탄소중립 미래로의 도약을 위한 비전을 제시하고 있다(이재현, 2021). 이들은 탄소중립 시대로의 전환 과정에서 경쟁력과 혁신 능력을 제고하여 일자리를 창출하고 미래 경제성장 동력을 확대함과 동시에 기후변화와 같은 글로벌 환경 문제 해결을 위한 정부와 국제사회의 노력에 참여하고자 한다.

이처럼 국제사회의 기후변화 대응에 동참하기 위하여 한국의 중앙, 지방정부가 탄소중립 시대로의 전환 비전을 선언한 가운데 그러한 전환을 위한 고려 사항 및 여건 들에 대한 분석이 요구된다. 특히 지방정부에서 탄소중립 시대로의 전환은 어떠한 조건들을 요구하며 전환의 과정에서 어떠한 난관과 도전과제에 직면해 있는가에 대한 이해와 고민이 필요한 시점이다.

이러한 문제의식을 토대로 본 장은 제주가 지난 10년간 추진해 온 정책사례에 주목한다. 제주는 한국의 중앙정부 및 타 지자체보다 앞선 2008년 탄소없는 섬의 개념을 발전 목표로 의제화하고 2012년 본격적으로 2030 카본프리 아일랜드(carbon-free island; CFI)로의 전환이라는 정책목표를 도입하였으며 지난 10여 년간 본 정책을 일관되게 추진함으로써 재생에너지, 전기자동차, 스마트그리드 등 친환경 혁신 기술의 발전과 확산을 위한 테스트 베드 역할을 수행하여 한국의 저탄소 경제 및 사회로의 이행을 선도해 왔다고 할 수 있다(김동주, 2020). 즉, 2020년 한국 정부가 도입한 탄소중립 정책과 일맥상통하는 정책을 제주는 10년 전 이미 도입, 추진해 온 것이다. 이는 제주의 CFI 사례가 한국의 탄소중립 2050의 성공적 이행을 위해 일련의 정책적 함의와 교훈을 제공할 수 있음을 시사한다. 본 장은 제주의 CFI 정책의 도입 배경과 구성 요소를 간략히 소개하고 특히 CFI 정책의 핵심이라 할 에너지 부문에 초점을 맞추어 현황과 도전과제를 살펴본다.

2. 카본프리 아일랜드 정책의 도입 배경과 구성 요소

CFI 정책 도입 배경

제주가 2030 CFI 정책을 도입하게 된 배경에는 크게 환경적 고려 사항과 경제, 산업적 고려 사항이 작용하였다. 전체 면적 약 1,849㎢ 규모의 제주는 화산 작용으로 형성된 독특한 지형(오름 360여 개 및 160여 개의 용암동굴 등) 및 지질, 동·식물 등 생물다양성, 그리고 이러한 환경에서 발전한 독특한 민속 문화와 전통 등으로 보존 가치가 높은 지역이다. 그러나 최근 몇 년 사이 인구 성장, 관광객 등 유입인구 증가, 무분별한 인프라 개발, 기후변화 등은 제주의 미래가 과연 지속가능한 것인가에 대한 의문을 제기해왔다.

제주의 등록인구는 2019년을 기준으로 전년 대비 19.3%(108,326명) 증가한 670,989명을 기록했고 관광객 수는 2019년 1,528만 6천 명으로 2009년에 비해 876만 2천 명(134.3%) 증가하였으며, 이 중 외국인 관광객도 63만 2천 명(2009년)에서 172만 6천 명(2019년)으로 증가했다(호남지방통계청 제주사무소, 2020). 인구성장과 관광객 유입으로 제주의 환경 부하는 날로 증가했으며 이에 대한 우려 또한 확대되었다. 제주특별자치도가 실행한 사회조사 2020에 따르면 제주민들은 다양한 환경 문제에 대해 시급성을 표해왔다. 어떤 문제가 가장 시급한가에 대하여 제주 시민들은 쓰레기(플라스틱, 환경폐기물 등) 32.9%, 기후변화 재난 대응(폭염, 홍수 등) 31.7%, 대기오염(미세먼지, 황사) 15.5%, 수돗물 오염 7.0%, 농약, 화학비료 사용 오염 6.7%, 유해 화학물질 사용(가습기 살균제, 아토피 등) 3.5%, 방사능 물질 위험 2.1%, 기타 0.7%의 순으로 응답해 특히 쓰레기와 기후변화를 엄중한 문제로 꼽았다(통계청 2021).

실제 생태발자국 등 환경용량 산정기법을 이용해 제주의 지속가능성을 분석해 보면 제주의 생태적자(ecological deficit)는 악화하고 있어, 현재와 같은 제주의 경제 및 사회 시스템을 그대로 유지하기 위해서는 제주 현재 면적의 40배가 필요하고 2025년이 되면 약 47배가 필요한 것으로 추정된다(서교, 2019, p. 232). 기후변화와 관련해서 제주는 한반도 타 지역과 비교해 더 높은 수준의 취약성을 보인다. 제주의 최근 10년(2009~2018년)간 연평균 기온은 16.6℃로 1961~1970년에 비해 이미 1.2℃ 상승했으며 최근 10년간 전반적으로 겨울은 짧아지고 봄, 가을은 길어지는 추세다. 기후변화에 대한 대응 없이 현 추세로 간다면 2030년에는 약 1.6℃, 2060년에는 약 3.4℃, 2090년대에는 약 5.5℃가 상승할 것이라는 전망도 있다. 해수면 상승 또한 전국에서 가장 빠른 추세이다. 국립해양조사원 연구에 따르면 1990~2019년 사이 해수면 상승률이 연평균 4.20㎜로 전국에서 가장 높은 수준이다. 기후변화는 제주의 산업과 삶에 영향을 주고 있는데 예를 들면 제주 대표 어종인 방어의 어획량이 감소하는 등 수산업을 포함한 경제활동도 타격을 입고 있다(헬로우 DD, 2021. 8월 22일).

기후변화 문제에 대한 제주민들의 체감과 인식도 변하고 있다. 제주와 미래연구원이 2020년 8월 실시한 설문조사에서 "제주에도 기후변화 영향이 심각하다"고 인식하는 도민은 95.5%로 집계("매우 심각하다" 49.4%, "심각하다" 46.1%)되었다. 기후변화가 제주에 가장 큰 영향을 줄 것으로 예상되는 요소가 무엇인지에 대해 도민들은 "폭우, 폭염 증가"(44.5%), "바다 황폐화"(25.2%), "한라산 생태교란"(10.8%), "과일 주산지 북상"(10.6%), "황사 발생 증가"(5.9%) 순서로 응답했다. 제주도민들은 또한 도의 기후변화 관련 정책과 집행을 부정적으로 평가했다. 긍정적 평가가 6.8%(매우 잘함 0.6%, 잘하는 편 6.2%)인데 반해 부정적 평가는 51.3%(전혀 못함 15.5%, 못하는 편 35.8%)로 제주 도정의 기후변화 정책의 개선이 시급함을 시사했다(제주뉴스, 2020. 9월 22일).

이러한 환경적 우려의 증가 외에도 경제, 산업적 도전과제들은 제주도가 CFI 정책을 도입하는 배경으로 작용하였다. 제주의 산업 구조의 특징은 제조업 비중이 작고, 상대적으로 일차산업인 농림어업 비중이 높다는 데 있고 특히 독특한 지형적, 환경적 특색으로 인해 관광업이 발전하는 산업 구조가 형성되었다. 그러나 이들 산업은 외부 요인에 대한 민감도가 큰데, 예를 들어 농림어업은 계절, 기후의 영향을 받으며 건설업, 관광업, 숙박 및 음식업 등의 서비스업은 경기 및 관광객 유입에 민감하다. 사드 배치 결정 이후 중국 관광객의 감소 및 코로나-19로 인한 경제적 여파에서 드러났듯 제주가 통제하지 못하는 외부 변수가 주요 수입원인 관광산업에 영향을 미치기도 한다. 이처럼 제조업 기반이 약하고 관광, 서비스 비중이 높아 고용 안정성에 있어서도 비정규직 비중이 전국평균치를 상회하는 등 취약성을 보인다. 더 나아가 코로나-19로 인해 앞당겨진 디지털 경제로의 전환은 취약 계층의 고용 부진 및 소득기반 약화로 소득 격차를 더 악화시킬 가능성이 있다. 제주의 전통 산업이었던 감귤, 관광산업의 미래는 불투명하며 지방정부의 정책 환경은 우수한 편이나 기초 투자 기술 환경은 전국 최하위 수준이고 특히 첨단, 고기술 산업기반이 취약하다. 용암해수단지, 첨단과학기술단지, 농공단지, 제2첨단과학기술단지, 헬스케어 타운 등이 조성되어 있으나 타 산업과의 융합 수준이 낮고 산업 구조의 전면 고도화가 필요하다(고철수, 2018).

이러한 제주의 경제, 산업적 조건들은 바람, 물, 용암 해수 등 차별화된 지역자원을 활용, 부가가치를 창출할 수 있는 기업 및 저탄소 녹색성장 관련 기업들에 주목하는 계기가 되었다. 특히 제주의 지속가능발전을 위해 유망산업의 유치 및 육성과 더불어 외부 변화와 충격에 대한 취약성이 낮은 자생적 소득기반을 조성해 친환경 산업과 같은 고부가가치 산업을 육성해야 한다는 목소리가 높아져 왔다(고철수, 2018).

제주가 장기적 경제성장 동력을 발굴해야 한다는 인식은 앞서 논의한 환경 문제에 대한 요구와 점차 결합되면서 섬의 경제와 자연환경의 지속가능한 전환이 필요하다는 인식이 싹트게 되었다. 이에 제주도는 환경적 목표와 경제의 신성장 동력 확보라는 양대 목표 달성을 위해 2030 CFI 정책을 도입하기에 이르렀다.

CFI 정책의 구성 요소

환경과 경제의 지속가능성에 대한 제주의 고민은 2012년 5월 2일 "CFI Jeju by 2030"(2030년까지 CFI 제주)이라는 정책의 발표로 표출되었다. 36대 우근민 도정(2010년 7월~2014년 6월)에서 공식적으로 도입한 CFI 정책은 타 지자체보다 선도적으로 청정에너지 자립 섬을 조성하여 지속가능발전을 도모한다는 목표를 설정하였다. 이어 2013년 발표된 세부 실행 로드맵은 청정(cleanness), 안정(stability), 성장(growth)이라는 3대 목표 아래 환경과의 조화, 안정적 에너지 수급, 도민 주도 산업생태계 혁신, 스마트그리드 전역 확대, 신재생에너지 기반 전력체계 달성, 수송 수단의 전기자동차화 등의 청사진을 제시하였다(그림 1). 이를 통해 제주는 지속가능발전 뿐만 아니라 생산 및 부가가치 증대, 취업 효과 등 경제적으로 긍정적 파급효과를 꾀했다.

〈그림 1〉 CFI의 핵심 가치

자료: 제주특별자치도 홈페이지(2021)

정책목표 이행을 위한 1단계로 제주는 가파도에서 카본프리 아일랜드 시범모델을 구축하고 2단계로 2020년까지 전력의 50%를 신재생에너지로 대체, 3단계로 2030년까지 전력 100% 신재생에너지 대체를 목표로 설정했다. 또한 스마트그리드 거점지구 추진, 전기자동차 시범도시 구축, 2GW 해상풍력 개발, 제주에너지공사 설립 등도 추진계획에 포함되었다(김동주, 2020, p. 236).

37, 38대 원희룡 도정(2014년 7월~2021년 8월)은 CFI 계획을 수정·보완했다. 2015년 파리기후변화협정(Paris Agreement)에서 국제적으로 탄소중립 도서(island)에 대한 논의가 확대되면서 제주의 CFI 비전도 대내적 주목을 받게 되었다. 이에 제주는 기존의 CFI 정책에 신규 과제들을 추가했는데 예를 들어 2015년 5월 LG, 한국전력과 특수목적법인 설립 MOU를 맺고 에너지저장장치(ESS) 구축과 연료전지 발전을 추진하여 제주를 글로

벌 에코 플랫폼으로 조성할 것을 선언했다. 9월에는 도내 여론 수렴 및 관계기관과의 협의를 통해 전력수요 전체를 풍력 중심의 신재생에너지로 대체하는 공공주도 풍력 개발 투자활성화 계획을 발표했다. 이 계획은 2030년까지 전력수요 58%를 육해상 풍력발전을 통해 공급해 제주를 세계적 에너지 모범도시로 육성한다는 내용이다. 2016년 4월에는 태양광에 대한 발전 활성화 계획도 발표되었는데 약 1조 원을 주택, 감귤 폐원지, 마을 소유 시설 및 공유지 등을 활용해 도민참여 프로그램을 운영하여 1,111MW의 태양광을 설치하고 보급한다는 내용이다(김동주, 2020, p. 239).

2019년 6월 제주는 에너지경제연구원이 수행한 "에너지자립도 실행을 위한 신재생에너지 통합보완 CFI 2030계획 수정보완" 용역을 토대로 기존의 카본프리 아일랜드 정책을 점검, 보완했다. 이 계획에 따라 제주는 재생에너지, 전기차, 수요관리 및 융·복합 신산업을 4대 정책 부문으로 설정하였다.

업데이트된 CFI 정책의 부문별 정책목표를 보면 2030까지 전력수요 100%를 충당하기 위한 신재생에너지 설비 도입에는 이전과 변동이 없지만, 신재생에너지 보급목표는 기존 4,311MW에서 4,085MW로 조정되었다. 연료전지(520MW에서 104MW) 및 지열은 축소되거나 제외되었고 화력발전소 연료를 전환한 바이오 중유발전이 175MW 신설되었다. 전기차와 관련해서는 37만 7천 대 보급목표가 유지되었고 등록 차량 50만 대의 75%를 전기차로 대체하며 나머지는 수소차로 설정하였다. 에너지 수요관리 고도화를 통한 에너지 고효율 저소비 체제로의 전환을 통해 최종에너지 원단위 0.071TOE/백만원 실현을 목표로 설정(2019년 기준 0.090TOE/백만원)하였고 이를 위한 융·복합 신산업 선도 부문을 추가했다(그림 2, 표 1).

〈그림 2〉 2030 카본프리 아일랜드의 4대 정책목표

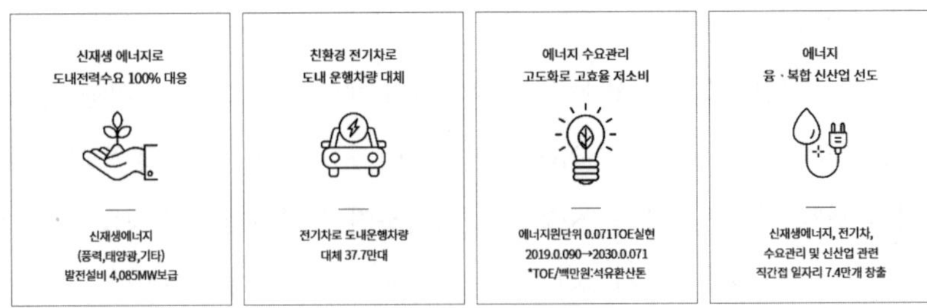

자료: 제주특별자치도 홈페이지(2021)

〈표 1〉 CFI 4대 정책 부문 단계별 목표

		2017	2020	2022	2025	2030
신재생에너지 설비 도입	설비용량(MW)	605	1,137	1,821	2,490	4,085
	발전량(GWh)	1,488	2,522	3,720	5,055	9,268
	전력수요 대비 발전비중(%)	30	44	59	67	106
전기차 보급	전기차 대수(대)	9,206	39,951	92,726	227,524	377,217
	전기차 비중(%)	2.5	10	23	52	75
	충전기 기수(기)	8,284	22,419	34,603	59,167	75,513
최종 에너지 원단위	최종에너지소비(천TOE)	1,510	1,594	1,621	1,603	1,581
	전력수요(GWh)	5,014	5,694	62,900	7,600	8,723
	에너지 원단위(TOE/백만원)	0.096	0.088	0.085	0.078	0.071
융·복합 신사업 선도	생산 유발(억 원)	-	5,838	8,688	7,534	10,341
	취업 유발(명)	-	4,989	7,369	6,459	8,951
	도민수익 사업 모델(계)	8	12	18	21	21

자료: 제주특별자치도(2019). CFI 2030 계획 수정 보완 용역

제주는 이들 4대 부문에서 다양한 사업을 추진하는 과정에서 직간접적으로 총 74,000개의 일자리를 창출하는 것을 목표로 잡았다. 또한 에너지 전환과 친환경 전기차 보급 등의 사업을 통해 이산화탄소 배출량을 2030년

까지 기준안인 420만 3,000톤에서 33.9% 감축한 277만 9,000톤으로 저감하고자 한다.

이렇듯 2012년에 CFI 정책이 도입된 이래 제주는 탄소 없는 경제 및 사회 조성이라는 목표 실현을 위해 친환경에너지, 자동차, 신산업 등의 부문에서 구체적 이행 방안들을 도입하고 집행하면서 정책적 지속성을 유지해왔다. 이 과정에서 신규사업이 추가되고 개별 과제들의 목표도 수정되었으나 신재생에너지, 전기차 확대, 에너지 수요관리, 융·복합 신산업 창출이라는 핵심 정책 및 구성 요소들은 전반적으로 유지되었다.

3. CFI 2030 정책의 이행 성과 및 도전과제: 에너지 부문을 중심으로

앞서 살펴본 바와 같이 CFI는 신재생에너지, 전기차, 에너지 수요관리, 신산업 창출이라는 4대 정책 부문에 걸쳐있으나 지면의 제약으로 이 장에서는 신재생에너지 및 에너지 수요관리라는 에너지 부문에 집중한다. 에너지 부문은 온실가스 배출량 비중이 가장 큰 부문으로 탄소중립 사회 및 경제로의 전환을 위해서는 에너지 부문에서의 전환이 필수적이다.

신재생에너지

2030 CFI 정책은 태양광, 풍력 등 신재생에너지 발전을 확대하는 에너지전환을 핵심으로 한다. 2030년까지 전력사용량의 100%를 신재생에너지로 대체하기 위해서는 다음과 같은 재생에너지 부문별 설비용량의 확대가 필요하다(표 2). 이는 2019년 수준의 태양광과 풍력을 기준(600MW)으로 약 6.8배의 확대를 의미한다.

〈표 2〉 카본프리 아일랜드 재생에너지 목표

총 설비용량	4085MW	비중 (%)
해상풍력	1895	46%
태양광	1411 (2025년 1035)	35%
육상풍력	450	11%
바이오중유	175	4%
연료전지	104(520에서 축소)	3%
바이오/폐기물	40	1%
지열	제외	0%

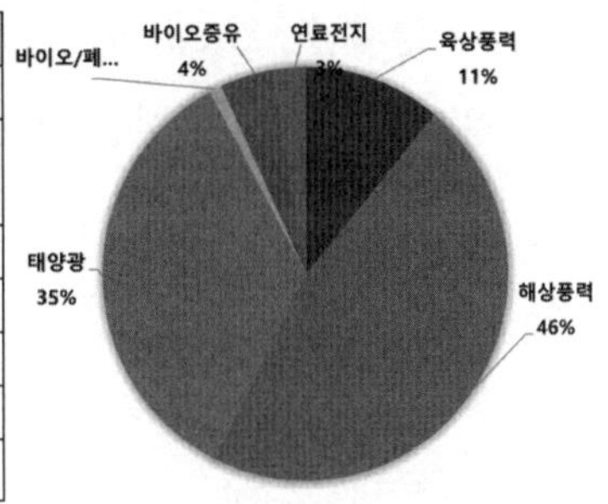

자료: 제주특별자치도(2019). CFI 2030 계획 수정 보완 용역을 토대로 정리

제주는 2030 CFI 정책 수립 이전부터 신재생에너지 부문에 관심을 기울여 왔다. 2007년과 2011년 제주특별자치도 특별법 개정을 통해 제주는 중앙정부 장관의 권한 중에서 육상, 해상 풍력발전사업 허가권을 이양받아 지역 특성을 반영한 허가기준을 마련해 운영하게 되었다(김동주, 2020, p. 251). 2012년에는 전국 최초의 국산화 풍력발전단지 개발 및 운영에 성공하였고(표선면 가시리) 2017년에는 최초의 상업용 해상풍력발전소 준공(탐라해상풍력), 육·해상 풍력발전 실증연구단지(구좌읍 김녕리) 구축이라는 성과를 창출했다.

또한 2012년에 전국 최초로 지방 에너지 공기업인 제주에너지공사가 출범하면서 2030 CFI의 추진에 탄력을 받았다. 제주에너지공사는 풍력자원의 공공적 관리 및 사업 집행을 통해 풍력산업을 지역 경제 활성화를 위한 신성장 동력산업이자 도민의 에너지복지 사업으로 추진 중이다. 2017년에는 풍력발전사업자들로 하여금 개발이익 일부를 풍력자원 공유화 기금으로 기부받아 조성, 운용하는 등 풍력사업의 지역 수용성과 보급을 높이기 위한 제도적 혁신성과도 창출했다. 이렇듯 제주는 국내 신재생에너지 확산을 위한 시범단지이자 전진기지 역할을 해왔다고 해도 과언이 아니다.

에너지경제연구원(2019)의 2030 CFI 계획 수정 보완 용역에 따르면 제주의 육상 재생에너지 시장 잠재량(현재의 경제성, 지원정책, 규제정책 등의 시장 환경하에서 활용 가능한 에너지량)은 설비용량(MW) 기준으로 태양광 15,719MW, 태양열 2,729MW, 풍력 1,887MW이며 해상 잠재력은 고정식 풍력 1,225MW이다. 이러한 시장잠재력 대비 현 개발 수준은 태양광 1%, 육상풍력 12.5%, 해상풍력 약 2.4% 정도이다(김동주, 2020, p. 244). 이들은 대부분 대규모의 상업용 육, 해상풍력 및 태양광발전이 중심이며 사업자는 한국전력 공사가 건설, 운영하는 송배전 계통에 연계하여 전력을 판매한다. 비상업용 자가용 재생에너지 보급 실적은 2019년 기준, "농어촌지역 에너지자립마을 조성사업" 13개 마을에 태양광 3,972kw, "공공기관 태양광발전 시설 보급사업" 2개소에 136kw, "주택 및 마을공동이용 시설 태양광발전 시설 지원사업"에 각 743kw, 811kw를 신규 설치한 것을 포함해 총 4,851kw로 나타났다(김동주, 2020, p. 245).

2030 CFI 정책을 토대로 제주의 재생에너지 발전설비 용량은 점진적으로 확대되어왔다(그림 3 & 4). 2020년을 기준으로 제주의 재생에너지 설비용량 비율은 전체의 36%에 달했고 발전 비중은 전체 발전량의 16%를 넘겨 전국 최고 수준을 보였다. 2020년 한 해를 기준으로 제주 전체 전력공급의 16.2%가 295MW의 육·해상풍력발전과 448MW의 태양광발전 등에서 생산되었다. 제주는 2030년까지 육·해상 풍력발전 2,345MW와 태양광 1,411MW의 설비용량을 갖춰 도내 전력공급의 100%를 재생에너지로 전환하고자 한다(프레시안, 2021. 8월 6일).

〈그림 3〉 제주 신재생에너지 발전설비 누적 보급용량

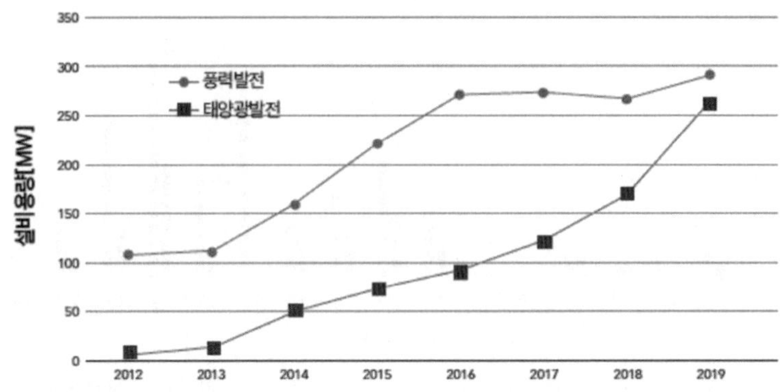

자료: 이개명(2019), p.445

〈그림 4〉 제주의 신재생에너지 발전량

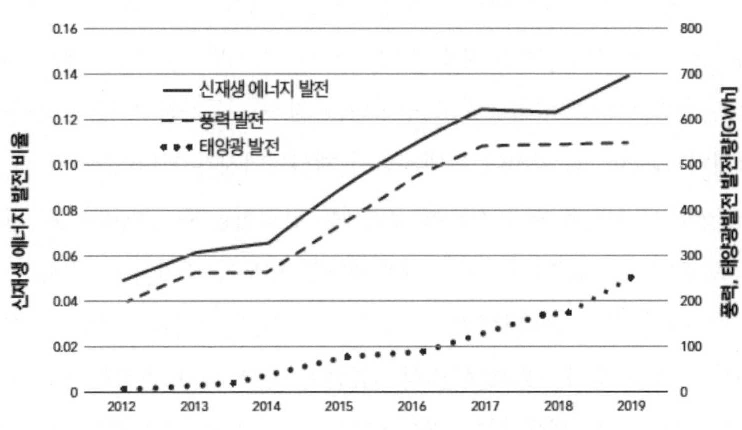

자료: 이개명(2019), p.450

그러나 이러한 성과에도 불구하고 몇 가지 한계와 도전과제가 남아있다. 첫째, 제주의 신재생에너지 절대 생산량을 타 시도와 비교하면 전남, 경북, 충남, 전북, 경기 등에 비해 낮은 수준이다(그림 5).

〈그림 5〉 지역별 신재생에너지 생산량 비교(2010년, 2018년)

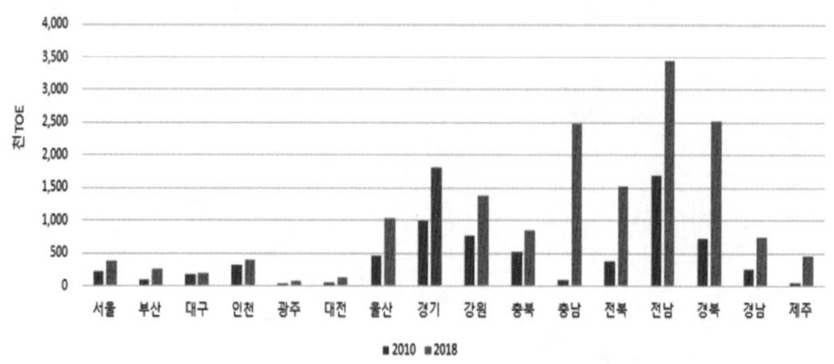

자료: 통계청 신·재생에너지원별(열량) 생산량(시도), 한국에너지공단, 「신재생에너지보급실적조사」

또한 제주의 재생에너지 정책의 추진은 재생에너지가 가지는 간헐적 특성 및 정확한 발전량의 예측 불가성이라는 특성상 수요 및 공급 관리가 어렵다는 점에서 기술적 도전에 직면해 있다. 풍력발전 설비 확대로 전기 생산은 늘었으나 소비되지 않고 낭비되는 경우가 증가하고 있다. 제주의 재생에너지 설비 및 발전이 확대되면서 재생에너지가 과다 출력될 때 전력 망(grid)의 불안정을 방지하여 전력계통 안정성을 유지하고자 직, 간접적으로 출력을 제한하는 조치인 출력제한의 빈도가 증가하고 있다.

〈표 3〉과 같이 풍력발전의 출력제한은 2015년 3회를 시작으로 매년 꾸준히 증가해 왔다. 2021년 역시 5월까지 총 55회가 발생하였고 이는 2021년 말까지 200회에 이를 것으로 전망된다. 또한 풍력에만 적용되던 출력제한 조치는 이제 100kw 이상의 태양광에도 적용된다. 출력제한 문제는 발전사업자들의 손실액으로 이어지며 잠재 사업자들이 시장 진입을 저해하는 요소 중 하나로 작용할 수 있다. 이러한 문제의 해결을 위해 제주도 내 소비량을 초과하는 잉여전력을 육지로 역송하는 제3해저연계선로(HVDC#3) 건설을 추진 중이며 기존 해저연계선로를 이용한 전력의 역송

방안도 논의하고 있다(김동주, 2020, p. 246). 풍력 이익 공유화 기금을 활용하여 발전사업자들의 손실을 보상해 주는 방안 및 에너지저장시스템(Energy Storage System, ESS) 확충 등의 기술적 방안도 고려되고 있다.

〈표 3〉 2015~2020년 연간 제주 풍력발전 출력 제어

연도	풍력발전 제어 횟수	제어량(MWh)
2015	3	152
2016	6	252
2017	14	1,300
2018	15	1,366
2019	46	9,223
2020	77	19,449

자료: 한국전력거래소 제주지사

이러한 기술적 제약과 더불어 화석연료 확대는 제주가 2030년까지 탄소 없는 섬을 조성한다는 CFI 정책에 배치된다. 제주는 2030년까지 전기 공급의 100%를 재생에너지로부터 충당한다는 목표를 설정하고 있으나 대규모 천연가스(LNG) 화력발전소 건설도 계속되고 있다. 한국중부발전이 삼양동에 240MW 규모의 LNG 복합화력발전소를 신규 준공하였고 남부발전도 남제주화력발전소(서귀포시 안덕면 화순리)에 140MW의 LNG 발전소를 신규 건설 중이다. 기존 화력발전소의 연료도 바이오중유(중부발전 제주 화력발전소)와 천연가스(남부발전 한림화력발전소)로 전환하고 있다(김동주, 2020, p. 246). 이러한 화석연료의 지속적 이용 및 확대는 제주가 추구하는 재생에너지 중심의 에너지전환 목표와 배치된다.

에너지 수요관리

제주는 2030 CFI 정책을 통해 고효율 저소비 에너지 체제로의 전환을

추구한다. 전기차 보급 확대 및 에너지 수요관리 고도화를 통해 기준안 대비 23.4%의 에너지 수요 절감을 달성하고자 한다. CFI에 따라 최종에너지 원 단위는 2019년 기준 0.090TOE/백만 원에서 2030년 0.071TOE/백만 원으로 개선된다.

에너지 수요관리 부문에서의 이행 성과를 보면, 제주의 에너지 효율은 전국평균보다 높은 수준에서 개선되었다. 2005년에서 2017년 사이 제주의 에너지원단위는 연평균 1.9% 향상되어 전국 0.8%를 상회한다.

〈표 4〉 전국과 제주의 에너지원단위 비교

구분		2005	2010	2017	CAGR(%) (05-17)
최종에너지 (천TOE)	전국	171,176	194,971	233,901	2.6
	제주	996	1,168	1,510	3.5
에너지원단위 (TOE/백만 원)	전국	0.165	0.154	0.15	-0.8
	제주	0.121	0.107	0.096	-1.9

자료: 에너지경제연구원(2018), 2017지역에너지 통계 연보 및 국가통계포털

그러나 부문별 최종에너지 소비에 있어서 산업 부문에서 약간의 감소를 제외하고는 증가 추세를 보였다(그림 6).

〈그림 6〉 제주의 부문별 에너지 소비 추세

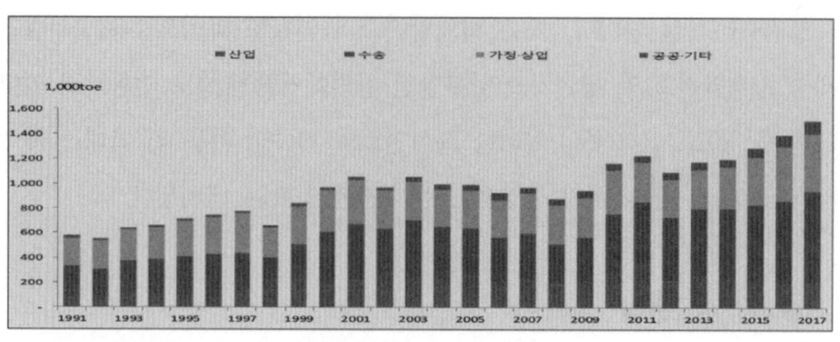

자료: 에너지경제연구원(2017), 2016년 지역에너지 통계연보

2030 CFI 정책은 효과적 수요관리를 목표로 하고 있으나 제주의 에너지 소비는 오히려 증가해 왔다. 2005년에서 2017년 최종 에너지 소비는 연평균 3.5% 증가했는데 이는 전국 대비 약 0.9% 포인트 높은 수준이다. <표 5> 역시 석유류 소비량이 증가하고 있음을 보여준다.

〈표 5〉 제주 석유류 소비량(단위: kl)

연별	합계	휘발유	등유
2013	692420	122267	84140
2014	651342	115052	63207
2015	726086	139318	73897
2016	821396	154093	107710
2017	879958	162295	123963
2018	945169	176583	166795
2019	987538	176890	165389

자료: 제주통계연보(2020), p.284

또한 제주는 CFI를 추진하면서도 육지에서 더 많은 전력을 공급받아, CFI가 추구하는 에너지 안정 및 외부 의존도 감소를 통한 에너지 자립 목표에 역행하고 있다. 육지로부터의 공급 수준은 2009년 1,015.5GWh로 제주 내 발전량의 약 27.6%를 차지했으나 2019년에는 2,272GWh로 약 40%를 차지하여 외부 의존도가 오히려 확대되었다. <표 6>은 석유를 통한 에너지 소비 및 1인당 최종에너지 소비량의 지속적 증가했음을 보여준다. 이같이 에너지 소비가 지속적으로 증가했다는 것은 수요조절 부분에서 CFI 정책목표의 이행이 효과적이지 않았음을 의미한다.

〈표 6〉 제주 1인당 최종에너지 소비량

연별	공급권역내 소비량(천 toe)	공급권역내 인구수(명)	1인당 소비량 (천 toe)	석유 (천 toe)
2015	1,307	587,217	2.23	661
2016	1,400	618,549	2.26	734
2017	1,510	634,919	2.38	808
2018	1,541	652,966	2.36	816

자료: 제주통계연보(2020), p.288

더딘 신재생에너지로의 전환 속도와 지속적 화석연료 사용으로 제주도의 온실가스 배출은 증가 경로를 보여왔다. 에너지산업, 산업공정, 농업, 토지이용, 토지이용 변화 및 임업, 폐기물 등에서 온실가스 배출이 증가하고 있다(그림 7). 이는 탄소 없는 섬을 표방하는 CFI 정책의 비전과 배치된다.

〈표 7〉 제주의 부문별 온실가스 배출(단위: 천톤CO2eq)

분야	'90년	'00년	'10년	'16년	'17년	'18년 (비중)	'90년 대비 증감률	'17년 대비 증감률
에너지	2,026.57	3,636.51	4,153.24	3,653.10	3,865.96	4,197.12 (86.7%)	107.1%	8.6
산업공정	18.87	19.28	52.25	44.66	55.9	119.83 (2.5%)	2,094.7%	168.3
농업	281.53	306.09	332.08	353.44	358.65	363.92 (7.5%)	29.3%	1.5
LULUCF*	-891.93	-1092.86	-549.83	-364.92	-396.06	-556.91 (-11.5%)	-37.6%	40.6
폐기물	148.91	158.00	123.76	170.33	175.13	159.77 (3.3%)	7.3%	-8.8
총배출량 (LULUCF제외)	2,462.47	4,119.47	4,628.36	4,229.12	4,444.39	4,840.64 (100%)	96.6%	8.9
순배출량 (LULUCF포함)	1,570.53	3,026.61	5,178.19	3,864.21	4,048.33	4,283.73 (88.5%)	172.8%	5.8

*LULUCF: 토지이용, 토지이용 변화 및 임업 (Land Use, Land Use Change and Forest)

에너지 거버넌스

2030 CFI를 포함한 제주의 저탄소 녹색 정책은 주로 제주 도정 관계자, 관계기관, 전문가들을 중심으로 관주도-산업연계 모델에 기반하여 추진되어 왔다(김동주, 2020). 에너지 정책의 경우 미래산업과, 전기자동차과, 탄소없는제주 정책과가 협업하여 제주도의 에너지 정책 방향을 설계하고 과제를 도출해 왔다(김동주, 2020, pp. 252-3).

에너지 부문에서는 제한된 수준이지만 다양한 이해당사자들이 참여하는 거버넌스가 구축되어 운영되어왔다. 2019년 6월 중앙정부가 <제3차 에너지기본계획>을 수립하면서 에너지 정책 수립 및 시행 과정에서 주민의 지역에너지 계획 수립 참여 등 수요, 공급자인 국민들의 참여를 확대하라는 권고안이 있었고 제주에서도 제6차 지역에너지계획 작성 과정에서 처음으로 시민참여 방식이 도입되었다. 제주는 이후 에너지 기본조례에 따라 기관장, 전문가, 사회단체 임직원이 참여하는 에너지위원회를 운영 중이며 도민공청회를 통해 의견 수렴도 진행해 왔다(김동주, 2020, p. 247). 2021년 CFI 도민참여 에너지 거버넌스에는 도민, 전문가, 사업자 등 3개 부문에서 백 명 이상이 참여했다(하상우, 2021).

제주에서는 또한 주민들이 에너지 프로슈머(생산자 프로듀서와 소비자 컨슈머를 합친 말)로 재생에너지 생산에 직접 참여하며 개발이익을 공유하도록 했다(김동주, 2020, pp. 248-9). 도민들은 한국에너지공단 태양광발전 보급 지원사업에 참여해 왔으며 2018년부터 에너지협동조합에 대한 지원도 시작되어 시민이 조합원으로 참여하는 에너지협동조합이 태양광발전사업을 추진해 왔다. 제주에너지공사도 주민참여형 태양광발전 시범사업을 운영 중이다. 풍력 부문에서는 2017년부터 풍력자원공유화기금 조례를 통해 주택 태양광발전 보급사업을 이행하고 있다. 또한 지원사업을 통해 풍력발전지구로 지정된 인근 마을의 주민 수용성 증대를 위한 지원

대책으로 3MW 이하 1기의 풍력발전사업을 허가해 주는 등의 제도가 활용되었다. 제주도의 풍력자원 공유화기금은 도민의 공공자원인 풍력자원 개발이익을 도민들에게 환원하여 지역에너지 자립과 에너지 복지사업에 기여할 목적으로 2016년 7월 제주도의회가 제정한 조례를 근거로 2017년에 설치되었다(프레시안, 2021, 8월 6일).

이와 같은 다양한 참여 방식은 재생에너지 부문에서 투자를 활성화하고 사업 추진에 있어 중요한 요소인 주민 수용성을 개선하는데 기여하는 등 긍정적으로 작용해 왔다. 그러나 여전히 재생에너지의 확대에 대한 도민들의 우려 및 반대도 존재한다. 풍력의 경우 경관, 발전기 회전자에 의한 소음, 해양환경 및 생태계에 미칠 수 있는 영향에 대한 우려가 있으며 태양광의 경우 경관, 빗물 불투수, 하류 지역의 재해 발생 증가 등에 대한 우려가 제기된다. 재생에너지 사업에서 환경영향평가 및 제주 자체의 환경과 경관 기준 규정이 적용되고 있으나 부지 설정 등에 있어 여전히 갈등이 지속되고 있어 더 광범위한 의견 수렴 및 공론화 과정이 요구된다.

에너지 부문 도전과제

제주의 CFI 2030은 2030년까지 발전량 100%를 재생에너지로 충당한다는 내용을 골자로 하며 이를 위해서 제주는 4,085MW의 발전설비를 도입해야 한다. 이는 2019년 설비 수준의 약 6~7배 정도의 확대를 의미한다. 이러한 야심찬 목표를 이행하기 위하여 제주는 재생에너지에 대한 지자체의 정책적, 재정적 지원을 강화하고 민간사업자 유치를 위한 방안을 고안해야 한다.

전북, 경남, 전남, 울산 등 타 지자체들이 제주의 카본프리 아일랜드를 학습, 모방하며 대규모의 민자 투자를 통해 해상풍력 사업 경쟁에 참여해 왔다. 일례로 울산은 2030년까지 36조를 투입, 6GW급의 부유식 풍력 단지를 조성할 계획이다. 재생에너지의 선두 지위에 있던 제주가 이들 지자체와 경쟁에서 우위를 유지하기 위해서는 발전사 등을 포함한 재생에너지 유관 기업의 유치와 지원을 위한 세제 및 규제 등에서의 제도적 개선 방안을 고안할 필요가 있다.

또한 재생에너지의 특성에서 파생된 기술적 문제인 계통 안정성 문제에 대한 해법도 요구된다. 스마트 그리드, ESS 등 재생에너지의 간헐성을 극복하고 수요와 공급을 효율적으로 관리할 수 있는 시스템 구축이 필요하다. 예를 들어 잉여 에너지를 사용해 수소를 만드는 P2G(power to gas)나 ESS 등에 대한 투자가 필요하다. 잉여전력을 육지로 역송하는 방안도 적극적으로 고려해야 한다. 또한 분산 에너지 특구 지정을 추진해 전력거래를 자유화하는 등의 제도적 실험도 계속되어야 한다.

재생에너지 보급 및 확대 지연의 주요 원인 중 하나는 여전히 주민 수용성 문제 및 입지 포화 문제이다. 특히 규모가 큰 풍력발전의 경우 주민 수용성 및 환경 영향을 둘러싼 갈등으로 인하여 사업이 지연되기도 한다. 따라서 도민이 더욱 광범위하게 참여하는 거버넌스를 구축해 갈등을 관리하고 및 해법의 모색이 필요하다. 2019년 6월 에너지 자립도 실행을 위한 신재생에너지 통합보완 CFI 2030 계획 수정 보완 용역 보고서(제주특별자치도, 2019)에 따르면 태양광, 풍력 등 재생에너지 수용성 찬성률은 제주와 전국 모두에서 약 60%에 달했다. 반대 의견의 2/3가 환경오염 및 생태계 파괴, 경관 훼손, 사업 진행의 불투명성 및 참여 제한을 이유로 들었다. 제주도민 중 경제적 손실을 이유로 반대한 경우는 14%에 불과했다. 해상풍력에 있어서는 제주의 선호도가 전국보다 오히려 2배 높았다. 또한 이익 공유 유형별 선호도에서 제주도민들의 경우 현금 보상보다는 마을공동사업 또는 마을복지사업을 상대적으로 선호하였다. 이러한 결과는 제주도민의 신재생에너지 반대나 우려 이유가 배타적 이익 추구가 아님을 보여준다. 따라서 제주는 이러한 연구를 토대로 신재생에너지 사업에 있어 정책수용성 및 타당성을 개선할 제도 및 거버넌스를 고안해야 한다.

제주의 에너지 수요는 산업, 공공 부문보다 수송 및 가정·상업 부문에서 대부분을 차지한다. 따라서 에너지 수요관리를 위해서는 수송 부문의 에너지 사용 저감 및 가정, 상업 부문에서의 수요관리 및 에너지의 효율적 이용이 요구된다. 건물과 산업 부문에서의 에너지 수요 감축을 위해서는 기존 보조 기반의 고효율 에너지 사용 기기 보급사업으로부터 효율향상의무화제도(EERS) 등 보다 적극적 규제를 통해 수요관리 목표를 달성할 필요가 있다. 건축물의 에너지 소비 총량제 도입, 에너지 수요관리 컨설팅 등도 건물의 에너지 사용의 효율화를 유도할 수 있다. 제로에너지 빌딩 등에 대해서는 세제 등 혜택을 제공하는 방안도 고려해야 한다. 또한 스마트그리드, 지능형검침인프라(AMI), 수요반응(DR), 에너지경영시스템(EnMS) 등 다양한 고효율의 스마트 에너지 시스템 기술을 보급하여 에너지 사용을 최적화할 필요가 있다.

5. 결론

제주도는 청정환경이라는 가치를 보존하고 지속가능발전을 추구하며 외부충격에 대한 취약성을 최소화하여 지역의 내생적 경제 경쟁력을 확대하고자 2012년에 2030 카본프리 아일랜드 정책을 도입했으며 지난 약 10년간 이를 추진해 왔다. 청정, 안정, 성장이라는 3대 핵심 가치 아래 제주는 재생에너지, 전기차 등 저탄소 친환경 산업 부문의 경쟁력을 제고하고 동시에 제주 및 대한민국의 환경 문제, 나아가 전 지구적 위기인 기후변화 문제에 대응해 왔다. 본 장은 제주의 2030 CFI 정책을 소개하고 특히 에너지 부문에서의 성과와 도전과제를 고찰하였다.

제주의 2030 카본프리 아일랜드 정책은 부문별로 구체적 달성 목표 및 과제들을 제시하며 추진되어 왔다. 그러나 이행된 사업들을 보면 제주의 저탄소, 친환경 도서로의 전환이라는 궁극적 목표의 달성보다는 녹색산업 인프라 보급이라는 양적인 성과 창출에 초점이 맞추어져 있다. 저탄소 도서로의 이행을 위해서 다양한 부문을 망라하는 종합적 접근법이 요구되기는 하나, 재정, 인력, 기술, 도민들의 정책에 대한 관심 및 지지 등이 분산 투입되어 정책의 효과적 이행을 지연시키는 단점이 있었다. 따라서 2030 CFI 및 제주의 카본프리 아일랜드로의 전환을 대표할 수 있는 정책과제들을 선별하여 단기적으로 성공적 이행 실적 창출해 내고 그러한 성과를 토대로 축적된 경험과 전략을 타 부문 및 과제들로 확산해 나가는 것이 바람직하다.

또한 제주의 2030 CFI의 이행 과정에서 지자체는 도민들과의 공청회 등을 통해 양방향의 소통과 상호작용을 추구해 왔으며 교육 및 홍보로 지역주민들이 마을 단위 등에서 태양광, 풍력 등 재생에너지 개발 및 보급에 직접 참여하는 거버넌스를 구축해 왔다. 그러나 마을 태양광 보급사업과 같은 사업 추진은 다소 단발적이고 형식적 거버넌스의 형식을 간헐적으로 활용한 측면도 있다. 따라서 다양한 이해당사자들이 정책 수립 과정 초기에서부터 참여하는 상시적 협력의 거버넌스 플랫폼을 조성해야 한다. 이를 통해 제주의 카본프리 아일랜드로의 전환을 위한 사회 전반의 인식과 역량을 제고하고 정책의 이행 성과와 효용성을 제고해야 한다.

본 장은 제주의 경험을 토대로 본 연구는 에너지와 관련하여 기술적, 경제 산업적, 그리고 거버넌스 측면에서 탄소 없는 시대로의 전환 과정에서 도출될 수 있는 다양한 제약과 도전과제들을 고찰했다. 이러한 사례 연구는 국가, 지방정부, 도시 등 다양한 차원에서 유사 정책의 도입 시 참고할 수 있는 심층적 분석을 제공함에 의의가 있으며 향후 가설 도출 및 이론 정립을 위한 연구의 토대로 작용할 것이다.

참고문헌

고철수, 「친환경적기업의 제주 유치 전략」, 『제주발전연구』 제22호, 2018, pp. 229-245.

김동주, 「지역 에너지전환 정책평가(2): 제주특별자치도 신재생에너지 개발보급정책을 중심으로」, 『탐라문화』 제63호, 2020, pp. 225-268.

대한민국정책브리핑, 「2050 탄소중립」, 2021, https://www.korea.kr/special/policyCurationView.do?newsId=148881562 (검색일: 2021. 7. 30).

서교, 「지속가능한 제주농업 미래전략 2045」, 『제주의 미래 2045』, 제주연구원, 2019, pp. 251-254.

이개명, 「제주 카본 프리섬(Carbon-free Island, Jeju)계획의 성과와 의의」, 『제주의 미래 2045』, 제주연구원, 2019, pp. 432-459.

이재현, 「지방과 그린뉴딜: 지방분권과 지방정부 자율성을 중심으로」, 환경정치연구회 편집, 『탄소중립과 그린뉴딜』, 한울엠플러스, 2021, pp. 30-53.

제주뉴스, 「제주도민 10명 중 9명 '기후변화 영향심각'」, 2020년 9월 22일, https://www.newsjeju.net/news/articleView.html?idxno=350914 (검색일: 2021. 8. 10).

『제주통계연보 2020』. 제주특별자치도, 2020.

제주특별자치도, 「CFI 2030 계획 수정 보완 용역」, 2019.

제주특별자치도, 「청정과 공존의 제주 성과와 과제」, 2021년 7월 1일.

제주특별자치도, 「'청정과 공존' 향한 변화와 혁신…「제주형 뉴딜 2.0」본격화」, 2021년 10월 12일.

제주특별자치도 홈페이지, 2021, https://www.jeju.go.kr/cfi/intro/vision.htm (검색일: 2021. 8. 30).

프레시안, 「제주 풍력발전이 가야 할 길은 공유화」, 2021년 8월 6일, https://www.pressian.com/pages/articles/2021080516581542571?utm_source=naver&utm_medium=search (검색일: 2021. 8. 10).

하상우, 「코로나 대전환기, 민생 회복과 미래로의 변화 혁신」, 제주특별자치도청 경제정책과, 한국은행 주최 2021년 지역경제 세미나, 2021년 9월 28일.

헬로우DD(대덕넷), 「한겨울 봄꽃 피는 제주도…팔 걷어붙인 '과학자들'」, 2021년 8월 22일, https://www.hellodd.com/news/articleView.html?idxno=93976 (검색일: 2021. 8. 25).

호남지방통계청 제주사무소, 「2020 통계로 본 제주의 어제와 오늘」, 2020년 12월 3일.

환경부, 「'2050 탄소중립 달성과 녹색성장 실현'을 위한 윤석열 정부 탄소중립·녹색성장 청사진 공개」, 보도자료. 2023년 3월 21일자, https://www.me.go.kr/home/web/board/read.do?menuId=10525&boardId=1588730&boardMasterId=1

Elkerbout, M., Egenhofer, C., Núñez Ferrer, J., Catuti, M., Kustova, I., & Rizos, V., "The European Green Deal after Corona: Implications for EU Climate Policy", CEPS Policy Insights, (2020/06), 2020, 1-12.

Galvin, R., & Healy, N., "The Green New Deal in the United States: What It is and How to Pay for It", *Energy Research & Social Science* 67, 2020, 101529.

■ 저자소개(가나다 순)

구모룡

소속: 국립한국해양대학교 동아시아학과 교수

연구분야: 한국현대문학비평, 부산학, 해양문학

김동구

소속: 국립한국해양대학교 국제경제무역학부 교수

연구분야: 거시경제, 경제발전, 자원·에너지, 기후변화

김영모

소속: 사단법인 한국선장포럼 사무총장

관심분야: 해운경영, 해운사, 인적자원관리, 안전관리

김용환

소속: 국립한국해양대학교 해양무인기술교육센터장

연구분야: 해양안보정책, 무기체계, 해군전력 건설연구

김 준

소속: 전남대학교 호남학연구원

연구분야: 어촌공동체, 섬정책, 갯벌문화, 해양문화

노종진

소속 : 국립한국해양대학교 해양영어영문학과 교수

연구분야: 미국소설 및 문화, 흑인작가, SF 문학, 해양소설

류미림

소속: 국립한국해양대학교 해양영어영문학과 교수

연구분야: 영어교육, 특수목적영어(ESP), 코퍼스 언어학, 담화분석

신 철

소속: 동서대학교 명예교수

연구분야: 국제관광, 도시관광, 책임관광

심진호
소속: 신라대학교 교양과정대학 교수
연구분야: 미국문학 및 문화, 영미시 비평, 융합연구, 영화비평

정진성
소속: 국립한국해양대학교 항해융합학부 교수
연구분야: 독일지역학, 유럽해항도시, 독일 북해와 발트해

조권회
소속: 국립한국해양대학교 명예교수, 산학전문위원
연구분야: 엔진 및 에미션, 친환경연료

최명애
소속: 연세대학교 문화인류학과 교수
연구분야: 자연보전, 야생동물, 도시동물, 생태인공지능

한현석
소속: 국립한국해양대학교 동아시아학과 교수
연구분야: 동아시아 근현대사, 문화교섭, 기억, 공간

한희진
소속: 국립부경대학교 글로벌자율전공학부 교수
연구분야: 환경정치, 에너지, 기후변화, 동북아, 시민사회

홍옥숙
소속: 국립한국해양대학교 해양영어영문학과 교수
연구분야: 르네상스영문학, 현대영미시, 번역, 항해서사